大数据与人工智能技术丛书

机器学习应用实战

◎ 刘袁缘 李圣文 方芳 主编 周顺平 万波 蒋良孝 叶亚琴 杨林 左泽均 副主编

清華大学出版社
北京

内 容 简 介

本书将基础理论和案例实战相结合，循序渐进地介绍了关于机器学习领域中的经典和流行算法，全面、系统地介绍了使用Python实现机器学习算法，并通过PyTorch框架实现机器学习算法中的深度学习内容。第一部分为基础篇，包括第1～8章，系统地介绍了机器学习基础、数据预处理、简单分类算法、决策树、支持向量机、回归分析、聚类分析、神经网络与多层感知机；第二部分为综合篇，包括第9～12章，介绍了CNN、RNN、GNN及GAN等经典深度学习方法及其在计算机视觉与自然语言处理领域中的应用实践；第三部分为拓展篇，包括第13～15章，以百度飞桨和旷视天元为例介绍了具有代表性的国产开源框架及其应用案例，最后简要介绍了国内外两个主流机器学习竞赛平台。

本书主要面向广大从事数据分析、机器学习、数据挖掘或深度学习的专业人员，从事高等教育的专任教师，高等学校的在读学生及相关领域的科研人员。

图书在版编目(CIP)数据

机器学习应用实战/刘袁缘，李圣文，方芳主编. —北京：清华大学出版社，2022.4(2024.2重印)
(大数据与人工智能技术丛书)
ISBN 978-7-302-59745-2

Ⅰ.①机… Ⅱ.①刘… ②李… ③方… Ⅲ.①机器学习 Ⅳ.①TP181

中国版本图书馆CIP数据核字(2021)第262747号

责任编辑：陈景辉 张爱华
封面设计：刘 键
责任校对：焦丽丽
责任印制：杨 艳

出版发行：清华大学出版社
网 址：https://www.tup.com.cn，https://www.wqxuetang.com
地 址：北京清华大学学研大厦A座 **邮 编**：100084
社 总 机：010-83470000 **邮 购**：010-62786544
投稿与读者服务：010-62776969，c-service@tup.tsinghua.edu.cn
质量反馈：010-62772015，zhiliang@tup.tsinghua.edu.cn
课件下载：https://www.tup.com.cn，010-83470236
印 装 者：三河市天利华印刷装订有限公司
经 销：全国新华书店
开 本：185mm×260mm **印 张**：13 **字 数**：304千字
版 次：2022年4月第1版 **印 次**：2024年2月第4次印刷
印 数：4001～5000
定 价：49.90元

产品编号：094095-01

前 言

党的二十大报告强调“必须坚持科技是第一生产力、人才是第一资源、创新是第一动力，深入实施科教兴国战略、人才强国战略、创新驱动发展战略，开辟发展新领域新赛道，不断塑造发展新动能新优势”。

近年来，随着大数据技术、机器学习、数据挖掘、数据科学以及人工智能等领域的发展与兴起，掀起一场新的技术革命，各行各业对机器学习相关人才的需求也随之而来。机器学习作为数学与计算机的交叉学科，旨在培养集数学分析和计算机编程于一体的优秀人才，适应于当前人工智能的高速发展。

本书的编写旨在帮助大量对机器学习和数据挖掘应用感兴趣的读者朋友，整合并应用时下最流行的基于 Python 语言的机器学习程序库，如 scikit-learn、PyTorch 等；针对现实中的科研问题，甚至是企业案例、Kaggle 竞赛（当前最流行的机器学习竞赛平台）中的应用任务，快速搭建有效的机器学习系统。

本书每一章都描述一个经典的机器学习方法及其实践案例。作者在充分讲解了方法的理论基础上，进一步通过应用案例手把手地教读者如何搭建一个机器学习模型及其应用。本书力求减少读者对编程技能和数学知识的过分依赖，进而降低理解本书与应用机器学习模型的门槛，并试图让更多的兴趣爱好者体会到使用经典模型以及更前沿的深度学习模型的乐趣。

本书主要内容

本书可被视为一本以问题为导向的书籍，非常适合具备一定数学基础和计算机编程基础的读者学习。读者可以在短时间内学习本书中介绍的所有算法。

作为一本关于机器学习应用实战的书籍，本书分为三部分，包括基础篇、综合篇和拓展篇，共 15 章。

第一部分为基础篇，包括第 1～8 章。

第 1 章为机器学习基础，首先简要阐述机器学习的相关任务，并对机器学习中常用的术语进行了讲解；然后介绍了机器学习最常用的编程语言与环境，展示了 Python 的安装、使用方法和 PyTorch 框架。

第 2 章为数据预处理，围绕数据预处理的原理和应用展开，包括数据清洗、数据转换和数据压缩技术。最后在实践环节，通过一个数据预处理应用案例演示了如何利用 PCA 进行降维分析。

第 3 章为简单分类算法，围绕分类算法的基础知识和应用展开，介绍了两种经典的分类算法——朴素贝叶斯分类算法和 KNN 分类算法。在实践环节，通过一个应用案例演示了如何使用 KNN 进行鸢尾花分类。

第 4 章为决策树，介绍了决策树的基础知识和相关算法，主要包括决策树的基本概念、决策指标、决策树剪枝和经典的决策树算法。在实践环节，介绍了如何使用 scikit-learn 实现决策树，并通过使用鸢尾花数据集做分类，演示了基于决策树的鸢尾花数据分类以及可视化结果的完整过程。

第 5 章为支持向量机，首先介绍了支持向量机的基本原理：通过核方法，将数据映射到高维空间得到线性决策边界，再映射到低维空间得到非线性决策边界。该方法在解决非线性分类问题上有很好的效果。然后介绍了支持向量机常用的核函数。最后演示了基于 SVM 的异或数据集分类案例。

第 6 章为回归分析，介绍了几种常用的回归模型及其基本原理和评估方法，讲解了如何使用 Python 实现这些回归模型。最后，以基于随机森林的房价预测作为应用案例，展示了一个完整的回归分析过程。

第 7 章为聚类分析，介绍了聚类分析的基本概念，并详细介绍了 3 种不同的聚类算法及其应用案例，即 K-means、层次聚类和 DBSCAN 应用案例。

第 8 章为神经网络与多层感知机，主要介绍了单层感知机、多层感知机和反向传播算法的基本概念和应用，并且详细介绍了基于多层感知机的手写数字识别应用案例。

第二部分为综合篇，包括第 9～12 章。

第 9 章为基于 CNN 的图像识别，围绕 CNN 的基础知识和应用展开，首先介绍了 CNN 的基本组成、基本运算和常用结构，然后在实践环节介绍了如何使用 PyTorch 搭建 CNN 网络模型，并通过一个应用案例——基于 CNN 的人脸性别识别，演示了基于 CNN 的图像识别的完整过程。

第 10 章为基于 RNN 的序列数据分类，首先讲解了 RNN 的发展和特点、序列数据的特点，并列举了 4 种与输入输出格式相关的 RNN 模型结构。接着使用 PyTorch 简单搭建了一个 LSTM 模型，并展示了通过该框架构建 LSTM 的模型结构以及隐含状态的输出。最后结合详细代码介绍了基于 LSTM 的文本分类。

第 11 章为基于 GNN 的文本分类，从 GNN 的基础概念出发，从原理上介绍了 GNN 的特点，描述了 GCN 的代码实现，最后以一个文本分类的 TextGCN 模型为例，演示 GNN 的具体使用方法。

第 12 章为基于 GAN 的图像生成，首先介绍了 GAN 的基本原理、模型结构、目标函数，以及 GAN 的训练流程。接着通过 PyTorch 搭建一个比较简单的 GAN。最后通过使用 Fashion-MNIST 数据集实现 GAN 比较广泛的应用——GAN 的图像生成。

第三部分为拓展篇，包括第 13～15 章。

第 13 章为基于百度飞桨的车道线检测，首先介绍了百度飞桨深度学习平台和 AI Studio 平台，然后介绍了如何在 AI Studio 平台创建项目，最后以车道线检测任务为应用案例。

第 14 章为基于旷视天元 MegEngine 的目标检测，首先介绍了旷视天元 MegEngine 平台，包括整体架构和平台特点，然后介绍了 MegEngine 平台使用方法，最后以 MS-COCO 目标检测任务为应用案例，展示基于 MegEngine 平台的模型构建、训练与测试的过程。

第15章为机器学习竞赛平台实践，介绍了国内外两项主流竞赛——Kaggle竞赛和天池大数据竞赛，并介绍了两项赛事中的经典赛题。

本书特色

(1) 以问题为导向，对基础理论与算法演练进行详细讲解。

(2) 实战案例丰富，涵盖15个完整项目案例。

(3) 代码详尽，避免对API的形式展示，规避重复代码。

(4) 语言简明易懂，由浅入深带领读者学会Python以及机器学习常见算法。

(5) 各算法相对独立，数学原理相对容易理解。

配套资源

为便于教学，本书配有源代码、数据集、教学课件和教学大纲，可以扫描本书封底的“书圈”二维码下载。

获取全书网址方式：扫描下方二维码，即可获取。

全书网址

读者对象

本书主要面向广大从事数据分析、机器学习、数据挖掘或深度学习的专业人员，从事高等教育的专任教师，高等学校的在读学生，在互联网、IT相关领域从事机器学习、数据挖掘、计算机视觉、自然语言处理和人工智能相关任务的研发人员。

感谢硕士研究生王文斌、王超凡、代崴、冯传旭、李天赐、杨万辰、张浩宇、张嘉辉、陈仁谣、郑道远、程旭阳、曾壮、曾林芸等同学协助整理资料并撰写成册，感谢王坤朋、刘子扬、李康林、吴开顺、郝清仪、陈妍伶、郑康、徐瑞等同学协助收集资料及调试代码。感谢百度飞桨、旷视天元等提供的企业案例和技术指导。感谢中国地质大学(武汉)研究生精品教材建设项目和本科教学工程项目的支持。

在本书的编写过程中，参考了诸多相关资料。在此，对相关资料的作者表示衷心的感谢。限于个人水平和时间仓促，书中难免存在疏漏之处，欢迎读者批评指正。

作 者

2022年2月

目录

第一部分　基　础　篇

第二部分 综 合 篇

第三部分 拓 展 篇

第一部分　基 础 篇

第 1 章

机器学习基础

[思维导图]

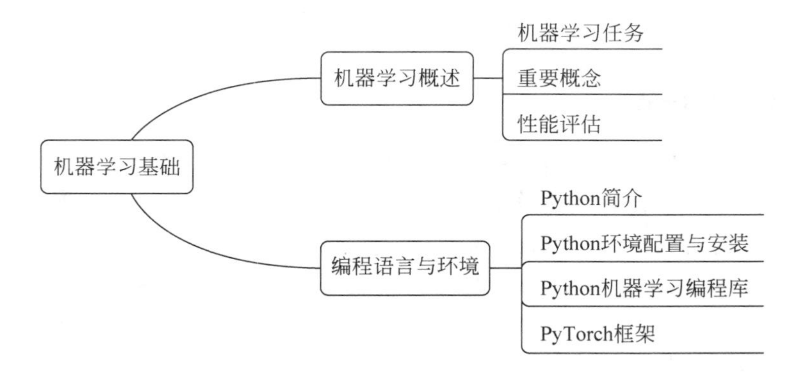

随着人类社会进入万物互联时代,越来越多的数字化设备和应用程序不断收集和产生着数据,数据呈指数级增长,正在形成数据海洋。在这种趋势下,挖掘数据背后隐含的信息成了当今研究的热点之一。同时,由于计算机拥有强大的运算能力,使得机器学习成为分析大数据、挖掘潜在规律的主要方式。目前,机器学习已在工业、农业、服务业、零售、通信、地产、医疗、互联网等行业实现落地应用,赋能行业的进程不断加快,对各行业转变生产方式、提高生产效率产生了广泛而深远的影响。

1.1 机器学习概述

学习是人类提升认知的唯一途径,也是人类最重要的技能之一,它使人类具有解决复杂问题的能力。机器学习就是研究怎样让计算机模拟并实现人类的学习行为,以获取新的知识或技能,它是人工智能的核心,是使计算机具有智能的根本途径。

从某种角度看,计算机中存储着一切皆为 0 和 1 编码的数据,因此机器学习就是赋予计算机从数据中学习得到某种规律性知识的能力,一般把这种规律性知识称为"模型"。模型也可以抽象地理解为从一个数据样本 x 到数据样本的标记值 Y 的映射,即 $f(x)\rightarrow Y$。因此,可以将计算机从数据中学习得到模型的基本过程概括为:首先通过训练数据训练出模型,然后用测试数据测试模型的准确性,最后将最终模型用于新的数据而做出有效的预测。对于某些原始数据,可能存在内容缺失、不完整、有偏差等问题,这就需要对数据进行预处理,以便经预处理后的数据能够更接近事物的客观状态,也更符合机器学习算法的要求。机器学习的流程如图 1-1 所示。首先,进行数据的预处理,将数据划分为训练集和测试集;然后,通过具体的学习算法从训练集中学习模型;之后在测试集中对学得的模型进行评估;最后,用该模型对新数据进行预测。

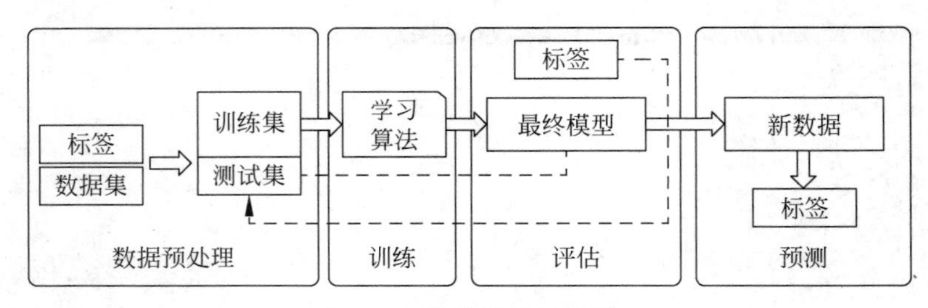

图 1-1 机器学习的流程

1.1.1 机器学习任务

机器学习可以完成多种类型的任务,常见的有分类、回归、聚类、降维、去噪、机器翻译、异常检测等。当然,还有其他类型的或者更复杂的任务,此处不一一列举。这里不对这些任务做严格的定义,只做简要介绍。

分类(Classification):输入一个数据,训练模型推断出它的类别。分类任务属于定性输出。对象识别是分类任务中比较复杂的一种。典型的情况是,在输入的图片或视频中框选出需要找出的对象并进行标注,比如图片中的人是男还是女、视频中服务员手里拿的是咖啡还是可乐。对象识别的复杂度会随着输入数据量的增大及对象类别的增多而上升。

回归(Regression):回归任务源于概率论与数理统计中的回归分析。通过回归分析研究变量与变量之间的关系,建立回归模型,在此基础上可用于对给定的输入进行结果预测。

在统计学中,变量之间的相关关系可以分为两类:一类是确定性关系,这类关系可以用 $y=f(x)$来表示,x 给定后,y 的值就唯一确定了;另一类是非确定性关系,即所谓的相关关系。具有相关关系的变量之间具有某种不确定性,不能用完全确定的函数形式表示。尽管如此,通过对它们之间关系的大量观察,仍可以探索出它们之间的统计学规律。举个例子,输入之前股市某一证券的价格来预测其未来的价格就属于一个回归任务。线性回归算法通过拟合绘制在统计图上的价格数据(实际上数据很多)得到一个近似的价格和时间之间的函数，通过这个函数就能精准地预测将会出现的价格。鉴于此，这一类的预测经常会被用在交易算法中。

聚类(Clustering)：按照某个特定标准(如距离准则)把一个数据集分割成不同的类或簇，使得同一簇内的数据对象的相似性尽可能大，同时不在同一簇中的数据对象的差异性也尽可能大。即聚类后同一类的数据尽可能聚集到一起，不同数据尽量分离。

降维(Dimensionality Reduction)：减少数据的维度，或者减少随机变量的数量，以方便计算、训练或可视化，但又尽可能地保留数据的分布信息和特征信息。如数据预处理时，通过减少一些对模型准确率影响很小的维度，可以提高计算效率。再如进行数据分析时，通常会将高维模型降为三维或二维图表，便于直观分析。

去噪(Denoising)：干净的输入样本 x(样本可能是图片、视频或录音等)经过未知的损坏过程后会得到含有噪声的输入样本 x^*。去噪就是将含有噪声的输入样本 x^* 经过某一算法得到未损坏的样本 x 的过程。得到干净的输入样本 x 后则可以进行其他任务，比如分类或回归等。

机器翻译(Machine Translation)：机器翻译任务通常适用于对自然语言的处理，比如输入的是汉语，形式可能是文本或音频等，计算机通过机器学习算法将其转换为另一种语言，比如英语或德语，形式也有可能是文本或音频等。

异常检测(Anomaly Detection)：在这类任务中，计算机程序根据正常的标准在一组事件或对象中进行筛选，并对不正常或非典型的个体进行标记。异常检测任务的典型案例如挑选传送带上合格的产品、信用卡或短信诈骗检测等。对于一个异常检测任务而言，其难点在于如何对正常的标准进行建模。

1.1.2　重要概念

1. 特征值

将数据的特征用数值表达的结果即为该数据的特征值(Eigenvalue)。

2. 训练集与测试集

训练集(Training Set)包含待训练数据的所有特征，以及该数据的标签。训练数据用于训练模型。

测试集(Test Set)包含待测试数据的所有特征，以及该数据的标签。测试数据用于检测模型是否符合要求。

为了检验模型的精确度，在实际操作中经常按照一定的比例(如 8∶2 或 7∶3)把获得的数据划分为训练集和测试集。这样做的原理：当拟合模型时完全依靠训练集数据完成拟合，尽管对训练集数据来说，该模型是比较精确的，但并不能保证当它应用在其他数据时，还保持着较高贴合度，所以需要用测试集来验证模型的精确度。

显然，将一部分数据分为训练集，另一部分为测试集，仅验证一次也有可能会出现模型精确度有偏差的情况。因此，为了减少数据划分给模型带来的影响，在实际应用中通常采用交叉验证法。

交叉验证法(Cross Validation)：先将数据分为 s 等份，留存第一份测试数据，其余 $s-1$ 份作为训练数据进行训练和评估。第一次用第 1 份做测试，第二次用第 2 份做测试，第 n 次用第 n 份($1 \leqslant n \leqslant s$)做测试。就这样进行 s 次，从中挑出拟合度最好、精确度最高的模型作为预测模型(注：s 的选择要满足训练集样本数量占总体数量一半以上的条件)。

3. 拟合、欠拟合与过拟合

(1) 拟合(Fitting)：通过训练集积累经验，并用测试集测试经验，所得出的模型和数据的匹配度。如图 1-2 所示，将数据放入平面直角坐标系中，用函数表示数据分布的情况，这条表示数据分布情况的函数曲线就是这组数据用机器学习得出的拟合。

模型对训练集之外的数据进行预测的能力称为模型的泛化能力(Generalization)。追求这种泛化能力是机器学习的目标。欠拟合和过拟合是导致模型泛化能力不高的两种常见原因，都是模型学习能力与数据复杂度之间失配的结果。

(2) 欠拟合(Underfitting)：在训练数据和预测结果时，模型精确度均不高的情况。如图 1-3 所示，该曲线未经过大部分数据且偏离较大，与数据匹配度较低，这将直接导致在测试时表现不佳的后果。

欠拟合产生的原因：模型未能准确地学习到数据的主要特征。

欠拟合的解决策略：可以尝试对算法进行适当的调整，如使算法复杂化(例如在线性模型中添加二次项、三次项等)来解决欠拟合问题。

(3) 过拟合(Overfitting)：顾名思义，指的是模型出现拟合过度的情况。过拟合表现为模型在训练数据中表现良好，在预测时却表现较差，如图 1-4 所示。

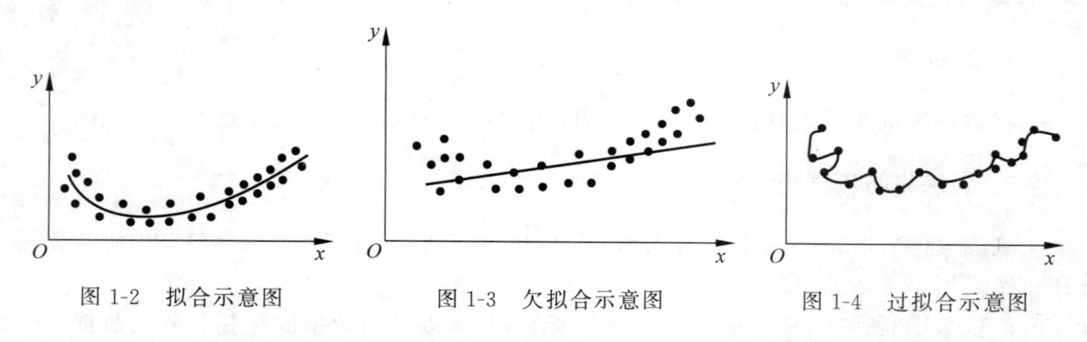

图 1-2 拟合示意图 图 1-3 欠拟合示意图 图 1-4 过拟合示意图

过拟合产生原因：源于该模型过度学习训练集中数据的细节，而这种随机波动并不适用于新数据，即模型缺乏普适性，所以模型在预测时表现较差。

过拟合解决策略：可以通过扩大训练集数据容量，降低噪声对模型的干扰，以达到使模型学习到更多数据关键特征的目的。

4. 监督学习、无监督学习与半监督学习

机器学习分为监督学习、无监督学习和半监督学习 3 种基本类型。

(1) 监督学习(Supervised Learning)：有时也被称为有教师学习或有监督学习。学

习的过程就是从带有标注的训练数据中学习到如何对训练数据的特征进行判断。也就是说，监督学习是已经知道输入和输出结果之间的关系，并根据这种已知的关系，训练得到一个最优的模型。所以，在监督学习中的训练数据既有特征(Feature)又有标签(Label)，通过训练，让机器可以自己找到特征和标签之间的联系，当新的没有标注的数据到来时，机器能够独立完成对相应特征的判断。

大部分的机器学习都采用了监督学习的形式，这种形式的学习主要用于分类和预测。

(2) 无监督学习(Unsupervised Learning)：不同于有监督学习，无监督学习算法是从没有标注的训练数据中学习数据的特征或信息。

无监督学习算法通过对没有标注的训练数据实例进行特征学习，来发现训练实例中一些结构性的知识。也就是说，无监督学习的训练数据没有标注，不知道数据之间的关系，而是要根据聚类或一定的模型得到数据之间的关系。由于标注对学习算法来说是未知的，因此无监督学习算法的训练目标有很高的歧义性。

在无监督学习中，使用的许多方法都是基于数据挖掘的，这些方法的主要特点都是寻求、总结和解释数据。

(3) 半监督学习(Semi-Supervised Learning)：介于监督学习和无监督学习之间。半监督学习的策略往往都是利用额外信息，在无监督学习和监督学习的基础上进行扩展的一种学习模式。半监督学习的概念可以定义如下：在分类任务的训练集中同时包含有标签数据和无标签数据，通常无标签数据远远多于有标签数据，半监督分类的任务就是训练一个分类器，这个分类器的表现比只用有标签数据训练得到的分类效果更好。

1.1.3　性能评估

在机器学习领域中，对模型的泛化能力进行评估至关重要。通常可以通过测试来评估，为此，需要使用一个“测试集”来测试模型对新样本的判别能力。通常，假设测试集数据样本也是从真实数据样本中分离出来的，并且与训练样本具有同样的特征分布。需要注意的是，测试集应该尽可能与训练集不同，即测试样本尽量不在训练样本中出现，或未在训练过程中使用过。

对模型的泛化能力进行评估，就需要有衡量模型泛化能力的评价指标。针对分类、排序、回归、序列预测等不同类型的机器学习任务，评价指标的选择也有所不同。

模型的“好坏”是相对的，什么样的模型是好的，不仅取决于算法和数据，还取决于针对什么样的任务需求。只有选择与任务相匹配的评估方法，才能快速地发现模型选择或训练过程中出现的问题，迭代地对模型进行优化。知道每种评价指标的精确定义、有针对性地选择合适的评价指标、根据评价指标的反馈进行模型调整，这些都是模型评估阶段的关键问题。

下面介绍分类任务中常用的性能度量。

1. 准确率

准确率(Accuracy)是指分类正确的样本占总样本的比例，如式(1.1)所示。

$$\text{Accuracy} = n_{\text{correct}} / n_{\text{total}} \tag{1.1}$$

其中，n_{correct} 为被正确分类的样本个数，n_{total} 为总样本的个数。

准确率是分类问题中最简单也是最直观的评价指标，但存在明显的局限性。当不同种类的样本比例非常不均衡时，占比大的类别往往成为影响准确率的最主要因素。比如，当负样本占99%时，分类器把所有样本都预测为负样本也可以得到99%的准确率。换句话说，总体准确率高，并不代表类别比例小的准确率也高。

2. 查准率、查全率和综合评价指标

为了解决准确率不能很好地反映分类模型性能优劣的问题，就需要用到查准率(Precision，用 P 表示，又称为精确率)、查全率(Recall，用 R 表示，又称为召回率)和综合评价指标(F1 度量，用 $F1$ 表示)。因中文对这几个指标的翻译各有不同，所以推荐使用英文和缩写。为了便于理解这几个概念，先举一个二分类的例子。

假如某个年级有 100 名学生，其中男生 80 人，女生 20 人，任务的目标是找出所有的女生。分类模型挑选出了 50 人，其中 20 人是女生，另外还错误地把 30 名男生也当作女生挑选了出来。

样本分类判断是否正确与任务相关，在该例子中，把女生判断为女生是对的，否则是错的。

下面可以将样本模型分为被选中的(肯定的，Positives；在一些文献中也称为正类)和未被选中的(否定的，Negatives；在一些文献中也称为负类)。在这个例子中被选中的是 50 人，也就是被分类模型肯定是女生的有 50 人。但这 50 人中判断对的(True)只有 20 人，判断错的(False)有 30 人。该示例中未被选中的 50 人中，全部判断是对的(50 人全部是男生)，判断错的是 0 人。

模型选中和未选中，以及选择过程中判断是对还是错，就组合出如下 4 种情况，简称为 TP、FP、TN、FN，分类结果混淆矩阵如表 1-1 所示。

表 1-1　分类结果混淆矩阵

样本模型类别	判断是对的(True)	判断是错误(False)
肯定的(Positives，被选中的)	TP(被选中的样本中判断对的。该示例被选中的学生中有 20 人真的是女生)	FP(被选中的样本中判断错的。该示例被选中的学生中有 30 人是错把男生当女生)
否定的(Negatives，未被选中的)	TN(未被选中的样本中判断对的。该示例中有 50 人未被选中，全部是男生，因此该项为 50)	FN(未被选中的样本中判断错误的。该示例中未被选中的学生全部是男生，因此该项为 0)

从表 1-1 中得到 TP＝20，FP＝30，TN＝50，FN＝0，显然 TP＋FP＋TN＋FN＝总样本数。

如式(1.2)、式(1.3)所示，查准率 P 和查全率 R 分别被定义为：

$$P=\frac{\text{TP}}{\text{TP}+\text{FP}} \tag{1.2}$$

$$R=\frac{\text{TP}}{\text{TP}+\text{FN}} \tag{1.3}$$

根据定义,查准率 P 可以通俗地理解为"正确被检索的样本(TP)"占"所有实际被检索到的样本(TP+FP)"的比例,关注点是找得对的比例;而查全率 R 则可理解为"正确被检索的样本(TP)"占"所有应该检索到的样本(TP+FN)"的比例,关注点是找得全的比例。

根据公式,在上述例子中,$P=20/(20+30)=40\%$;$R=20/(20+0)=100\%$。从这个评估结果看,该例中虽然查全率很高(100%的查全率说明所有女生都选出来了),但查准率很低。这说明 P 值和 R 值是既矛盾又统一的两个指标,为了提高 P 值,分类器需要尽量在"更有把握"时才把样本预测为"真"样本,但此时往往会因为过于保守而漏掉很多"没有把握"的真样本,导致 R 值降低。查准率和查全率是一对矛盾的度量,一般来说,查准率高时,查全率往往偏低;而查全率高时,查准率往往偏低。通常以 P-R 图展示查准率和查全率的相互制约关系。如图 1-5 所示。

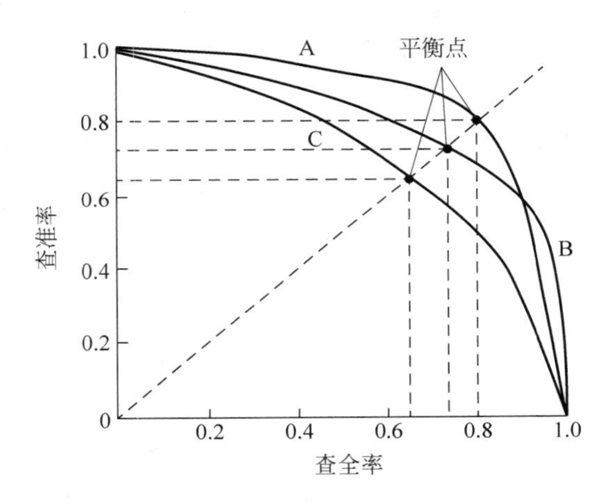

图 1-5 查准率和查全率相互制约关系示意图

P-R 图直观地显示出分类模型在样本总体上的查准率和查全率。在进行比较时,若一个分类模型的 P-R 曲线被另一个模型的曲线完全"包住",则可断言后者的性能优于前者,如图 1-5 中模型 A 的性能优于模型 C。如果两个模型的 P-R 曲线发生了交叉,如图中的 A 与 B,则难以断言两者孰优孰劣,只能在具体的查准率或查全率条件下进行比较。然而,在很多情形下,人们仍希望把模型 A 与 B 比出个高低。这时一个比较合理的判据是比较 P-R 曲线下面积的大小,它在一定程度上表征了模型在查准率和查全率上取得相对"双高"的比例。但这个值不太容易估算,因此,就需要设计一个综合考虑查准率、查全率的性能度量指标。

这个指标就是综合评价指标 $F1$,它是查准率和查全率之间的一个平衡点,是查准率 P 和查全率 R 的调和均值,$F1$ 的定义如式(1.4)所示。

$$F1=\frac{2\times P\times R}{P+R}=\frac{2\mathrm{TP}}{\text{样例总数}+\mathrm{TP}-\mathrm{TN}} \tag{1.4}$$

1.2 编程语言与环境

1.2.1 Python 简介

Python 由 Guido van Rossum 于 1989 年底发明,第一个公开发行版发行于 1991 年。

Python 语法简洁而清晰,是一种动态语言(动态类型指的是编译器、虚拟机在运行时执行类型检查。简单地说,在声明了一个变量之后,能够随时改变其类型的语言是动态语言。考虑动态语言的特性,一般需要运行时虚拟机支持)。在强弱类型之分中,它属于强类型的语言(弱类型语言对类型的检查要更为严格,偏向于不容忍隐式类型转换)。除此之外,它还具有丰富且强大的类库。

Python 常被称为胶水语言,原因在于它能够把用其他语言(尤其是 C/C++)制作的各种模块很轻松地联结在一起。常见的一种应用情形是,先使用 Python 构建程序的原型框架,然后对其中有特别要求的部分用更合适的语言编写,之后封装为 Python 可以调用的扩展类库。

进行机器学习的实践,并不一定必须要使用 Python,其他耳熟能详的语言如 Java、C++、JavaScript 等都有相应的机器学习框架。然而,大多数框架都支持 Python,在此推荐将 Python 语言作为机器学习实践的首选语言。

1.2.2 Python 环境配置与安装

使用 Python 语言开发项目前,需要在计算机上拥有 Python 运行环境。在 Windows 系统下,这个环境需要自行安装。而 Ubuntu 系统自带 Python 环境(不只是 Ubuntu,几乎所有 Linux 发行版都带),但这个自带的环境比较基础。在深度神经网络的设计过程中,需要涉及许多复杂的数学运算,自带的 Python 环境并没有封装这么多的数学公式作为函数。

1. Anaconda 简介

Anaconda 是一款主要面向科学计算的 Python 的开源发行版本,也是一个非常好用的 Python 学习工具。

Anaconda 是一个打包的集合,里面预装好了 Conda、某个版本的 Python、众多 Package、专业的科学计算工具等,所以被当作 Python 的一种发行版。

Conda 可以理解为一个工具,或是一个可执行命令,其核心功能是包管理与环境管理。Conda 会将几乎所有的工具或第三方包都当作 Package 对待(包括 Python 和 Conda 自身),这一特性有效地解决了多版本 Python 并存、切换以及各种第三方包安装问题(Conda 的包管理与 pip 的使用类似,环境管理则允许用户方便地安装不同版本的 Python 并可以快速切换)。

同时,Anaconda 自动集成了最新版的 MKL(Math Kernel Library,数学核心函数库)。这是 Intel 公司推出的底层数值计算库,提供经过高度优化和广泛线程化处理的数学例程,面向性能要求极高的科学、工程及金融等领域的应用。MKL 在功能上包含了 BLAS(Basic Linear Algebra Subprograms,基础线性代数子程序库)、LAPACK(Linear

Algebra PACKage,线性代数计算库)、ScaLAPACK1、稀疏矩阵运算器、快速傅里叶转换、矢量数学等。由于这些库的存在,Anaconda 在某种意义上还可以作为 NumPy、SciPy、scikit-learn、NumExpr 等库的底层依赖,加速这些库的矩阵运算和线性代数运算。

2. Anaconda 安装步骤

在 Windows 环境下的 Anaconda 安装可以按照下面的步骤进行。

(1) 下载 Anaconda。Anaconda 的下载方法有两种。

① 从 Anaconda 官方网站下载:该方法下载速度慢,不推荐使用。

② 镜像下载:选择 Anaconda3-2018.12-Windows-x86_64.exe 这一版本下载。

(2) 安装。打开刚才下载的.exe 文件。按照下面的步骤进行安装,如图 1-6～图 1-10 所示。

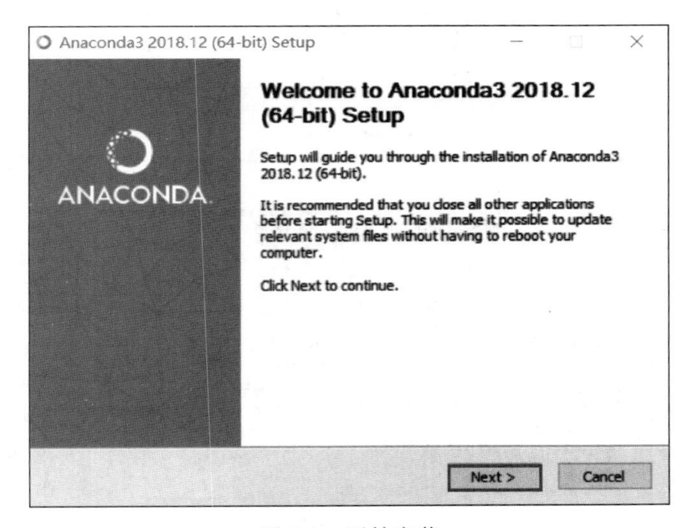

图 1-6 开始安装

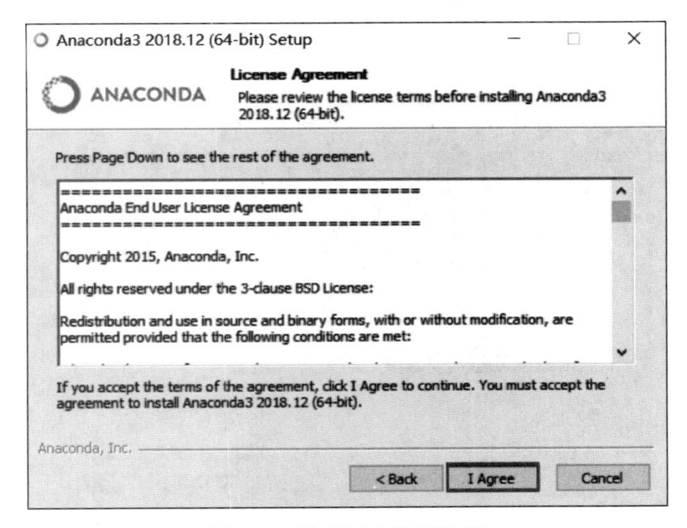

图 1-7 同意用户许可协议

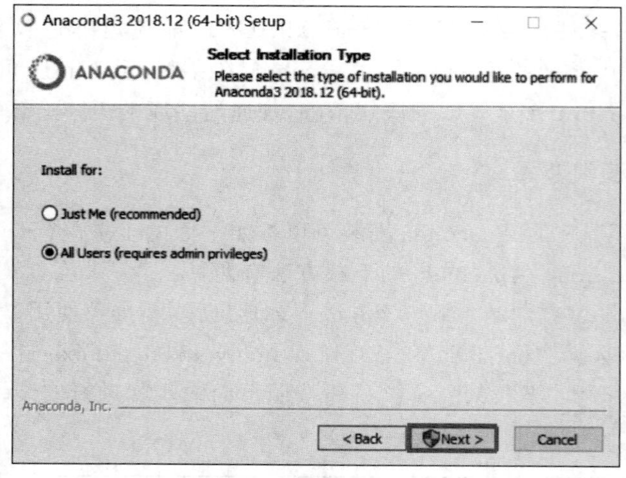

图 1-8 安装用户选择

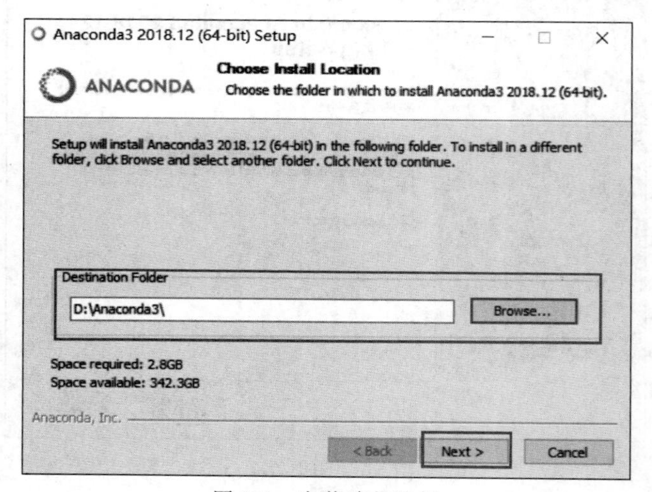

图 1-9 安装路径选择

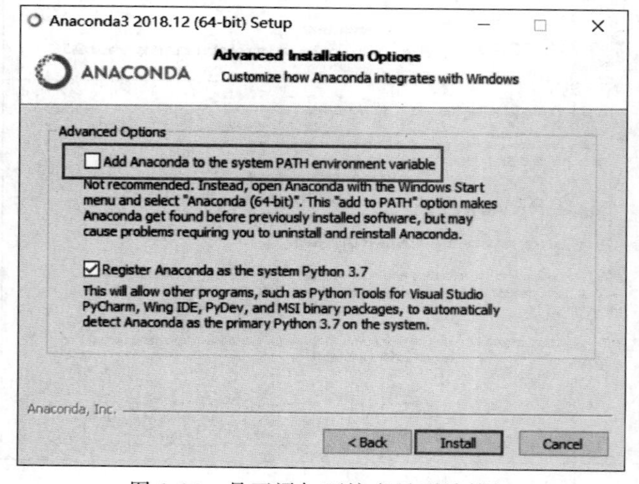

图 1-10 是否添加环境变量到计算机

图 1-9 的安装路径可以自己选择，如选择安装在 D:\Anaconda3\文件夹内。

在图 1-10 所示的 Advanced Options 选项区域中配置环境，不要勾选 Add Anaconda to the system PATH environment variable 复选框，等待即可。

(3) 配置环境。主要有如下两个环境的配置。

第一个 Anaconda 安装路径(为了 Python 检查正常)。前面安装时路径一定要记清楚，如 D:\Anaconda3。

第二个安装路径\Scripts(为了 Conda 检查正常)。只需在上述路径中找到 Scripts，然后复制路径即可，默认路径为 D:\Anaconda3\Scripts。

添加上述两个环境变量的步骤如下：

① 右击"此电脑"，在弹出的快捷菜单中执行"属性"命令，在页面中单击"高级系统设置"选项。

② 在弹出的对话框中单击"环境变量"按钮，在新的对话框中选择"系统变量"中的 Path 并双击，进入"编辑环境变量"对话框。

③ 单击"新建"按钮，分别添加上述两个变量即可。

(4) 检查。按 Windows＋R 组合键或执行"Windows 系统"→"运行"命令，输入 cmd，或执行"Windows 系统"→"命令提示符"命令。

① 输入 python。输入 python 后若出现如图 1-11 所示结果即可证明没有问题。

```
C:\Users\            >python
Python 3.7.1 (default, Dec 10 2018, 22:54:23) [MSC v.1915 64 bit (AMD64)] :: Anaconda, Inc. on win32
Type "help", "copyright", "credits" or "license" for more information.
>>>
```

图 1-11　Python 检查

② 重新打开命令提示符界面或退出 Python 界面，输入 conda，若出现如图 1-12 所示结果可证明没有问题。

```
C:\Users\            >conda
usage: conda-script.py [-h] [-V] command ...

conda is a tool for managing and deploying applications, environments and packages.

Options:

positional arguments:
  command
    clean        Remove unused packages and caches.
    config       Modify configuration values in .condarc. This is modeled
                 after the git config command. Writes to the user .condarc
                 file (C:\Users\YangWanchen\.condarc) by default.
    create       Create a new conda environment from a list of specified
                 packages.
    help         Displays a list of available conda commands and their help
                 strings.
    info         Display information about current conda install.
    init         Initialize conda for shell interaction. [Experimental]
    install      Installs a list of packages into a specified conda
                 environment.
    list         List linked packages in a conda environment.
    package      Low-level conda package utility. (EXPERIMENTAL)
    remove       Remove a list of packages from a specified conda environment.
```

图 1-12　Conda 检查

注意： 以上都不能出现警告信息，否则需要找出问题并解决。

3. Python 开发工具的选择

用终端编写并运行程序总会遇到一些问题，比如代码保存麻烦、没有智能提示及无法进行断点调试等。JetBrains 公司推出的 PyCharm 是一款不错的 Python 编程 IDE，其社区版（Community）是免费且开源的，专业版（Professional）不是免费的，但可以免费试用一段时间。PyCharm 的用途并不仅仅是编写 Python 语言的程序，或者说，PyCharm 不是唯一一个可用于 Python 编程的 IDE，用户也可以选择 Eclipse+PyDev、Visual Studio+PTVS 或者其他的 IDE，这完全凭个人喜好而定。

1.2.3 Python 机器学习编程库

Python 提供了许多优秀的编程库，这里介绍一些重要的库。

1. NumPy

NumPy（Numerical Python）是 Python 语言的一个扩展程序库，支持大量的维度数组与矩阵运算，此外也针对数组运算提供大量的数学函数库。

NumPy 的前身 Numeric 最早是由 Jim Hugunin 与其他协作者共同开发的，2005 年，Travis Oliphant 在 Numeric 中结合了另一个同性质的程序库 Numarray 的特色，并加入了其他扩展而开发了 NumPy。NumPy 为开放源代码并且由许多协作者共同维护开发。

NumPy 是一个运行速度非常快的数学库，主要用于数组计算，包含：

（1）具有向量算术运算和复杂广播能力的多维数组对象 ndarray。

（2）用于对数组数据进行快速运算的标准数学函数。

（3）用于读写磁盘数据的工具以及用于操作内存映射文件的工具。

（4）非常有用的线性代数、傅里叶变换和随机数操作。

（5）用于集成 C/C++和 FORTRAN 代码的工具。

除明显的科学用途之外，NumPy 也可以用作通用数据的高效多维容器，可以定义任意的数据类型。这些使得 NumPy 能无缝、快速地与各种数据库集成。

2. Pandas

Python 在数据处理和准备方面一直做得很好，但在数据分析和建模方面没那么好。Pandas 帮助填补了这一空白，使用户能够在 Python 中执行整个数据分析工作流程，而不必切换到特定领域的语言，如 R 语言。

与出色的 IPython 工具包和其他库相结合，Python 中用于进行数据分析的环境在性能、生产率和协作能力方面都是卓越的。

Pandas 库的优点可以总结如下。

（1）一个快速、高效的 DataFrame 对象，用于数据操作和综合索引。

（2）用于在内存数据结构和不同格式之间读写数据的工具：CSV 和文本文件、Microsoft Excel、SQL 数据库和快速 HDF 5 格式。

（3）智能数据对齐和丢失数据的综合处理：在计算中获得基于标签的自动对齐，并轻松地将凌乱的数据操作为有序的形式。

(4) 数据集的灵活调整和旋转。

(5) 基于智能标签的切片、花式索引和大型数据集的子集。

(6) 可以从数据结构中插入和删除列,以实现大小可变。

(7) 通过在强大的引擎中聚合或转换数据,允许对数据集进行拆分、应用、组合操作。

(8) 数据集的高性能合并和连接。

(9) 层次轴索引提供了在低维数据结构中处理高维数据的直观方法。

(10) 时间序列-功能:日期范围生成和频率转换、移动窗口统计、移动窗口线性回归、日期转换和滞后,甚至在不丢失数据的情况下创建特定领域的时间偏移和加入时间序列。

(11) 对性能进行了高度优化,用 Python 或 C 语言编写了关键代码路径。

(12) Python 与 Pandas 在学术和商业领域中被广泛使用,包括金融、神经科学、经济学、统计学、广告和网络分析等。

3. scikit-learn

scikit-learn(以下简称 sklearn)是机器学习中常用的第三方模块,对常用的机器学习方法进行了封装,包括回归、降维、分类和聚类等方法。sklearn 具有以下特点。

(1) 简单高效的数据挖掘和数据分析工具。

(2) 让每个人都能够在复杂环境中重复使用。

(3) 建立在 NumPy、SciPy、Matplotlib 之上。

(4) 开源,可商业使用 BSD 许可证。

官方网站用一张图很好地解释了 sklearn 库的功能,如图 1-13 所示。可以看到,sklearn 主要可以解决分类、回归、聚类和降维 4 种任务。

4. Matplotlib

Matplotlib 是受 MATLAB 的启发构建的 Python 绘图库。

在 matplotlib. pyplot 模块,Matplotlib 有一套完全仿照 MATLAB 的函数形式的绘图接口。这套函数接口方便 MATLAB 用户过渡到 Matplotlib 包。官方网站提供了帮助文档和代码示例供使用者入门学习。

1.2.4 PyTorch 框架

PyTorch 是一个开源的 Python 机器学习库,不仅能够实现强大的 GPU 加速,同时还支持动态神经网络。2017 年 1 月,Facebook 人工智能研究院(FAIR)基于 Torch 推出了 PyTorch。PyTorch 是一个基于 Python 的科学计算包,提供两个高级功能:具有强大的 GPU 加速的张量计算(如 NumPy);包含自动求导系统的深度神经网络。PyTorch 具有简洁优雅且高效快速的优点,以下列举众多研究人员选择 PyTorch 的主要原因。

(1) 简洁:PyTorch 的设计追求最少的封装。不像 TensorFlow 中充斥着 session、graph、operation、name_scope、variable、tensor、layer 等全新的概念,PyTorch 的设计遵循 tensor→variable(autograd)→nn. Module 三个由低到高的抽象层次,分别代表高维数组

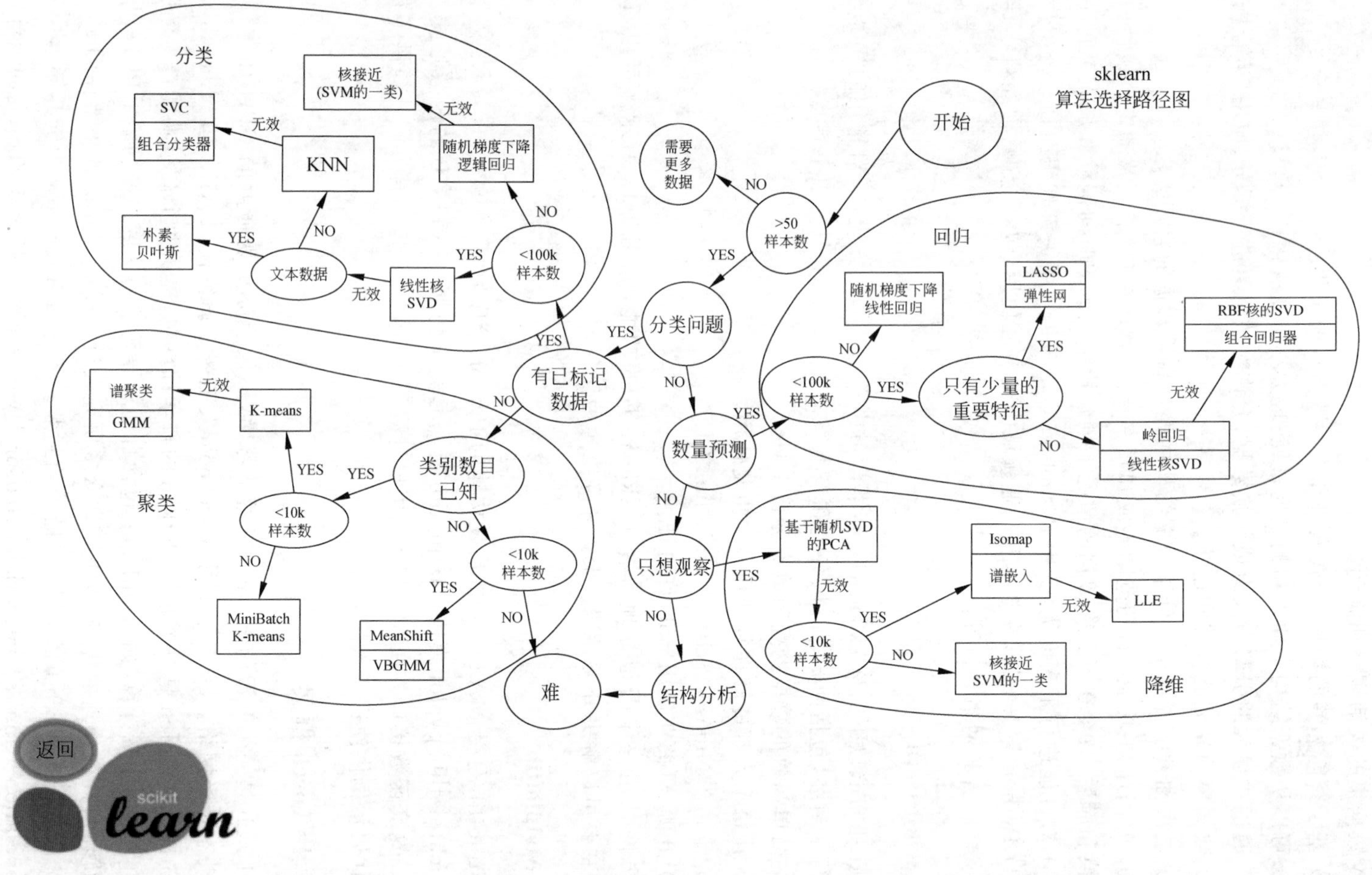

图 1-13 sklearn 介绍

(张量)、自动求导(变量)和神经网络(层/模块),而且这三个抽象之间联系紧密,可以同时进行修改和操作。简洁的设计带来的另外一个好处就是代码易于理解。PyTorch 的源代码只有 TensorFlow 的 1/10 左右,更少的抽象、更直观的设计使得 PyTorch 的源代码十分易于阅读。

(2) 速度:PyTorch 的灵活性不以速度为代价。在许多评测中,PyTorch 的速度表现胜过 TensorFlow 和 Keras 等框架。框架的运行速度和程序员的编码水平有极大关系,但同样的算法,使用 PyTorch 实现通常快过用其他框架实现。

(3) 易用:PyTorch 是所有的框架中面向对象设计得最优雅的一个。PyTorch 的面向对象的接口设计来源于 Torch,而 Torch 的接口设计以灵活易用而著称。PyTorch API 的设计和模块的接口都与 Torch 高度一致。此外,PyTorch 的设计非常符合人们的思维,它让用户尽可能地专注于实现自己的想法,即"所思即所得",不需要考虑太多关于框架本身的束缚。

(4) 活跃的社区:PyTorch 提供了完整的文档、循序渐进的指南和作者亲自维护的论坛供用户交流和求教问题。FAIR 对 PyTorch 提供了强有力的支持,作为当今排名前三的深度学习研究机构,FAIR 的支持足以确保 PyTorch 获得持续的开发更新。

第 2 章

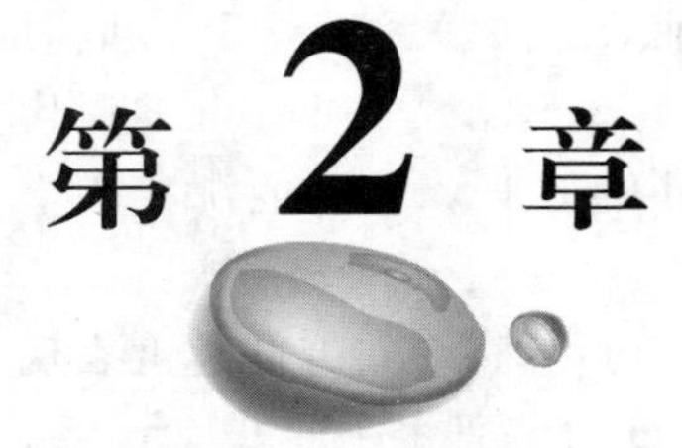

数据预处理

[思维导图]

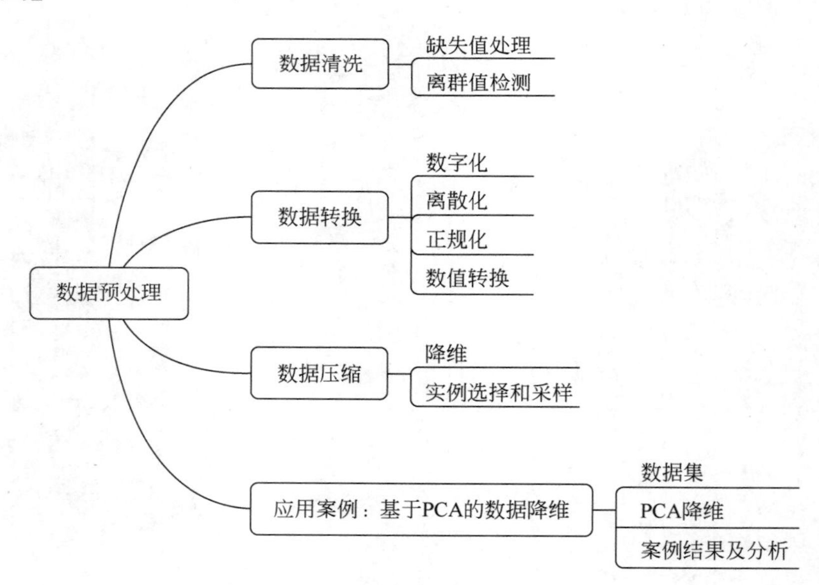

未经处理的原始数据通常存在不同的问题，如异常取值、字段缺失、非数值化、格式错误等。存在问题的数据若直接输入到机器学习算法中，将会产生错误的结果或模型。

机器学习算法无非是一段代码，工程师用训练数据对算法进行训练使之智能化，如果输入的训练数据是无效的，那么得到的模型也将是无效的，再用这个无效的模型对新数据进行分析预测，结果也将是不可靠的。因此，正确的样本数据对于数据分析至关重要。为了精确地建立机器学习模型,数据预处理就成为必不可少的过程。本章将介绍数据预处理中重要的方法,包括数据清洗、数据转换、数据压缩技术。

2.1　数据清洗

数据清洗(Data Cleaning)主要是通过填补缺失值、光滑噪声数据、平滑或删除离群点并解决数据的不一致性来"清理"数据。自然数据中的异常值等问题可能会影响机器学习模型并产生有偏差的结果。例如,离群值可能会使数据的分布失真从而影响 K-means 聚类算法;数据向量中的非数字值(Nan),则可能直接导致模型无法分析数据。下面介绍数据清洗的主要技术,包括缺失值处理和离群值检测,它们能够使数据适用模型的输入,从而有效地利用数据。

2.1.1　缺失值处理

缺失值是一种典型的数据不完备情况。大多数机器学习模型不能容忍其输入数据的缺失值,这些值不能用于比较,不能用于分类,也不能用算术算法操作。因此,在将数据集输入到机器学习模型之前,有必要处理缺失值。

处理缺失值的最简单方法是丢弃整个样本。当存在缺失值的样本在数据集中的比例不大时,该方法是有效的。但是,如果缺失值样本的数量多到不可忽略,或者每个属性的缺失值占总数据的比例不同,则丢弃有缺失值的样本会大大减少数据集的样本数量,数据集样本数量的减少可能导致模型训练的过拟合,使得模型的预测效果变差。

另一种处理缺失值的方法是填充它们,有多种方法可以找到合适的值来填充缺失值,下面列出了其中一些方法。

1. 用特殊值表示缺失

有时缺失值本身就有一定的意义。例如,在患者的医疗报告中,尿酸的缺失值意味着患者没有通过肾功能测试。因此,使用某个值,如－1 是有意义的,并且它们可以像普通值一样操作。

2. 使用属性统计进行填充

可以根据缺失值对应属性中的非缺失值获取平均值、中间值等统计信息来填充。有研究表明对于偏离的数据集,中间值将是更好的选择。但是,此技术不考虑样本的其他非缺失属性。

3. 已知属性的值预测

假设属性之间存在相关性,则填补缺失值可以被建模为一个预测问题:用其他样本作为训练数据,然后使用非缺失属性的值预测已缺失属性可能的真值。预测方法包括回归算法、决策树和 K-means 等。

4. 分配所有可能的值

对于分类属性，给定一个缺失值为 m 个可选值的实例 E，则可以用 m 个新的实例 $E_1, E_2, \cdots, E_m$ 来替换 E。这种缺失值填充技术假定缺失的属性对实例无关紧要。因此，该值可以是其给定域中的任何实例。

但是，由于数据集的特性，缺失值填充技术的性能可能会有所不同。因此，对于机器学习任务来说，大多数技术都值得尝试。

2.1.2 离群值检测

离群值是指那些与大多数样本有很大距离的数据样本，简单说就是与大多数样本的取值有很大的差异。尽管极少数情况不一定表示错误(例如，年龄＝150)，但大多数离群值是由测量错误或记录错误引起的，因此忽略很少出现的情况不会带来太大损失。尽管某些模型对离群值具有健壮性，但是在数据预处理工作中仍建议使用离群值检测。

基于统计的离群点检测算法是最常用的算法之一，它假定数据为基本分布(如正态分布)，并将对应的概率密度低于某个阈值的数据实例视为离群值。由于在大多数情况下基本分布是未知的，因此正态分布是最好的选择，可以通过数据的平均值和标准偏差来估计其参数。如式(2.1)所示，马氏距离(Mahalanobis Distance)可量化两个数据样本之间与测量单位无关的距离，其中 $\boldsymbol{x}$ 和 $\boldsymbol{y}$ 是两个数据样本的多维向量，$\boldsymbol{\Sigma}$ 是多维随机变量的协方差矩阵。可以通过比较每个样本之间的马氏距离和所有样本的平均值来确定离群值。箱形图(Box-plot)作为另一种基于统计的离群值检测技术，可以通过绘制下四分位数和上四分位数以及中位数来给出离群值的图形表示。

$$D_M(\boldsymbol{x}, \boldsymbol{y}) = \sqrt{(\boldsymbol{x} - \boldsymbol{y})^{\mathrm{T}} \boldsymbol{\Sigma}^{-1} (\boldsymbol{x} - \boldsymbol{y})} \tag{2.1}$$

基于距离的离群点检测算法在不对数据分布做任何假设的情况下，通过分析每两个样本之间的距离来检测离群值，从而确定离群点。简单的基于距离的离群点检测算法不适用于大数据集，因为对于 m 维的 n 个样本，其复杂度通常为 $O(n^2 m)$，并且每次计算都需要扫描所有样本。然而，有研究表明，对于维数小于 4 的数据集，该算法效果最好。

有时，考虑到时间和空间的局部性，离群点可能不是一个单独的点，而是一个小群集。基于聚类的离群点检测算法将较小的聚类视为离群点聚类，并通过移除整个聚类来清理数据集。

2.2 数据转换

不同属性中的数据表示形式各不相同，有些是分类的，有些是数字的。对于分类的，它们可以是名义的(Nominal)、二进制的或有序的(Ordinal)；而对于数字的，它们也可以具有不同的统计特征，包括平均值和标准差。然而，并不是所有的数据都满足机器学习模型的要求。同时，数据属性之间的差异也会给后续的机器学习模型的优化工作带来麻烦。数据转换(Data Transformation)就是修改数据的表示形式，使其符合机器学习模型的输入要求，并使机器学习模型的优化算法更容易生效。

2.2.1 数字化

分类值广泛存在于自然界中。一些运算，如计算组之间的熵(Entropy)，可以直接在可分类数据上进行。然而，大多数操作不适用于分类数据。因此，分类数据应该被编码成数值数据，使其满足模型的要求。可采用以下编码技术进行数字化。

One-Hot 编码：将分类数据的每个可能值视为一个维度，样本所属维度取值为 1，否则取值为 0。如(0,0,1)代表类型 1，(0,1,0)代表类型 2，(1,0,0)代表类型 3。

顺序编码：对于分类数据的每个可能值，为其分配一个唯一的数字索引。这被实现为一种字编码。如用(1)和(2)代表所有类型，或者用(1.1)和(1.2)来表示。

自定义编码：根据特定任务设计的规则。例如，Word2vec 是一种编码，可以在考虑单词语义的情况下将该单词转换为高维向量。

通常，One-Hot 编码适用于可选值较少的分类数据；如果可选值太多，例如字典中有上万个英语单词，则编码的数据集将是巨大而稀疏的。顺序编码不会产生巨量的输出，但是编码的数据不像 One-Hot 编码数据那样容易分离。如果精心设计，自定义编码通常可以很好地完成某一类任务，但是对于其他任务，编码应该重新设计，并且它的设计可能需要付出很多努力。

2.2.2 离散化

数据离散化有时是为了满足模型输入的要求，例如朴素贝叶斯分类算法(见第 3 章)本身不能直接使用连续型变量。此外，它还可以消除噪声。数据的离散化并不一定使数据分类，而是使连续的值可数。数据离散化常见的原则有等距和等频，等距可以保持数据原始的分布，将属性值分为具有相同距离的区间，比如考试分数在[0,100]，可以分成五个等距分值区间，然后定义为 A、B、C、D、E 五类；等频则把数据变换为均匀分布，但各类内的区间值可能不一样。一些有监督的学习方法，如决策树，也可以用于数据的离散化。

2.2.3 正规化

由于不同的属性通常采用不同的单位制，因此它们的平均值和标准差通常不相同。然而，数字上的差异会使一些属性看起来更“重要”，而另一些则不是。这种主观感受可能会给一些模型带来麻烦。KNN 就是典型的模型之一，较大的值会强烈影响距离比较，使得模型主要考虑的属性往往具有较大的数值。此外，对于神经网络模型，某些单元系统也会对梯度下降优化方法产生负面影响，迫使其采用较小的学习率。为了解决上述问题，人们提出了各种正规化(Normalization)方法，其中一些方法如下。

(1) Min-max 正规化：Min-max 正规化用于将属性从其范围[lb,ub]映射到另一个范围[$\mathrm{lb}_{\mathrm{new}}$,$\mathrm{ub}_{\mathrm{new}}$]；目标范围通常为[0,1]或[−1,1]。对于具有值 v 的样本，归一化值 v' 如式(2.2)所示。

$$v' = \frac{v - \mathrm{lb}}{\mathrm{ub} - \mathrm{lb}}(\mathrm{ub} - \mathrm{lb}_{\mathrm{new}}) + \mathrm{lb}_{\mathrm{new}} \tag{2.2}$$

(2) Z-score 正规化：如果属性的基础范围未知或存在异常值，则 Min-max 正规化不可行或可能受到严重影响。另一种标准化方法是对数据进行转换，以使其平均值为 0，标准差为 1。给定属性的均值 μ 和标准差 σ，则转换表示为式(2.3)。

$$v'=\frac{v-u}{\sigma} \tag{2.3}$$

注意，如果 μ 和 σ 未知，则可以将它们替换为样本均值和标准偏差。

(3) 十进制缩放正规化：实现规范化的一种更简单的方法是移动数据的浮点数，以使属性中的每个值的绝对值都小于 1，如式(2.4)所示进行转换。

$$v'=\frac{v}{10} \tag{2.4}$$

在某些情况下，不同的属性具有相同或相似的单位规则，例如 RGB 颜色成像的预处理。在这些情况下，没有必要进行正规化。但是，如果不能保证效果，仍建议对所有机器学习任务进行正规化。

2.2.4 数值转换

数据集上的转换可以帮助获取其他属性。通过转换获得的这些特征对于某些具有较高拟合潜力的机器学习模型(例如神经网络)可能并不重要。但是，对于参数较少的相对简单的模型，例如线性回归，变换后的特征确实有助于模型获得更好的性能(见图 2-1)，因为它可以提供属性之间关系的其他表示形式。对于机器学习来说，这种转换也是必不可少的。

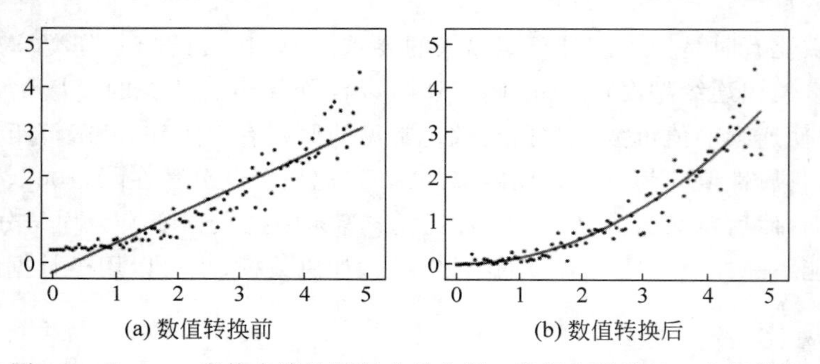

图 2-1 Box-cox 变换在线性回归中的作用。特征和标签是二次相关的

通常，给定属性集 $\{a_1, a_2, \cdots, a_p\}$，数值变换可以表示为式(2.5)。从理论上讲，$f$ 可以是任何函数，但是，由于输入数据是有限的，因此 f 可以采用多项式形式。

$$x'=f(a_1, a_2, \cdots, a_p) \tag{2.5}$$

f 的常用表示形式包括基于多项式的变换、基于近似的变换、秩变换和 Box-cox 变换。变换公式中的参数可以通过主观定义(对于人们非常了解属性和标签之间关系的情况)、暴力搜索或通过最大似然方法来获得。

2.3 数据压缩

数据集的数据量可能很大，在执行机器学习任务时会给数据存储和处理带来困难，而并非每个模型都需要大量的数据来训练。另外，尽管数据可能具有很多属性，但可能存在不相关的特征以及特征之间的相互依赖性。

数据压缩是一种有助于减少数据集的数据量、维数或两者兼得的技术，从而使模型的学习过程更加有效，并帮助模型获得更好的性能，防止过度拟合问题并修复不均匀的数据分布。

2.3.1　降维

降维技术本质是通过减少数据样本的维数，从而减少数据量的大小。由于减少了样本的属性数量，因此其中包含的信息减少。一个好的降维算法将保留更多的常规信息，这可能会使模型变得更加难以拟合。

1. 降维转换

一些降维技术对数据集进行降维转换，生成新的数据样本，这些样本具有比先前更少的属性。主成分分析(Principal Component Analysis，PCA)可以在保持最大化数据方差的同时减小数据量。这是通过将矩阵 $\boldsymbol{A}=(a_1,a_2,\cdots,a_p)^{\mathrm{T}}$ 乘以数据集 X(a_i 代表归一化特征向量，对应于数据集协方差矩阵的第 i 个最大特征值)，并保持前 k 个维度来实现的。相比之下，线性判别分析(Linear Discriminant Analysis，LDA)的目的是最大化类间方差同时最小化类内方差。LDA 的实现类似于 PCA，唯一不同的是它用样本的散布矩阵代替协方差矩阵。图 2-2 用图形说明了 PCA 和 LDA 之间的区别。在大多数情况下，LDA 优于 PCA。当数据量小或数据被非均匀采样时，PCA 的性能可能优于 LDA。其他降维算法包括因子分析(假设底层分布维度较低)、投影追踪(测量非高斯性的方面)和小波变换等。

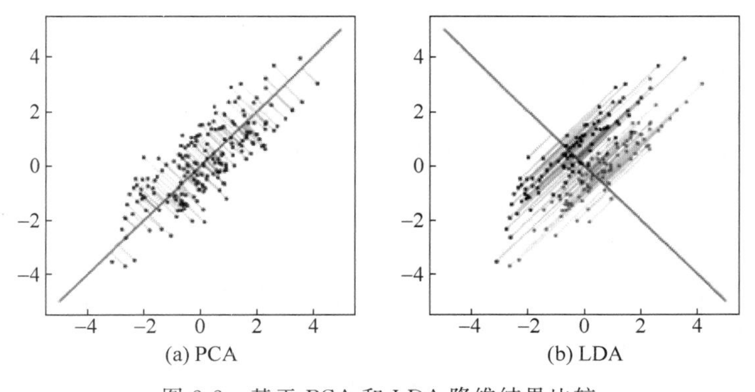

图 2-2　基于 PCA 和 LDA 降维结果比较

2. 特征选择

它是另一种降维技术。它是从数据集中删除无关或相关的属性，同时保持其他相对独立的属性不变。特征选择不仅仅是简单地选择与要预测的变量具有更大相关性的特征，还应该考虑属性之间的关系，目标是找到足够好的特征子集来进行训练和预测。特征选择方法可以分为以下 3 种类型。

过滤式(Filter):根据属性级别标准直接选择特征,包括信息增益、相关性得分或卡方检验。选择完特征后,再训练相关模型,其中特征选择的过程与训练模型的过程独立。

包装式(Wrapper):根据其在机器学习模型上的性能,使用技术搜索潜在子集。为了减少时间消耗,提出了贪婪策略,包括前向选择和后向消除。

嵌入式(Embedded):将特征选择嵌入机器学习模型中。通常,对不同属性的权重将充当特征选择。一个典型的例子是线性回归中损失函数的正则项,称为 Lasso 回归(对于 L1 正则化)和岭回归(对于 L2 正则化)。

2.3.2 实例选择和采样

实例选择和采样都是通过减少数据样本量,寻求以最小的性能损失来训练模型的机会,同时基于选择(或删除)实例的不同标准来实现数据的缩减的。

大多数实例选择算法都基于微调分类模型。为了帮助模型做出更好的决策,有两种常用算法:压缩算法(Condensation Algorithm)和编辑算法(Edition Algorithm)。假定分类算法对数据类别区分的贡献不大,压缩算法会去除位于类别相对中心区域的样本。例如,压缩最近邻算法通过将所有导致错误的样本添加到 K,近邻分类器中来选择实例。而编辑算法会删除接近边界的样本,希望为分类器提供更平滑的决策边界。相关算法包括选择群集中心的基于群集的算法。

与实例选择方法相比,采样是一种更快、更容易地减少实例数量的方法,因为采样方法几乎不需要复杂的选择算法,它们只关注减少数据样本量。最简单的采样技术是随机采样,它从数据集中随机收集一定数量或部分样本。对于不均匀的数据集,分层采样更适合,因为它考虑了来自不同类别的标签的出现频率,并且分配了具有不同标签的数据被选择的不同概率,从而使得采样的数据集更加平衡。

2.4 应用案例:基于 PCA 的数据降维

2.4.1 数据集

鸢尾花数据集是 Python 中 sklearn 库自带的数据集,非常适合初学者学习和实践,部分数据示例如表 2-1 所示。由于数据本身是四维特征,本案例任务为采用数据降维技术将数据降至二维,以便更好地可视化数据特征。

表 2-1 鸢尾花部分数据集示例

萼片长度/cm	萼片宽度/cm	花瓣长度/cm	花瓣宽度/cm	类别
5.1	3.5	1.4	0.2	0
4.9	3	1.4	0.2	0
4.7	3.2	1.3	0.2	Iris-setosa
5	3.6	1.4	0.2	Iris-setosa

2.4.2 PCA降维

PCA降维技术是一种无监督的线性变换技术，能帮助模型根据特征之间的相关性来识别数据中的模式。

首先加载高维数据集（维度为4），并确定降维后空间维度n_components（维度为2），代码如例2-1所示。

【例2-1】 加载数据集。

```
1. from sklearn.datasets import load_iris
2. data = load_iris()
3. y = data.target
4. x = data.data
5. n_components = 2
```

然后执行PCA算法进行降维操作，得到降维后的向量reduce_x，代码如例2-2所示。

【例2-2】 PCA降维过程。

```
1. from sklearn.decomposition import PCA
2. pca = PCA(n_components = n_components)
3. reduced_x = pca.fit_transform(x)
```

2.4.3 案例结果及分析

由于数据集已经进行预定义为三类，为了有效区分不同类别之间特征以及同类别间的联系性，将在二维空间进行可视化操作，代码如例2-3所示。

【例2-3】 可视化降维效果。

```
1. import matplotlib.pyplot as plt
2. red_x,red_y = [],[]
3. blue_x,blue_y = [],[]
4. green_x,green_y = [],[]
5.
6. for i in range(len(reduced_x)):
7.     if y[i] == 0:
8.         red_x.append(reduced_x[i][0])
9.         red_y.append(reduced_x[i][1])
10.
11.    elif y[i] == 1:
12.    blue_x.append(reduced_x[i][0])
13.    blue_y.append(reduced_x[i][1])
14.
15.    else:
16.    green_x.append(reduced_x[i][0])
17.    green_y.append(reduced_x[i][1])
```

```
18.
19. plt.scatter(red_x,red_y,c = 'r',marker = 'x',label = 'Class 1')
20. plt.scatter(blue_x,blue_y,c = 'b',marker = 'D',label = 'Class 2')
21. plt.scatter(green_x,green_y,c = 'g',marker = '.',label = 'Class 3')
22. plt.legend()
23. plt.show()
```

PCA 可视化结果如图 2-3 所示。可以清晰地看到三类数据被分割，且 Class 1 与 Class 2 和 Class 3 差别明显。这证明 PCA 降维的确提取出了重要特征，并且这种特征可以更好地区分数据，从而避免了数据集的"高维灾难"。

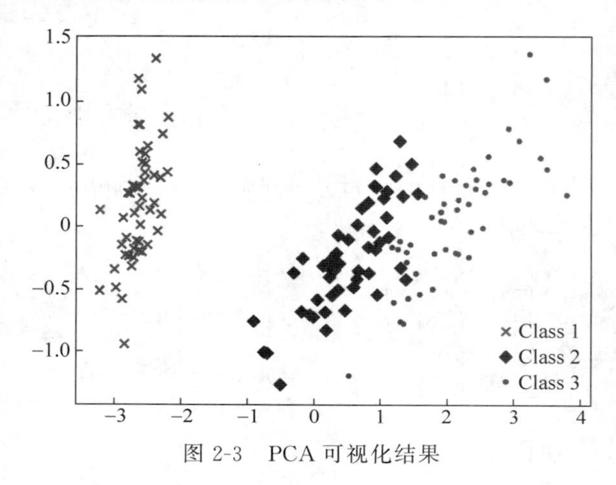

图 2-3 PCA 可视化结果

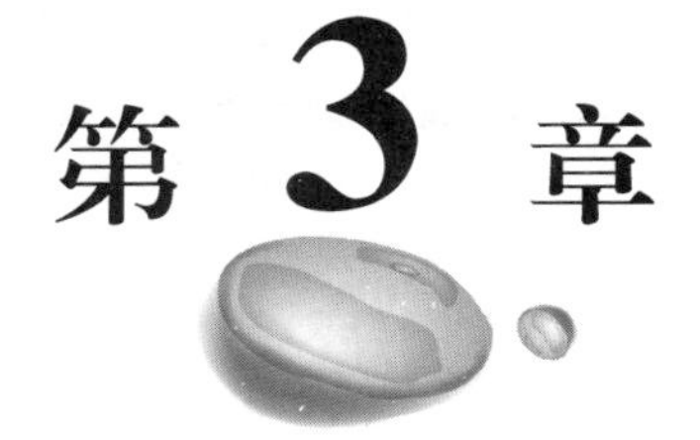

第3章 简单分类算法

[思维导图]

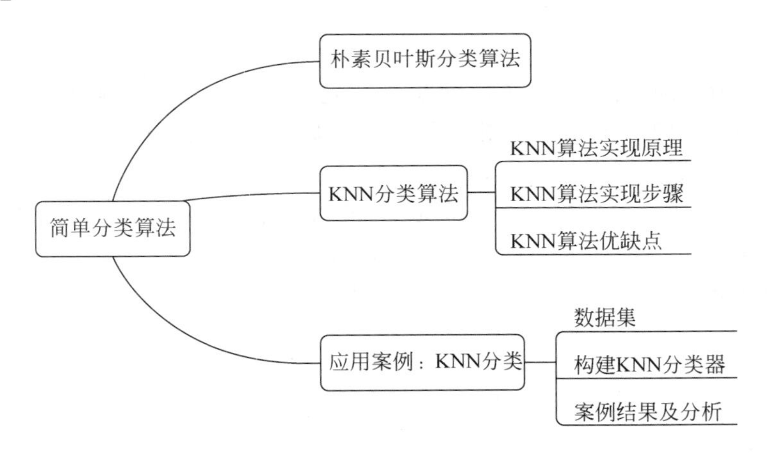

前两章介绍了机器学习基础知识以及数据预处理方法，本章将讲解机器学习中最常见的一种任务——分类任务。

分类是数据挖掘、机器学习和模式识别中一个重要的研究领域。数据分类研究就是给数据“贴标签”进行分类，类别分得越精准，得到的结果就越有价值。分类是一个有监督的学习过程，目标数据库中有哪些类别是已知的，分类过程需要做的就是把每一条记录都归到对应的类别之中。分类前必须事先知道各个类别的信息，并且所有待分类的数据条目都默认有对应的类别。分类的大致流程为：通过已有数据集（也称训练集）的学习，训练得到一个目标函数 f（也称模型），把每个数据集的元素 x 映射到目标类别 y，且 y 必须是离散的。

分类算法按模型可以分为两类：预测性模型与概率性模型。其中，预测性模型可以直接判定数据应被分到哪个类，而概率性模型不会直接得到结果，只能确定属于每个类的概率。分类算法按照原理又可以分为以下四大类。

(1) 基于统计的分类，如朴素贝叶斯分类算法。

(2) 基于规则的分类，如决策树算法。

(3) 基于神经网络的分类，如神经网络算法。

(4) 基于距离的分类，如 KNN 分类算法。

本章主要介绍朴素贝叶斯分类算法和 KNN 分类算法，决策树算法和神经网络算法在本书其他章节详细介绍。

3.1 朴素贝叶斯分类算法

朴素贝叶斯(Naive Bayes)分类算法是利用概率统计进行分类的算法。该算法基于贝叶斯定理，其基本思想是：对于一个待分类项，求解属于各个类别的概率，概率最大的类别即为待分类项的类别。

设 x 为一个待分类项，C 为一个类别集合，c_i 是第 i 个类别。根据贝叶斯定理，x 属于 c_i 的概率如式(3.1)所示。

$$P(c_i \mid x)=\frac{P(x \mid c_i)P(c_i)}{P(x)} \tag{3.1}$$

其中，$P(x|c_i)$为类别条件概率；$P(c_i)$为 c_i 的先验概率，一般通过收集的数据集统计计算得到。$P(x)$用于归一化，对于给定的样本数据集，$P(x)$对于所有类别是相同的，因此对于一般的分类问题通常不计算 $P(x)$。

朴素贝叶斯分类算法的目标就是选择 $P(c_i|x)$最大的 c_i 作为 x 所属的类别，求解 $P(c_i|x)$的关键在于计算类别条件概率 $P(x|c_i)$。下面介绍 $P(x|c_i)$的计算过程。

设 a_k 是 x 的第 k 个特征属性，朴素贝叶斯分类算法假设这些特征属性相互独立，$P(x|c_i)$的计算如式(3.2)所示。

$$P(x \mid c_i)=P(a_0 \mid c_i)P(a_1 \mid c_i)\cdots P(a_n \mid c_i)=\prod_{k=0}^{n}P(a_k \mid c_i) \tag{3.2}$$

将式(3.2)代入式(3.1)，$P(c_i|x)$可推导得式(3.3)。

$$P(c_i \mid x)=\frac{P(c_i)}{P(x)}\prod_{k=0}^{n}P(a_k \mid c_i) \tag{3.3}$$

由于 $P(x)$对于所有类别是相同的，因此 $P(c_i|x)$与式(3.3)中分子成正比，可写作式(3.4)。

$$P(c_i \mid x) \propto P(c_i)\prod_{k=0}^{n}P(a_k \mid c_i) \tag{3.4}$$

最终朴素贝叶斯的判定公式如式(3.5)所示。

$$H(x)=\arg\max P(c_i)\prod_{k=0}^{n}P(a_k \mid c_i) \tag{3.5}$$

下面给出一个购买商品的例子，说明如何利用朴素贝叶斯分类算法进行分类。假设顾客根据外观、质量和价格三个特征属性决定是否购买某一商品，表 3-1 展示了已收集的商品购买样本数据。

表 3-1　已收集的商品购买样本数据

外　观	质　量	价　格	是否购买
好	好	适中	是
不好	好	低	否
不好	不好	高	否
好	好	低	是
不好	好	适中	是
好	不好	低	否
好	好	高	是
不好	不好	适中	否
好	不好	适中	是
不好	好	高	否

现有商品 x，特征属性为外观好、质量不好、价格高，需要预测顾客是否购买该商品。利用朴素贝叶斯分类算法完成该任务的具体步骤如下。

(1) 统计样本数据中“买”类别的先验概率。

$$P(\text{买})=\frac{5}{10}=\frac{1}{2}$$

(2) 统计样本数据中“不买”类别的先验概率：

$$P(\text{不买})=\frac{5}{10}=\frac{1}{2}$$

(3) 统计样本数据中“买”类别下，商品 x 拥有的特征属性的条件概率：

$$P(\text{外观好}\mid\text{买})=\frac{4}{5}$$

$$P(\text{质量不好}\mid\text{买})=\frac{1}{5}$$

$$P(\text{价格高}\mid\text{买})=\frac{1}{5}$$

(4) 计算购买商品 x 的概率：

$$P(\text{买}\mid x)=\frac{1}{2}\times\frac{4}{5}\times\frac{1}{5}\times\frac{1}{5}=\frac{2}{125}$$

(5) 计算样本数据中“不买”类别下，商品 x 拥有的特征属性的条件概率：

$$P(\text{外观好}\mid\text{不买})=\frac{1}{5}$$

$$P(\text{质量不好}\mid\text{不买})=\frac{3}{5}$$

$$P(\text{价格高}\mid\text{不买})=\frac{2}{5}$$

(6) 计算不买商品 x 的概率：

$$P(\text{不买} \mid x)=\frac{1}{2}\times\frac{1}{5}\times\frac{3}{5}\times\frac{2}{5}=\frac{3}{125}$$

由于 $P(\text{不买}|x)>P(\text{买}|x)$，预测结果为不购买商品 x。

算法 3-1 朴素贝叶斯分类算法

输入：样本数据集 D，类别集合 $C=\{c_1,c_2,\cdots,c_m\}$，特征属性集合 $A=\{a_0,a_1,\cdots,a_n\}$，待预测样本 x

输出：待预测样本 x 所属类别

(1) 根据 D 中数据，统计每个类别的先验概率 $P(c_i)$；

(2) 根据 D 中数据，统计每个类别下待预测样本 x 所有特征属性的条件概率 $P(a_k|c_i)$；

(3) 根据式(3.4)，计算待预测样本 x 属于每个类别的概率 $P(c_i|x)$；

(4) 根据式(3.5)，取 $P(c_i|x)$ 值最大的类别作为待预测样本 x 所属的类别。

算法 3-1 描述了朴素贝叶斯分类算法的步骤。

朴素贝叶斯分类算法效率稳定，预测过程简单快速，对于多分类问题同样很有效，常用于文本分类、垃圾文本过滤、情感判别、多分类实时预测等任务。但朴素贝叶斯分类算法假设所有特征属性对分类的影响是相互独立的，当这些特征属性存在关联性时分类效果会变差。

3.2 KNN 分类算法

KNN(K-Nearest Neighbor，K 近邻)分类算法是机器学习分类技术中最简单的算法之一，其指导思想是"近朱者赤，近墨者黑"，即由你的邻居来推断出你的类别。

3.2.1 KNN 算法实现原理

为了判断未知样本的类别，以所有已知类别的样本作为参照，计算未知样本与所有已知样本的距离，从中选取与未知样本距离最近的 K 个已知样本，根据少数服从多数的投票法则(Majority-Voting)，将未知样本与 K 个最近邻样本中所属类别占比较多的归为一类。以上即为 KNN 算法在分类任务中的基本原理。其中，K 表示要选取的最近邻样本实例的个数，可以根据实际情况进行选择。在 sklearn 库中 KNN 算法的 K 值是通过 n_neighbors 参数来调节的，默认值为 5。

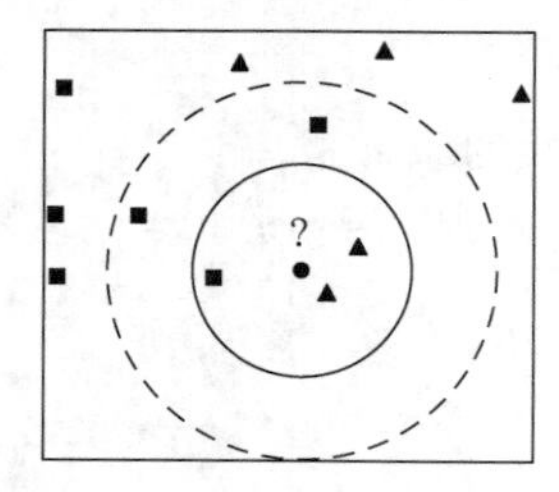

图 3-1 KNN 分类示意图

图 3-1 展示了 KNN 分类示意图。如何判断圆形应该属于哪一类？是属于三角形还是属于四边形？如果 $K=3$，由于三角形所占比例为 2/3，圆形将被判定为属于三角形类；如果 $K=5$，由于四边形比例为 3/5，因此圆形将被判定

为属于四边形类。

由于 KNN 分类算法在分类决策时只依据最近邻的一个或者几个样本的类别来决定待分类样本所属的类别，而不是靠判别类域的方法来确定所属的类别，因此对于类域的交叉或重叠较多的待分样本集来说，KNN 算法较其他算法更为适合。

3.2.2　KNN 算法实现步骤

KNN 算法的实现分如下四步。

（1）样本特征量化。

样本的所有特征都要做可比较的量化，若样本特征中存在非数值类型，则必须采取手段将其量化为数值。例如，样本特征中包含颜色，可通过将颜色转换为灰度值来实现距离计算。

（2）样本特征归一化。

样本有多个参数，每一个参数都有自己的定义域和取值范围，它们对距离计算的影响不一样，如取值较大的影响力会盖过取值较小的参数。所以，对样本参数必须做一些比例处理，最简单的方式即对所有特征的数值都采取归一化处置。

（3）计算样本之间的距离。

需要一个距离函数以计算两个样本之间的距离，通常使用的距离函数有欧几里得距离（简称欧氏距离）、余弦距离、汉明距离和曼哈顿距离等，一般选欧氏距离作为距离度量，但是这些只适用于连续变量。在文本分类这种非连续变量情况下，汉明距离可以用来作为度量。通常情况下，如果运用一些特殊的算法来计算度量，K 近邻分类准确率可显著提高，如运用大边缘最近邻法或者近邻成分分析法。

图 3-2 展示了欧氏距离与曼哈顿距离。以二维空间中的 $A(x_1, y_1)$、$B(x_2, y_2)$两点为例，分别用欧氏距离与曼哈顿距离度量两点之间的距离。

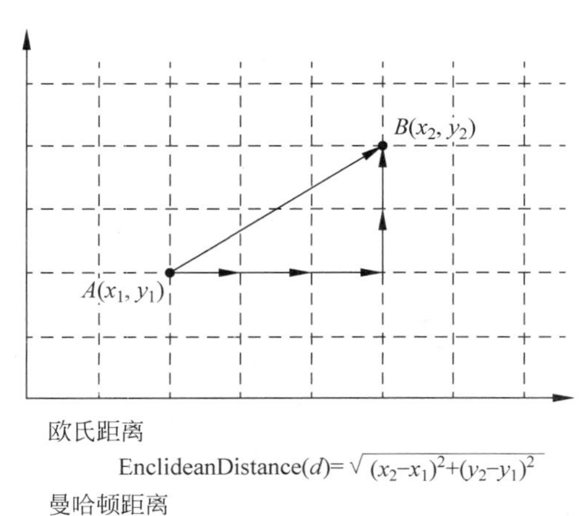

欧氏距离

$$\text{EnclideanDistance}(d)=\sqrt{(x_2-x_1)^2+(y_2-y_1)^2}$$

曼哈顿距离

$$\text{ManhattanDistance}(d)=|x_2-x_1|+|y_2-y_1|$$

图 3-2　欧氏距离与曼哈顿距离

（4）确定 K 值。

K 值选得太大易引起欠拟合，太小容易过拟合，需交叉验证确定 K 值。

3.2.3 KNN 算法优缺点

KNN 算法的优点包括：

（1）简单，易于理解，易于实现，无须估计参数，无须训练；

（2）适合对稀有事件进行分类；

（3）特别适合于多分类问题（Multi-label，对象具有多个类别标签）。

KNN 算法在分类问题上的不足之处在于：当样本不平衡时，即一个类的样本数量很大，而其他类样本数量很小时，有可能导致当输入一个新样本时，该样本的 K 个邻居中大数量类的样本容易占多数，导致错误分类。因此，KNN 算法可以采用加权算法的方法来改进。比如，对样本距离小的邻域数据赋予更大的权值。

KNN 算法的主要使用场景包括文本分类、用户推荐等。

3.3 应用案例：KNN 分类

本节以一个实际分类例子阐述 KNN 分类过程。

3.3.1 数据集

第 2 章使用鸢尾花数据集，基于 PCA 进行数据降维，将鸢尾花数据的四维特征降至二维，目的是更好地可视化数据特征。本章介绍利用 KNN 算法对原始鸢尾花数据集（四维特征）进行分类。

3.3.2 构建 KNN 分类器

首先获取鸢尾花数据集，然后通过绘制散点图，初步判断鸢尾花数据是否适合 KNN 分类，代码如例 3-1 所示。

【例 3-1】 绘制鸢尾花数据集散点图。

```
1.  import pandas as pd
2.  import mglearn
3.  #导入数据集
4.  iris_dataframe = pd.DataFrame(X_train,columns = iris_dataset.feature_names)
5.  #按 y_train 着色
6.  grr = pd.plotting.scatter_matrix(iris_dataframe,c = y_train,figsize = (15,15),marker = 'o',
7.  hist_kwds = {'bins':20},s = 60,alpha = .8,cmap = mglearn.cm3)
```

图 3-3 展示了鸢尾花数据散点分布。3 种鸢尾花散点已经按照分类进行着色。可以很清晰地看到，现有数据基本上可以将 3 种花分类，各个颜色的散点基本可以形成群落。

下一步通过 sklearn 库使用 Python 构建一个 KNN 分类模型，主要包括如下步骤：

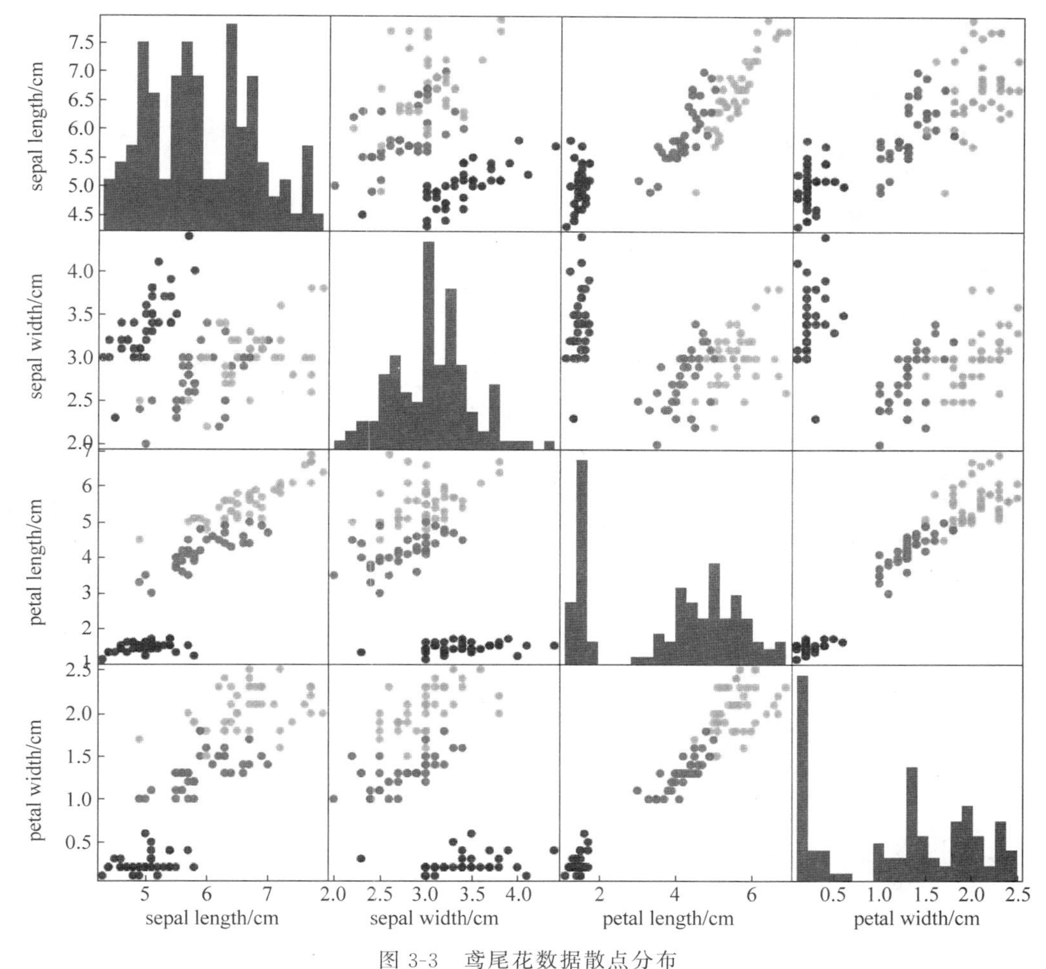

图 3-3 鸢尾花数据散点分布

（1）初始化分类器参数（只有少量参数需要指定，其余参数保持默认即可）；

（2）训练模型；

（3）评估、预测。

KNN 算法的 K 是指几个最近邻居，这里构建一个 $K=3$ 的模型，并且将训练数据 X_train 和 Y_train 作为参数，构建模型的代码如例 3-2 所示。

【例 3-2】 构建 KNN 模型。

```
1.   from sklearn.neighbors import KNeighborsClassifier
2.   #调用 sklearn 库中的 KNN 模型
3.   knn = KNeighborsClassifier(n_neighbors = 3)
4.   knn.fit(X_train, y_train)
```

注意，KNN 是一个对象，knn.fit()函数实际上修改的是 KNN 对象的内部数据。现在 KNN 分类器已经构建完成，使用 knn.predict()函数可以对数据进行预测，为了评估分类器的准确率,将预测结果与测试数据进行对比,计算分类准确率。

3.3.3 案例结果及分析

调用例3-2中构建的KNN模型进行预测,输出预测结果并计算准确率。代码如例3-3所示。

【例3-3】 预测结果计算准确率。

```
1.  y_pred = knn.predict(X_test)
2.  print("Test set predictions:\n {}".format(y_pred))
3.  print("Test set score: {:.2f}".format(np.mean(y_pred = = y_test)))
```

输出结果:

```
Test set predictions:
  [2 1 0 2 0 2 0 1 1 1 2 1 1 1 1 0 1 1 0 0 2 1 0 0 2 0 0 1 1 0 2 1 0 2 2 1 0 2]
Test set score: 0.97
```

从结果可知,KNN分类准确率可以达到97%。

第 4 章

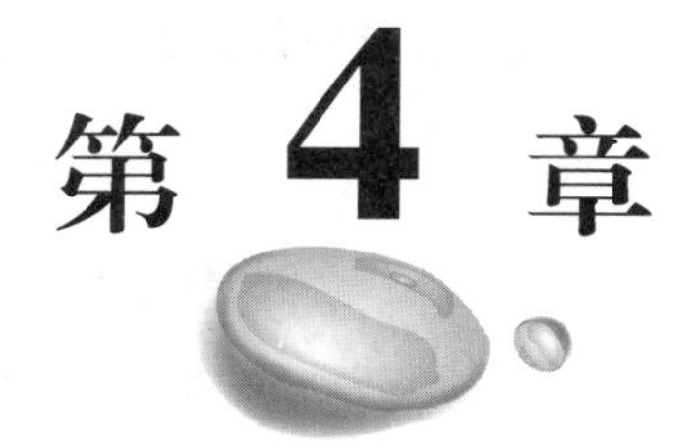

决 策 树

[思维导图]

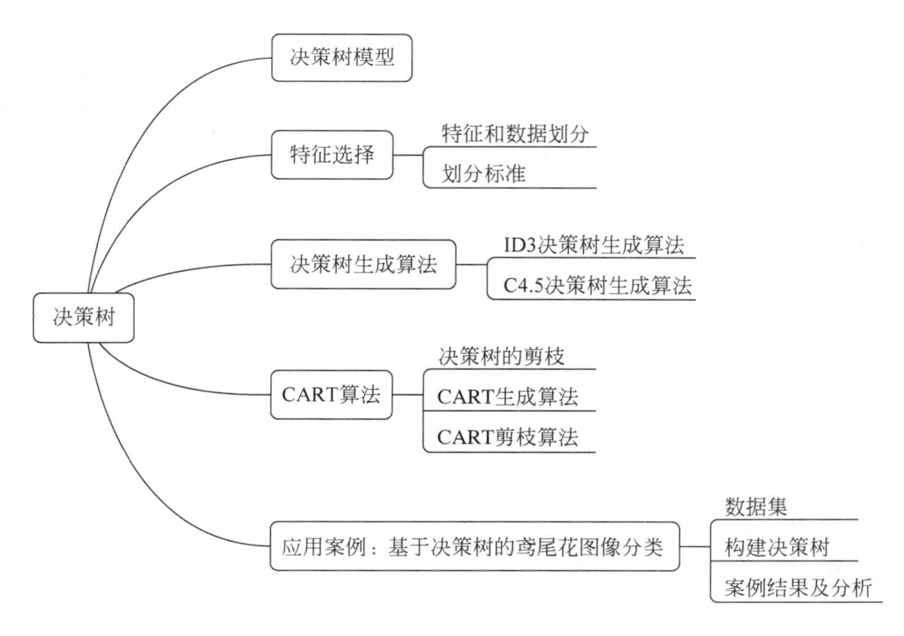

4.1 决策树模型

决策树(Decision Tree)是一类常见的机器学习方法,可应用于分类与回归任务,本章主要讨论分类决策树。决策树是基于树结构来进行决策的。如图 4-1 所示,使用决策树来决定一天的活动,可以把决策树看作根据要回答的一系列问题,做出决策来进行数据分类。

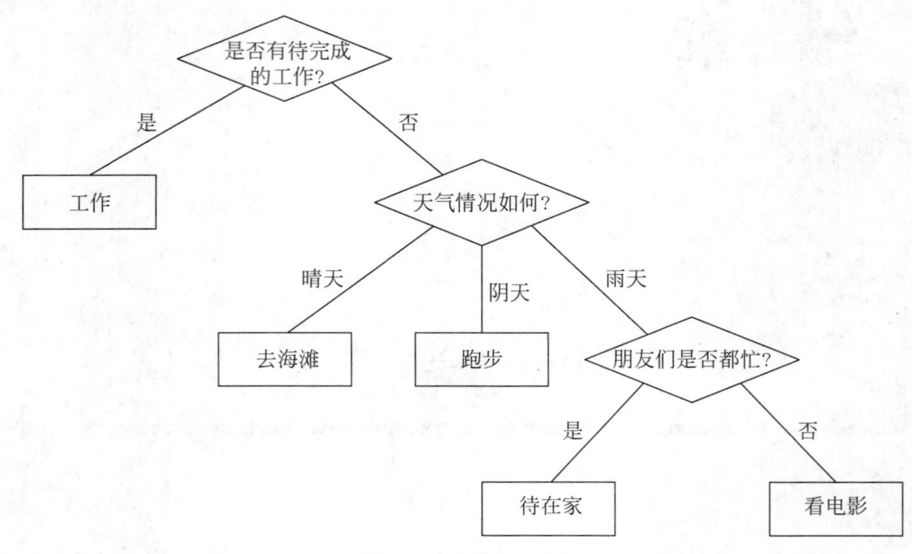

图 4-1 决策树示例

当要对"今天干什么?"这样的问题进行决策时,通常会进行一系列的"子决策":首先看"今天是否有待完成的工作",如果"否",再看"天气情况如何",如果是"雨天"则看"朋友们是否都忙",得出最终决策。如果不忙就相约去看电影,否则待在家。显然,决策过程的最终结论对应了最终所需的判定结果。正如上述例子所示,分类决策树模型是一种递归选择最优特征并根据该特征对实例进行分类的树状结构。

一般地,决策树由结点(Node)和有向边(Directed Edge)组成。一棵决策树包含一个根结点(Root Node)、若干内部结点(Internal Node)和若干叶结点(Leaf Node);叶结点对应于决策结果,其他结点则对应于一个属性测试;每个结点包含的样本集合根据属性测试的结果被划分到子结点中;根结点包含样本全集。从根结点开始,对实例的某一特征进行测试,根据测试结果,将实例分配到其子结点;如此,从根结点到叶结点的每条路径都对应了一个判定测试序列。

在分类问题中,决策树表示基于特征对实例进行分类的过程,它可以认为是 if-then 规则的集合,也可以认为是定义在特征空间与类空间上的条件概率分布。决策树学习一般包括三个步骤:特征选择、决策树的生成和决策树的修剪。

决策树学习的目的是产生一棵泛化能力强,即处理未见示例能力强的决策树,其基本流程遵循简单且直观的"分而治之"策略。

4.2 特征选择

4.2.1 特征和数据划分

在构造决策树时,需要解决的第一个问题就是特征选择。特征选择即选取对训练数据具有分类能力的特征，这样可以提高决策树学习的效率。如果利用一个特征进行分类的结果与随机分类的结果没有很大差别，则称这个特征没有分类能力。为了找到在数据分类时起决定作用的特征，必须评估用每个特征来进行数据划分的能力。完成评估之后，原始数据集就被划分为几个数据子集。这些数据子集会分布在第一个决策点的所有分支上。如果某个分支下的数据属于同一类型，则当前结点内的样本已经正确地完成数据分类，无须进一步对数据集进行划分。如果数据子集内的数据不属于同一类型，则需要重复划分数据子集的过程。划分数据子集的方法与划分原始数据集的方法相同，直到所有具有相同类型的数据均在一个数据子集内。

创建分支的 createBranch()函数如算法 4.1 所示。

算法 4.1 创建分支

```
检测数据集中的每个子项是否属于同一分类:
    if so return 类标签
    else
        寻找划分数据集的最好特征
        划分数据集
        创建分支结点
            for 每个划分的子集
                调用函数 createBranch 并增加返回结果到分支结点中
        return 分支结点
```

一般而言，随着划分过程的不断进行，希望决策树的分支结点所包含的样本尽可能属于同一类别，即结点的“纯度”(Purity)越来越高。

4.2.2 划分标准

在决策树中常用的划分标准有信息增益(Information Gain)和基尼指数(Gini Index)。

1. 信息增益

信息熵(Information Entropy)是度量样本集合纯度最常用的一种标准。假设当前样本集合 D 中第 k 类样本所占的比例为 $p_k(k=1,2,\cdots,|\gamma|)$，信息熵如式(4.1)所示。

$$\mathrm{Ent}(D)=-\sum_{k=1}^{|\gamma|}p_k\,\mathrm{lb}\,p_k \tag{4.1}$$

熵值越小，则样本集合 D 的纯度越高。如果样本集合 D 的所有样本都属于同一类，则熵为 0；如果类的分布均匀，则熵值最大。当熵的概率由数据估计(特别是极大似然估计)得到时，称为经验熵。

假设离散属性 f 有 V 个可能的取值 $\{f^1,f^2,\cdots,f^V\}$，使用属性 f 对样本集合 D 进行划分则会产生 V 个分支结点，其中第 v 个分支结点包含了 D 中所有在属性 f 上取值为

f^v 的样本,记为 D^v。可以根据式(4.1)计算出 D^v 的信息熵,再考虑到不同的分支结点所包含的样本数不同,给分支结点赋予权重 $|D^v|/|D|$,即按照样本数加权,样本数越多的分支结点的影响越大,于是可以计算出使用属性 f 对样本集 D 进行划分所获得的信息增益(Information Gain)。信息增益的计算公式如式(4.2)所示。

$$\mathrm{Gain}(D,f)=\mathrm{Ent}(D)-\sum_{v=1}^{V}\frac{|D^v|}{|D|}\mathrm{Ent}(D^v) \tag{4.2}$$

这里 $f=\arg\max \mathrm{Gain}(D,f)$ 是结点处用来划分数据集的特征,一般而言,信息增益越大,则意味着使用属性 f 来进行划分所得到的"纯度提升"越大。因此,信息增益可以用来进行决策树的属性划分。

2. 基尼指数

样本集合 D 的纯度还可以使用基尼值来度量。当前样本集合 D 中第 k 类样本所占的比例为 $p_k(k=1,2,\cdots,|\gamma|)$,则数据集合 D 的基尼值如式(4.3)所示。

$$\mathrm{Gini}(D)=\sum_{k=1}^{|\gamma|}p_k(1-p_k)=1-\sum_{k=1}^{|\gamma|}p_k{}^2 \tag{4.3}$$

直观来说,Gini(D)反映了从数据集 D 中随机抽取两个样本,其类别标记不一致的概率。因此,Gini(D)越小,则数据集合 D 的纯度越高。如果类是完全混合,则基尼值最大。例如,对于二元分类($|\gamma|=2$),则数据集的基尼值计算如式(4.4)所示。

$$\mathrm{Gini}(t)=1-\sum_{k=1}^{2}0.5^2 \tag{4.4}$$

采用与式(4.2)相同的符号表示,针对某一具体属性 f 的基尼指数(Gini Index)定义如式(4.5)所示。

$$\mathrm{Gini\_index}(D,f)=\sum_{v=1}^{V}\frac{|D^v|}{|D|}\mathrm{Gini}(D^v) \tag{4.5}$$

基尼指数可以理解为尽量减少错误分类的判断标准,因此在候选属性集合中,选择那个使得划分后基尼指数最小的属性作为最优划分属性,即 $f=\mathrm{argmin}\ \mathrm{Gini}(D,f)$。

4.3 决策树生成算法

本节将介绍两种决策树生成算法,分别是由 Quinlan 在 1986 年提出的 ID3 算法和 1993 年提出的 C4.5 算法。

4.3.1 ID3 决策树生成算法

ID3 算法的核心是在决策树各个结点上应用信息增益准则选择特征,递归地构建决策树。ID3 决策树生成算法如算法 4.2 所示。该算法从根结点开始对结点计算所有特征的信息增益,选择信息增益最大的特征作为结点的特征,由该特征的不同取值建立子结点;再对子结点递归地调用以上方法,构建决策树;直到所有特征的信息增益均很小或没有特征可以选择为止,最后得到一棵决策树。ID3 相当于用极大似然法进行概率模型的选择。

算法 4.2　ID3 算法

输入：训练数据集 D，特征集 A，阈值 ε。

输出：决策树 T。

(1) 若 D 中所有实例属于同一类 C_k，则 T 为单结点树，并将 C_k 作为该结点的类标记，返回 T；

(2) 若 $A=\varnothing$，则 T 为单结点树，并将 D 中实例数最大的类 C_k 作为该结点的类标记，返回 T；

(3) 否则，计算 A 中各特征对 D 的信息增益，选择信息增益最大的特征 A_g；

(4) 如果 A_g 的信息增益小于阈值 ε，则设置 T 为单结点树，并将 D 中实例数最大的类 C_k 作为该结点的类标记，返回 T；

(5) 否则，对 A_g 的每一可能值 α_i，按照 $A_g=\alpha_i$ 将 D 分割为若干非空子集 D_i，将 D_i 中实例数最大的类作为标记，构建子结点，由结点及其子结点构成树 T，返回 T；

(6) 对第 i 个子结点，以 D_i 为训练集，以 $A-\{A_g\}$ 为特征集，递归地调用步骤(1)～(5)，得到子树 T_i，返回 T_i。

4.3.2　C4.5 决策树生成算法

C4.5 决策树生成过程见算法 4.3，该算法是对 ID3 算法的改进，生成树的过程中用信息增益比来选择特征。

算法 4.3　C4.5 算法

输入：训练数据集 D，特征集 A，阈值 ε。

输出：决策树 T。

(1) 如果 D 中所有实例属于同一类 C_k，则 T 为单结点树，并将 C_k 作为该结点的类标记，返回 T；

(2) 若 $A=\varnothing$，则 T 为单结点树，并将 D 中实例数最大的类 C_k 作为该结点的类标记，返回 T；

(3) 否则，按信息增益比计算 A 中各特征对 D 的信息增益，选择信息增益比最大的特征 A_g；

(4) 如果 A_g 的信息增益小于阈值 ε，则设置 T 为单结点树，并将 D 中实例数最大的类 C_k 作为该结点的类标记，返回 T；

(5) 否则，对 A_g 的每一可能值 α_i，按照 $A_g=\alpha_i$ 将 D 分割为若干非空子集 D_i，将 D_i 中实例数最大的类作为标记，构建子结点，由结点及其子结点构成树 T，返回 T；

(6) 对第 i 个子结点，以 D_i 为训练集，以 $A-\{A_g\}$ 为特征集，递归地调用步骤(1)～(5)，得到子树 T_i，返回 T_i。

4.4 CART算法

分类与回归树(Classification And Regression Tree,CART)模型由Breiman等在1984年提出,是一种应用广泛的决策树学习方法,CART算法由特征选择、树的生成及剪枝组成,既可以用于分类也可以用于回归。相比C4.5算法,CART算法采用"基于代价复杂度剪枝"的方式进行剪枝。因此,本节首先介绍决策树的剪枝相关知识,再介绍CART算法的内容。

4.4.1 决策树的剪枝

决策树生成算法递归地产生决策树,直到不能继续下去为止。这样产生的树往往对训练数据的分类很准确,但对未知的测试数据的分类却没有那么准确,即容易出现过拟合现象。过拟合的原因在于学习时过多地考虑如何提高对训练数据的正确分类,从而构建出过于复杂的决策树。解决这个问题的办法是考虑决策树的复杂度,对已生成的决策树进行简化。

在决策树学习中将已生成的树进行简化的过程称为剪枝(Pruning)。具体来说,剪枝就是从已生成的决策树上裁掉一些子树或叶结点,并将其根结点或父结点作为新的叶结点,从而简化分类树模型。

本节介绍一种简单的决策树学习的剪枝算法。决策树的剪枝往往通过极小化决策树整体的损失函数(Loss Function)或代价函数(Cost Function)来实现。设树T的叶结点个数为$|T|$,t是树T的叶结点,该叶结点有N_t个样本点,其中k类的样本点有N_{tk}个,$k=1,2,\cdots,K$,$H_t(T)$为叶结点t上的经验熵,$\alpha\geqslant 0$,决策树学习的损失函数定义如式(4.6)所示。

$$C_\alpha(T)=\sum_{t=1}^{|T|}N_tH_t(T)+\alpha|T| \tag{4.6}$$

其中,$H_t(T)$是经验熵,如式(4.7)所示。

$$H_t(T)=-\sum_k\frac{N_{tk}}{N_t}\log\frac{N_{tk}}{N_t} \tag{4.7}$$

如式(4.8)所示,在损失函数中,将式(4.6)右端第一项记作:

$$C(T)=\sum_{t=1}^{|T|}N_tH_t(T)=-\sum_{t=1}^{|T|}\sum_{k=1}^{K}N_{tk}\log\frac{N_{tk}}{N_t} \tag{4.8}$$

则式(4.6)可写作式(4.9):

$$C_\alpha(T)=C(T)+\alpha|T| \tag{4.9}$$

式(4.9)中,$C(T)$表示模型对训练数据的预测误差,即模型与训练数据的拟合程度,$|T|$表示模型复杂度,参数$\alpha\geqslant 0$控制两者之间的影响。较大的α促使选择较简单的模型,较小的α偏向选择较复杂的模型。$\alpha=0$则意味着只考虑模型与训练数据的拟合程度,不考虑模型的复杂度。

决策树剪枝可通过优化损失函数来实现,当α确定时,选择损失函数最小的模型,即损失函数最小的子树。当 α 值确定时，子树越大，往往与训练数据的拟合越好，但是模型的复杂度就越高；相反，子树越小，模型的复杂度就越低，但是往往与训练数据的拟合不好。损失函数正好表示了对两者的平衡。

可以看出，决策树生成只考虑了通过提高信息增益(或信息增益比)对训练数据进行更好的拟合，而决策树剪枝通过优化损失函数还考虑了降低模型复杂度。决策树生成是学习局部的模型，而决策树剪枝是学习整体的模型。

式(4.6)或式(4.7)定义的损失函数的极小化等价于正则化的极大似然估计。所以，利用损失函数最小原则进行剪枝就是利用正则化的极大似然估计进行模型选择。

决策树的剪枝算法可以由一种动态规划的算法实现，剪枝过程如算法 4.4 所示。

算法 4.4　树的剪枝算法

输入：生成算法产生的整个树 T，参数 α

输出：修剪后的子树 T_α

(1) 计算每个结点的经验熵；

(2) 递归地从树的叶结点向上回缩，这一组叶结点回缩到其父结点之前与之后的整体树分别为 T_B 和 T_A，其对应的损失函数值分别是 $C_\alpha(T_B)$和 $C_\alpha(T_A)$，如果 $C_\alpha(T_A) \leqslant C_\alpha(T_B)$则进行剪枝，也即将父结点变为新的叶结点；

(3) 返回(2)，直至不能继续为止，得到损失函数最小的子树 T_α。

4.4.2　CART 生成算法

CART 生成算法停止计算的条件是结点中的样本个数小于预定阈值，或样本集的基尼指数小于预定阈值(样本基本属于同一类)，或者没有更多的特征。CART 生成算法如算法 4.5 所示。

算法 4.5　CART 生成算法

输入：训练数据集 D，停止计算的条件

输出：CART 决策树

根据训练数据集，从根结点开始递归地对每个结点进行以下操作，构建二叉决策树：

(1) 设结点的训练集为 D，计算现有特征对该数据集的基尼指数，此时对于每一个特征 A，对其可能取的每个值 a，根据样本点计算 $A=a$ 时的基尼指数。

(2) 在所有可能的特征 A 以及它们所有可能的切分点 a 中，选择基尼指数最小的特征及其对应的切分点作为最优特征和最优切分点。依最优特征与最优切分点，从现结点生成两个子结点，将训练数据集依特征分配到两个子结点中去。

(3) 对两个子结点递归地重复步骤(1)和(2)，直至满足停止条件。

(4) 生成 CART 决策树。

4.4.3 CART 剪枝算法

CART 剪枝算法如算法 4.6 所示，它从"完全生长"的决策树的底端剪去一些子树，使模型变得简单，避免过拟合，从而能够对未知数据有更准确的预测。CART 剪枝算法由两部分组成：首先从生成算法产生的决策树 T_0 底端开始不断剪枝，直到 T_0 的根结点，形成一个子树序列 $\{T_0, T_1, \cdots, T_n\}$；然后通过交叉验证法，在独立的验证数据集上对子树序列进行测试，从中选择最优子树。

算法 4.6　CART 剪枝算法

输入：CART 算法生成的决策树 T_0。

输出：最优决策树 T_α。

(1) 设 $k=0, T=T_0$。

(2) 设 $\alpha=+\infty$。

(3) 自下而上地对内部各结点 t 计算 $C(T_t)$、$|T_t|$ 以及 $g(t)$ 和 α。

$$g(t)=\frac{C(t)-C(T_t)}{|T_t|-1}$$

$$\alpha=\min(\alpha, g(t))$$

这里，T_t 表示以 t 为根结点的子树，$C(T_t)$ 是对训练数据的预测误差，$|T_t|$ 是 T_t 的叶结点个数。

(4) 自上而下地访问内部结点 t，如果有 $g(t)=\alpha$，进行剪枝，并对叶结点 t 以多数表决法决定其类，得到树 T。

(5) 设 $k=k+1, \alpha_k=\alpha, T_k=T$。

(6) 如果 T 不是由根结点单独构成的树，则回到步骤(4)。

(7) 采用交叉验证法在子树序列 $T_0, T_1, \cdots, T_n$ 中选取最优子树 T_α。

4.5 应用案例：基于决策树的鸢尾花图像分类

4.5.1 数据集

本节使用的数据集仍然是 sklearn 库中自带的鸢尾花数据集(数据集介绍参见 2.4.1 节)。

4.5.2 构建决策树

决策树可以通过将特征空间划分成不同的矩形来构建复杂的决策边界。然而在实践中，需要注意的是，决策树越深，其决策边界往往就越复杂，从而越容易导致过拟合。此处使用 sklearn 来训练决策树模型，假设最大深度为 3，并且使用信息熵作为纯度度量的标准。为了呈现较好的可视化效果，实例调整了样本特征数据的比例，代码如例 4-1 所示。

【例 4-1】 生成决策树代码示例。

```
1.  from sklearn.tree import DecisionTreeClassifier
2.  tree_model = DecisionTreeClassifier(criterion = 'gini', max_depth = 4, random_state = 1)
3.  tree_model.fit(X_train, y_train)
4.  x_combined = np.vstack((X_train, X_test))
5.  y_combined = np.hstack((y_train, y_test))
6.  plot_decision_regions(X_combined, y_combined, classifier = tree_model, test_idx =
    range(105,150))
7.  plt.xlabel('petal length [cm]')
8.  plt.ylabel('petal width [cm]')
9.  plt.legend(loc = 'upper left')
10. plt.tight_layout()
11. plt.show()
```

4.5.3 案例结果及分析

执行代码后，得到的决策树的决策区域如图 4-2 所示，可见其决策边界与坐标轴平行。

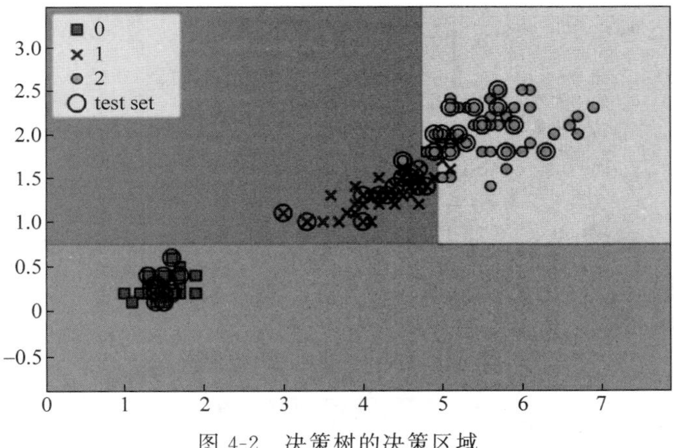

图 4-2 决策树的决策区域

sklearn 库提供了在模型训练后，把决策树以.dot 文件的格式导出。接着调用 Graphviz 程序即可完成决策树决策过程的可视化。

可以从 Graphviz 官方网站下载 Graphviz，它支持 Linux、Windows、Mac、Solaris 以及 FreeBSD。除了 Graphviz 以外，还需要使用一个名为 pydotplus 的 Python 库，其功能与 Graphviz 类似，该库允许把.dot 数据文件转换为决策树的图像。在安装 Graphviz 后，可以直接通过 pip 程序安装 pydotplus。在计算机上执行以下命令即可安装 pydotplus：

```
1.  pip3 install pydotplus
```

需要注意的是，在部分系统中需要先安装 pydotplus 所依赖的软件包，只需使用如下命令：

```
1.  pip3 install graphviz
2.  pip3 install pyparsing
```

通过执行例 4-2 中的代码，就可以将决策树图像保存在本地目录中。

【例 4-2】 将决策树图像保存在本地目录中代码示例。

```
1.  from pydotplus import graph_from_dot_data
2.  from sklearn.tree import export_graphviz
3.  dot_data = export_graph(tree_model, filled = True, rounded = True,
4.                 class_names = ['Setosa', 'Versicolor', 'Virginica'],
5.                 feature_names = ['petal length', 'petal width'],
6.                 out_file = None)
7.  graph = graph_from_dot_data(dot_data)
8.  graph.write_png('tree.png')
```

通过设置 out_file＝None，可以把数据赋予 dot_data。参数 filled、rounded、class_names 和 feature_names 为可选项，添加颜色、框的边缘圆角会使图像呈现的视觉效果更好。在每个结点上显示大多数分类标签以及分类标准的特征。

将一个决策过程进行可视化后得到如图 4-3 所示的决策树，在决策树上可以很好地

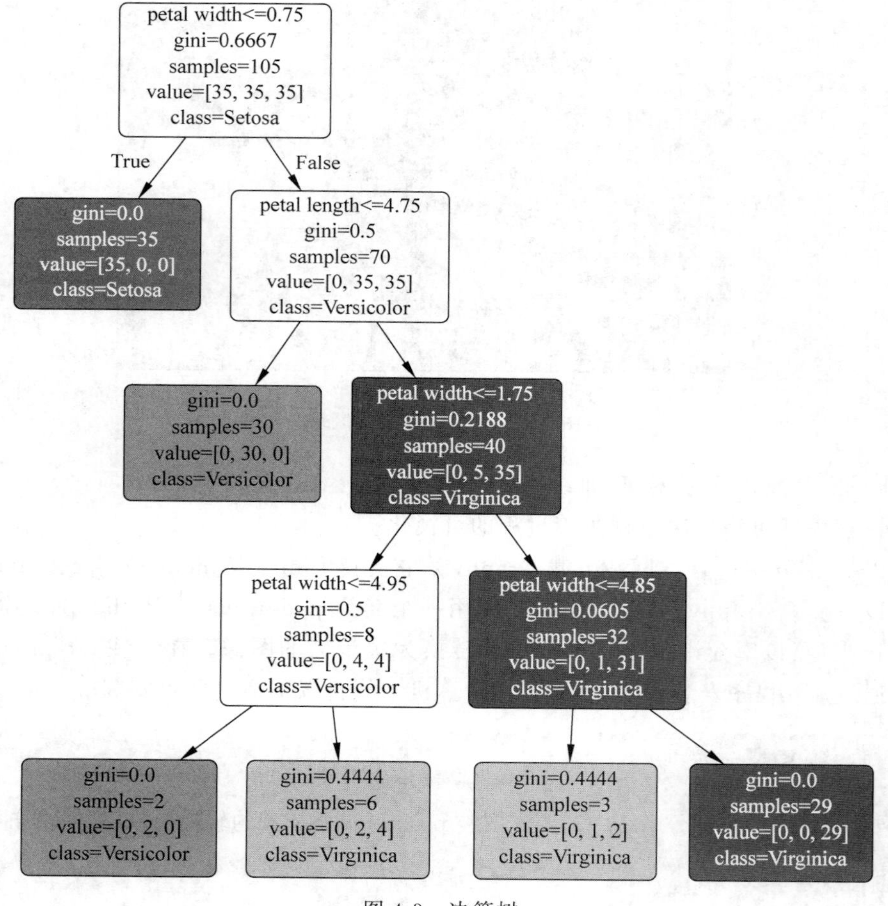

图 4-3 决策树

追溯训练集的结点分裂过程。从包含全部 105 个样本的根结点开始，以花瓣宽度 0.75cm 作为决策条件，将所有样本先分割成 35 个样本和 70 个样本的两个子结点。由图 4-3 可知，左边子结点的纯度已经达到较高的程度，只包含 Iris-setosa 样本(基尼指数=0)，因此成为叶结点。而右边的子结点的基尼指数为 0.5，还需要进一步分裂成 Iris-versicolor 和 Iris-virginica 两类。

从图 4-2 可以看到决策树在鸢尾花花朵分类上的表现不错。虽然 sklearn 目前还没有提供有关手动修剪决策树的功能。但是，在前面决策树构建的代码示例中，只需要把决策树的参数 max_depth 修改为 3，就能够做到预先限制决策树深度的作用。

第 5 章

支持向量机

[思维导图]

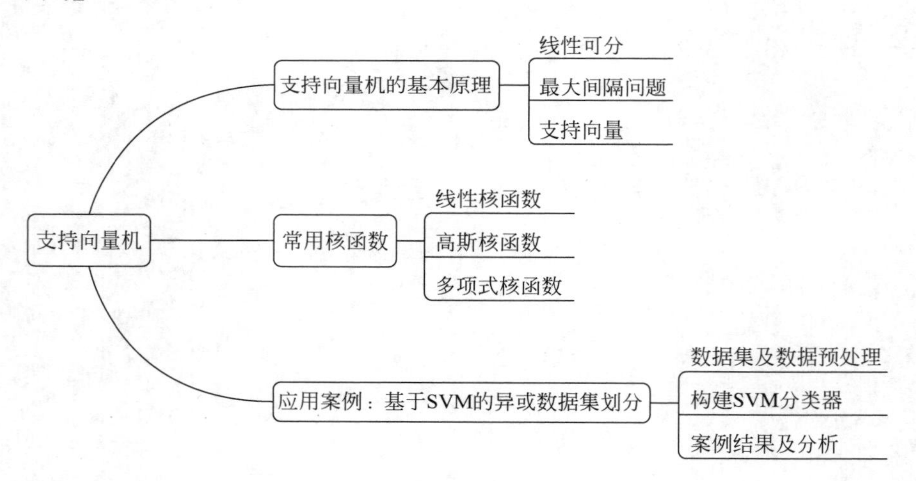

支持向量机(Support Vector Machine, SVM)是一类按监督学习(Supervised Learning)方式对数据进行二元分类的广义线性分类器(Generalized Linear Classifier)。本章主要介绍 SVM 的相关概念、算法实现和实践应用。

5.1 支持向量机的基本原理

5.1.1 线性可分

要了解支持向量机，首先要了解什么是线性可分。在一维空间中，也就是在一个坐标轴上，要分开两个可分的点集合，只需要找到一个点即可，图 5-1 展示了一维空间的线性可分。

图 5-1 一维空间的线性可分示意图

在二维空间中，要分开两个线性可分的点集合，需要找到一条分类直线，图 5-2 展示了二维空间的线性可分。

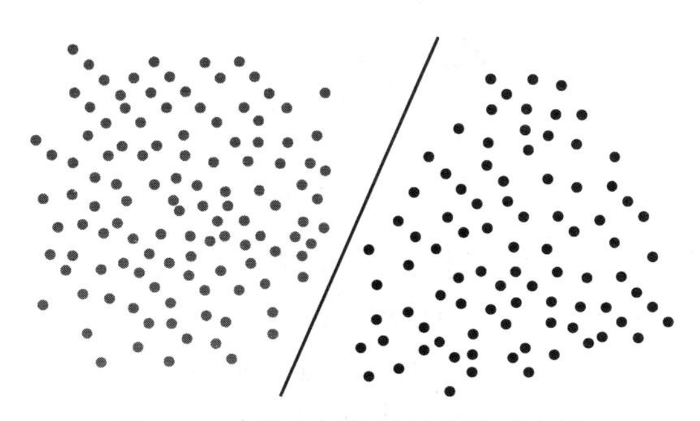

图 5-2 二维空间的线性可分示意图

在三维空间中，要分开两个线性可分的点集合，需要找到一个分类面，图 5-3 展示了三维空间的线性可分。

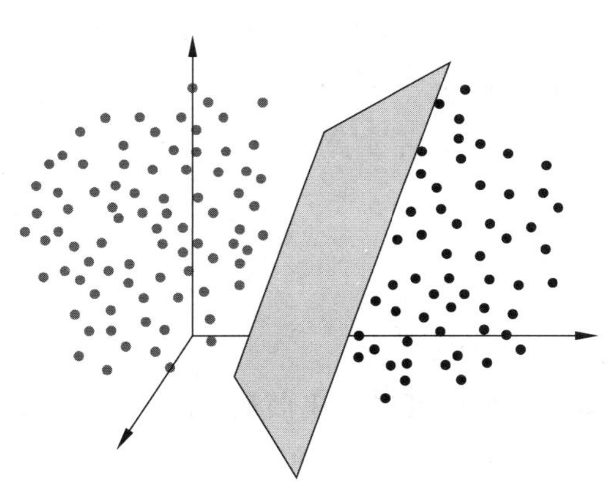

图 5-3 三维空间的线性可分示意图

在 n 维空间中，要分开两个线性可分的点集合，则需要找到一个超平面（Hyper Plane）。以二维空间为例，如式(5.1)所示，假设给定训练样本集 D：

$$D = \{(x_1, y_1), (x_2, y_2), \cdots, (x_m, y_m)\}, y_i \in \{-1, +1\} \quad i = 1, 2, \cdots, m \tag{5.1}$$

分类学习最基本的思想就是基于训练集 D 在样本空间中找到一个划分超平面，将不同类别的样本分开。如图 5-4 所示，存在多个划分超平面将两类训练样本分开。直观上看，应该寻找位于两类训练样本“正中间”的划分超平面，如图 5-4 所示的加粗划分线。该划分线即为超平面，对训练样本局部扰动的“容忍”性最好。例如，由于训练集的局限性或噪声的因素，训练集外的样本可能比图 5-4 中的训练样本更接近两个类的分隔边界，这将会造成许多划分超平面出现错误，而超平面受影响最小。换言之，这个划分超平面所产生

的分类结果是最健壮的，对未见实例的泛化能力最强。

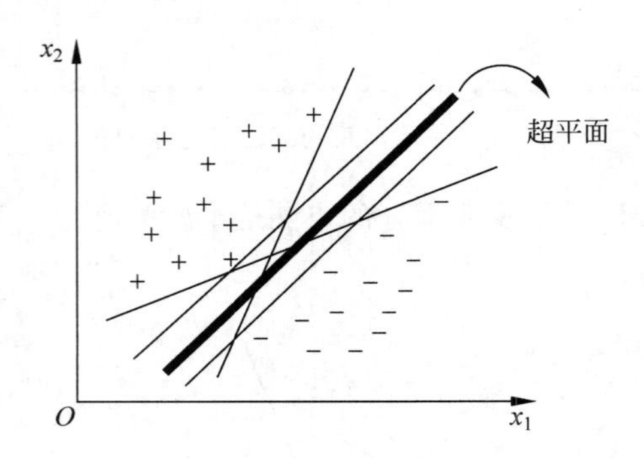

图 5-4　存在多个划分超平面将两类训练样本分开

在样本空间中，划分超平面可通过线性方程来描述，如式(5.2)所示。

$$\boldsymbol{w}^{\mathrm{T}}\boldsymbol{x}+b=0 \tag{5.2}$$

其中，$\boldsymbol{w}=(w_1,w_2,\cdots,w_d)$为法向量，决定了超平面的方向；$b$ 为位移项，决定了超平面与原点之间的距离。显然，划分超平面可由法向量 $\boldsymbol{w}$ 和位移 b 确定，将其记为$(\boldsymbol{w},b)$，如式(5.3)所示。样本主空间中任意点 x 到超平面$(\boldsymbol{w},b)$的距离 r 可表示为：

$$r=\frac{|\boldsymbol{w}^{\mathrm{T}}\boldsymbol{x}+b|}{\|\boldsymbol{w}\|} \tag{5.3}$$

假设超平面$(\boldsymbol{w},b)$能将训练样本正确分类，即对于$(\boldsymbol{x},y_i)\in D$，若 $y_i=1$，则有 $\boldsymbol{w}^{\mathrm{T}}\boldsymbol{x}+b>0$；若 $y_i=-1$，则有 $\boldsymbol{w}^{\mathrm{T}}\boldsymbol{x}_i+b<0$。令

$$\begin{cases}\boldsymbol{w}^{\mathrm{T}}\boldsymbol{x}_i+b\geqslant 1, & y_i=1\\ \boldsymbol{w}^{\mathrm{T}}\boldsymbol{x}_i+b\leqslant -1, & y_i=-1\end{cases} \tag{5.4}$$

5.1.2　最大间隔问题

(1) 如何计算点到超平面的距离。

支持向量与间隔如图 5-5 所示，距离超平面最近的这几个训练样本点使式(5.4)中的等号成立，称其为“支持向量”(Support Vector)，如式(5.5)所示，两个异类支持向量到超

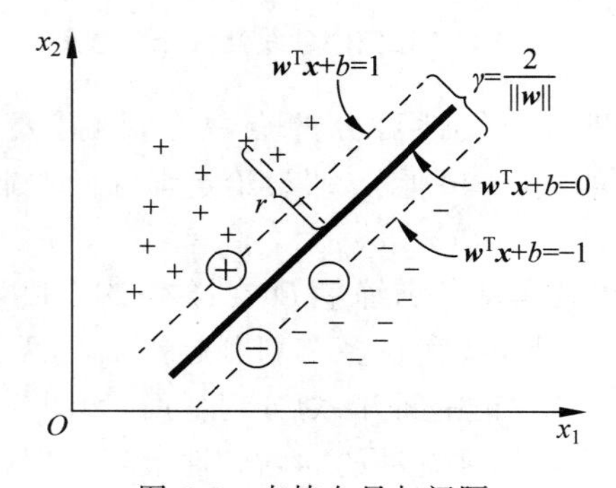

图 5-5　支持向量与间隔

平面的距离之和 γ 可以表示为：

$$\gamma=\frac{2}{\|\boldsymbol{w}\|} \tag{5.5}$$

称其为“间隔”(Margin)，如图 5-5 所示。

想要找到具有“最大间隔”(Maximum Margin)的划分超平面，也就是要找到能满足式(5.4)中约束的参数 $\boldsymbol{w}$ 和 b，使得 γ 最大，如式(5.6)所示。

$$\begin{aligned}&\max_{\boldsymbol{w},b}\frac{2}{\|\boldsymbol{w}\|}\\&\text{s.t.}\quad y_i(\boldsymbol{w}^{\mathrm{T}}\boldsymbol{x}+b)\geqslant 1,\quad i=1,2,\cdots,m\end{aligned} \tag{5.6}$$

(2) 模型表示。

为了最大化间隔，仅需最大化 $\|\boldsymbol{w}\|^{-1}$，这等价于最小化 $\|\boldsymbol{w}\|^{2}$。于是，式(5.6)可重写为式(5.7)。

$$\begin{aligned}&\min_{\boldsymbol{w},b}\frac{1}{2}\|\boldsymbol{w}\|^{2}\\&\text{s.t.}\quad y_i(\boldsymbol{w}^{\mathrm{T}}\boldsymbol{x}_i+b)\geqslant 1,\quad i=1,2,\cdots,m\end{aligned} \tag{5.7}$$

这就是支持向量机的基本模型。

5.1.3　支持向量

样本中距离超平面最近的点被称为支持向量，如图 5-6 所示。

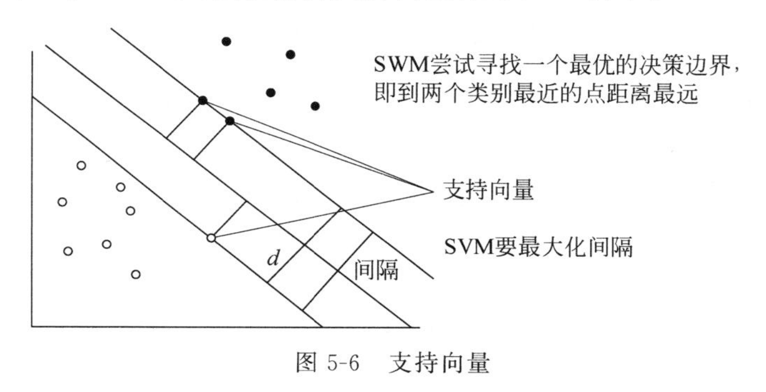

图 5-6　支持向量

5.2　常用核函数

支持向量机在机器学习领域享有较高知名度的一个主要原因是该方法易于通过核化来解决非线性分类的复杂问题，即不能使用线性超平面作为决策边界来区分样本的类别的问题。该方法的逻辑是针对线性不可分数据，建立非线性组合，通过映射函数 ϕ 把原始特征投影到一个高维空间，特征在该空间变得线性可分。原始特征被映射到高维空间使之变得线性可分，如图 5-7 所示。可以将一个二维数据集转换为一个新的在三维空间上表示的特征，通过线性超平面可以将图 5-7 中所示的两类分开，如果把它投射到原来的特征空间上，将形成非线性边界。

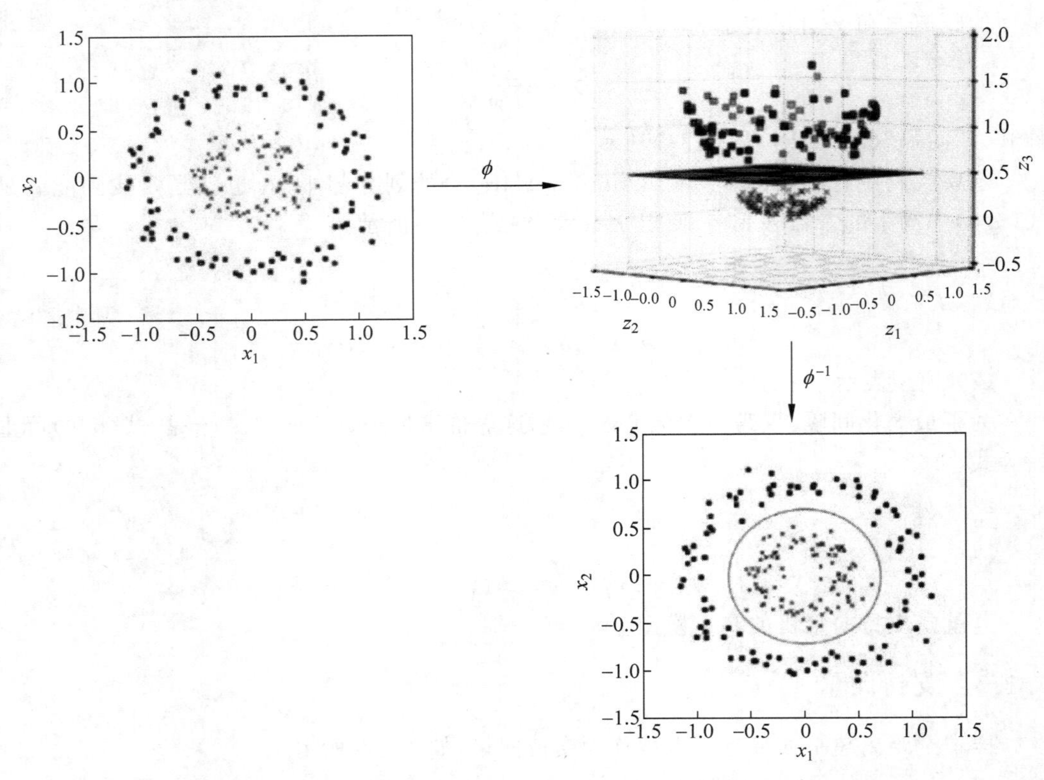

图 5-7 原始特征被映射到高维空间使之变得线性可分

然而,这种映射方法的问题是构建特征的计算成本非常高,特别是在处理高维数据时尤为明显。因此,提出核函数方法来减少高维数据计算问题。实际上,核函数方法中只需要用 $\phi((\boldsymbol{x}^{(i)})^{\mathrm{T}})\cdot\phi(\boldsymbol{x}^{(j)})$ 替换 $\boldsymbol{x}^{(i)\mathrm{T}}\cdot\boldsymbol{x}^{(j)}$,可大大减少高维空间上的计算成本,如式(5.8)所示。

$$K(\boldsymbol{x}^{(i)},\boldsymbol{x}^{(j)})=\phi((\boldsymbol{x}^{(i)})^{\mathrm{T}})\cdot\phi(\boldsymbol{x}^{(j)}) \tag{5.8}$$

以下介绍三种 SVM 常用的核函数,包括线性核函数、高斯核函数以及多项式核函数。

5.2.1 线性核函数

线性核函数主要用于线性可分的情况,它的特征空间到输入空间的维度是一样的,其参数少、速度快,具体形式如式(5.9)所示。

$$K(\boldsymbol{x}^{(i)},\boldsymbol{x}^{(j)})=(\boldsymbol{x}^{(i)})^{\mathrm{T}}\cdot\boldsymbol{x}^{(j)} \tag{5.9}$$

对于线性可分数据,其分类效果很理想,因此通常首先尝试用线性核函数来做分类。

5.2.2 高斯核函数

高斯核又称径向基函数(Radial Basis Function,RBF),就是某种沿径向对称的标量函数。通常定义为空间中任一点 $\boldsymbol{x}^{(i)}$ 到某一中心 $\boldsymbol{x}^{(j)}$ 之间欧氏距离的单调函数,其作用往往是局部的,即当 $\boldsymbol{x}^{(j)}$ 远离 $\boldsymbol{x}^{(i)}$ 时函数取值很小。高斯核函数的定义如式(5.10)所示。

$$K(\boldsymbol{x}^{(i)},\boldsymbol{x}^{(j)})=\exp\left(-\frac{\|\boldsymbol{x}^{(i)}-\boldsymbol{x}^{(j)}\|^2}{2\sigma^2}\right) \tag{5.10}$$

该公式常被化简为式(5.11)。

$$K(\boldsymbol{x}^{(i)},\boldsymbol{x}^{(j)})=\exp(-\gamma\|\boldsymbol{x}^{(i)}-\boldsymbol{x}^{(j)}\|^2) \tag{5.11}$$

其中，$\gamma=\frac{1}{2\sigma^2}$为需要优化的自由参数。

高斯核函数是一种局部性强的核函数，其可以将一个样本映射到一个更高维的空间内，该核函数是应用最广的一个，无论是大样本还是小样本都有比较好的性能，而且其相对于多项式核函数参数要少，因此大多数情况下，在不知道用什么核函数时，优先使用高斯核函数。

5.2.3　多项式核函数

多项式核函数是一种非标准核函数，它非常适合于正交归一化后的数据，其具体形式如式(5.12)所示。

$$K(\boldsymbol{x}^{(i)},\boldsymbol{x}^{(j)})=(((\boldsymbol{x}^{(i)})^{\mathrm{T}}\cdot\boldsymbol{x}^{(j)})+1)^d \tag{5.12}$$

多项式核函数可以实现将低维的输入空间映射到高维的特征空间，但是多项式核函数的参数多，当多项式的阶数比较高的时候，核矩阵的元素值将趋于无穷大或者无穷小，计算复杂度会大到无法计算，但是计算结果还算稳定。

5.3　应用案例：基于SVM的异或数据集划分

5.3.1　数据集及数据预处理

异或逻辑就是同1异0，而异或数据集顾名思义就是将二维坐标中的数据通过异或的逻辑方式划分为两类数据集。在二维坐标系下随机生成一些点，这些点作为数据总集合，点的数量就是数据集的数量，然后根据每个点的x坐标和y坐标的关系，对x坐标和y坐标做异或运算，得到值为1的点划分为一类，得到的值为0的点划分为另一类，这样得到的数据集就是需要的异或数据集。异或数据集是一类比较经典的非线性数据集。

创建一个简单异或数据集的代码如例5-1所示，调用NumPy的logical_xor()函数形成一个异或门，其中将100个样本的分类标签设为1，100个样本的分类标签为−1。

【例5-1】　创建一个异或数据集。

```
1.  import matplotlib.pyplot as plt
2.  import numpy as np
3.  np.random.seed(1)
4.  X_xor = np.random.randn(200, 2)
5.  y_xor = np.logical_xor(X_xor[:, 0] > 0,X_xor[:, 1] > 0)
6.  y_xor = np.where(y_xor, 1, -1)
7.  plt.scatter(X_xor[y_xor == 1, 0],X_xor[y_xor == 1, 1],c = 'b', marker = 'x',label = '1')
8.  plt.scatter(X_xor[y_xor == -1, 0],X_xor[y_xor == -1, 1],c = 'r',marker = 's', label = '-1')
9.  plt.xlim([-3, 3])
```

```
10. plt.ylim([ - 3, 3])
11. plt.legend(loc = 'best')
12. plt.tight_layout()
13. plt.show()
```

执行上述代码会产生具有随机噪声的 XOR 数据集,如图 5-8 所示。

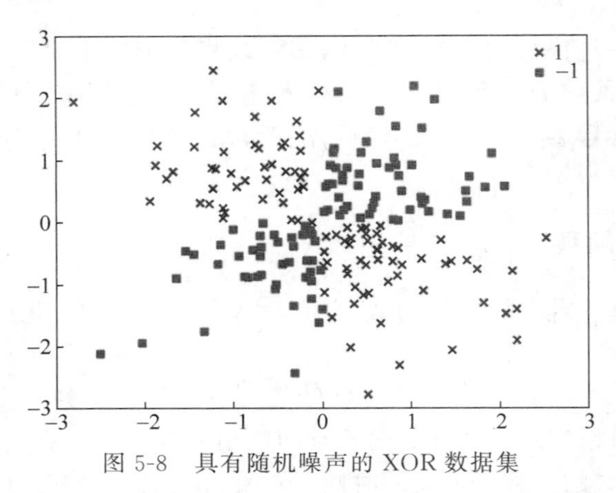

图 5-8 具有随机噪声的 XOR 数据集

显然,异或数据集并不能产生线性超平面作为决策边界来分隔样本的正类和负类,在后面的实例中,将会利用支持向量机的核方法解决异或数据集的分类问题。

5.3.2 构建 SVM 分类器

核支持向量机解决非线性数据分类问题的核心就是通过映射函数 ϕ 将样本的原始特征映射到一个使样本线性可分的更高维的空间中。SVM 算法的原理就是找到一个分割超平面,它能把数据正确地分类,并且间距最大。这里要实现的就是训练通过核支持向量机对非线性可分的异或数据集划分决策边界。

首先定义 plot_decision_regions()函数绘制分类器的模型决策区域,并通过可视化的方法展示划分的效果,划分决策区域的代码如例 5-2 所示。

【例 5-2】 划分决策区域的代码。

```
1.  import matplotlib.pyplot as plt
2.  import numpy as np
3.  from matplotlib.colors import ListedColormap
4.  def plot_decision_regions(x,y,model,resolution = 0.02):
5.    markers = ('s','x','o','^','v')
6.    colors = ('red','blue','lightgreen','gray','cyan')
7.    cmap = ListedColormap(colors[:len(np.unique(y))])
8.    x1_min,x1_max = x[:,0].min() - 1,x[:,0].max() + 1
9.    x2_min,x2_max = x[:,1].min() - 1,x[:,1].max() + 1
10.   xx1,xx2 = np.meshgrid(np.arange(x1_min,x1_max,resolution),
11.                np.arange(x2_min,x2_max,resolution))
12.   z = model.predict(np.array([xx1.ravel(),xx2.ravel()]).T)
```

```
13.     z = z.reshape(xx1.shape)
14.     plt.contourf(xx1,xx2,z,alpha = 0.4,cmap = cmap)
15.     plt.xlim(xx1.min(),xx1.max())
16.     plt.ylim(xx2.min(),xx2.max())
17.     for idx,cl in enumerate(np.unique(y)):
18.         plt.scatter(x = x[y == cl,0],y = x[y == cl,1],
19.                     alpha = 0.8,c = cmap(idx),
20.                     marker = markers[idx],label = cl)
21.     plt.xlabel("x1")
22.     plt.ylabel("x2")
23.     plt.show()
```

上述代码定义颜色和标记并通过ListedColormap()函数来从颜色列表创建色度图。然后通过NumPy的meshgrid()函数创建网格阵列xx1和xx2,利用特征向量确定特征的最小值和最大值,通过模拟足够多的数据绘制出决策边界。调用predict()函数来预测相应网格点的分类标签z,在把分类标签z改造成与xx1和xx2相同维数的网格后,调用Matplotlib的contourf()函数画出轮廓图。

求异或数据集决策边界的代码如例5-3所示。

【例5-3】 导入sklearn库中的SVC类,求出异或数据集的决策边界。

```
1.  if __name__ == "__main__":
2.      x_xor = np.random.randn(200,2)
3.      #将数据集变成一个异或的数据集
4.      y_xor = np.logical_xor(x_xor[:,0] > 0,x_xor[:,1] > 0)
5.      y_xor = np.where(y_xor,1, - 1)
6.      svm = SVC(kernel = "rbf", random_state = 0, gamma = 0.1, C = 1.0)
7.      svm.fit(x_xor, y_xor)
8.      plot_decision_regions(x_xor, y_xor, svm)
```

其中,参数kernel="rbf"表示使用的核函数为高斯核函数,γ 的值设置为0.1,也就是高斯球的截至参数,增大 γ 的值,将加大训练样本的影响范围,导致决策边界紧缩或波动。

如果使用多项式核函数,可以将svm=SVC(kernel="rbf", random_state=0, gamma=0.1, C=1.0)这一行代码替换为svm=SVC(kernel='poly',degree=2,gamma=1,coef0=0)。其中,参数degree只对多项式核函数有用,是指多项式核函数的阶数 d,gamma为核函数系数,coef0是指多项式核函数中的常数项。可以看到多项式核函数需要调节的参数是比较多的。

5.3.3 案例结果及分析

使用径向基核函数,γ 设置为0.1时,异或数据集的分类结果如图5-9所示。

使用高斯核函数,γ 设置为10时,异或数据集的分类结果如图5-10所示。

使用高斯核函数,γ 设置为100时,异或数据集的分类结果如图5-11所示。

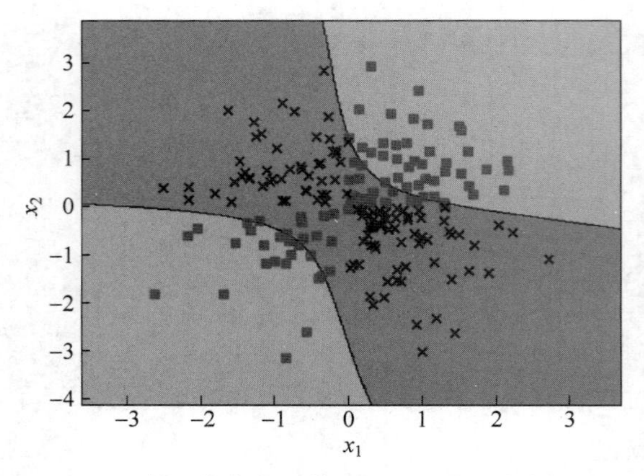

图 5-9　使用高斯核函数，$\gamma=0.1$ 时的分类结果

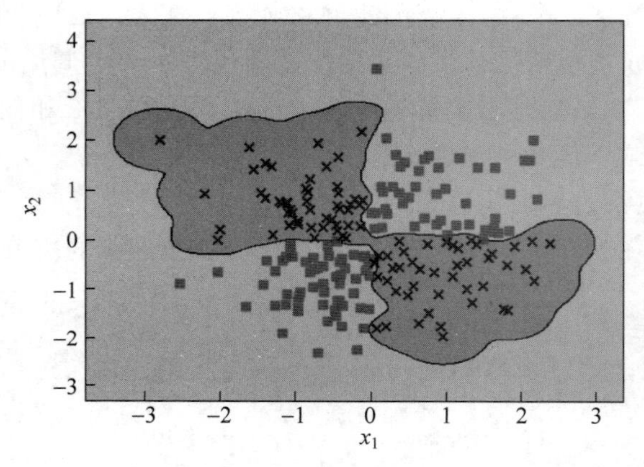

图 5-10　使用高斯核函数，$\gamma=10$ 时的分类结果

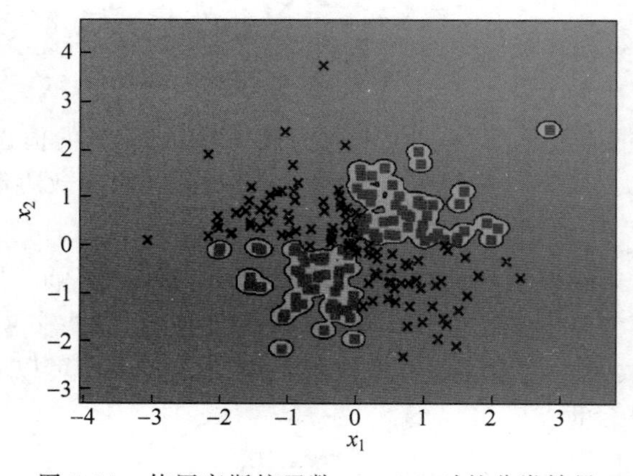

图 5-11　使用高斯核函数，$\gamma=100$ 时的分类结果

由于多项式核函数的参数比较多，在使用多项式核函数时，将参数 degree 固定为 2，参数 coef0 的值固定为 0，通过变换 γ 的值来观察可视化结果的变化，γ 设置为 0.1 的时候，异或数据集的分类结果如图 5-12 所示。

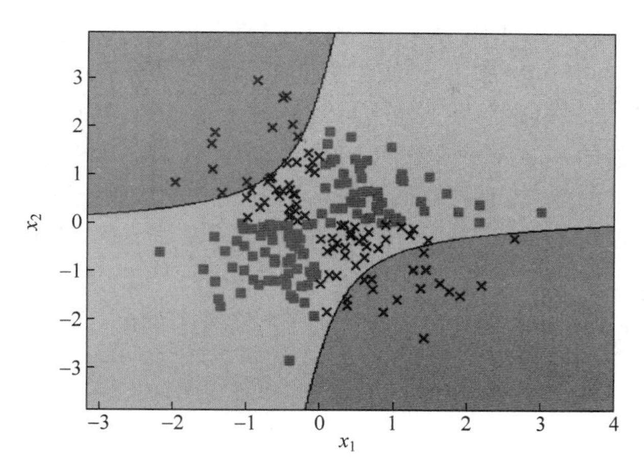

图 5-12 使用多项式核函数，$\gamma=0.1$ 时的分类结果

使用多项式核函数，γ 设置为 1 时，异或数据集的分类结果如图 5-13 所示。

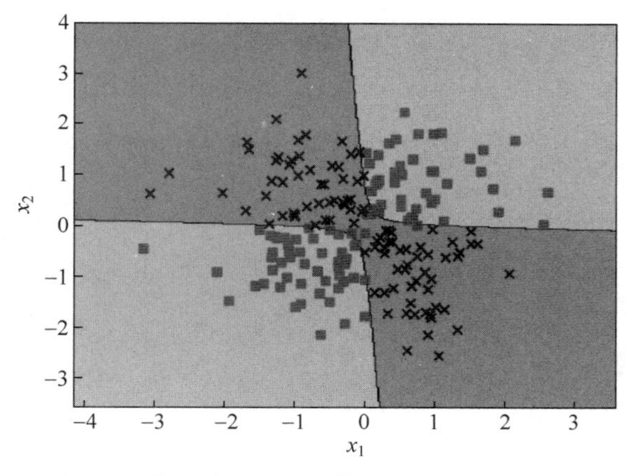

图 5-13 使用多项式核函数，$\gamma=1$ 时的分类结果

使用多项式核函数，γ 设置为 100 时，异或数据集的分类结果如图 5-14 所示。

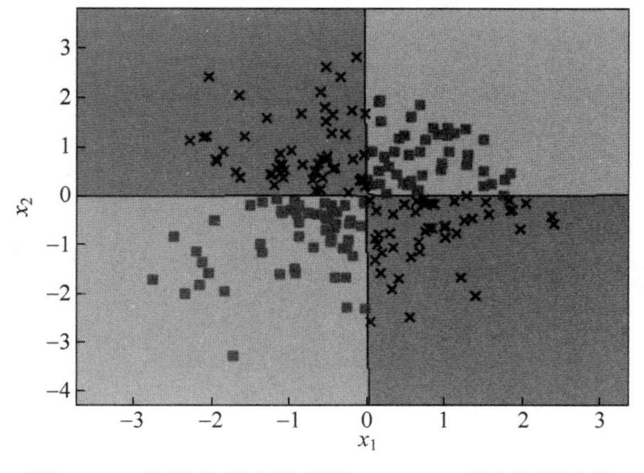

图 5-14 使用多项式核函数，$\gamma=100$ 时的分类结果

由上述结果可以发现，γ 的值比较小时，不同类别的决策边界比较宽松，γ 值比较大时，不同类别的决策边界比较紧实，在使用高斯核函数时，随着 γ 值的增大出现了过拟合的现象，说明 γ 在控制过拟合问题上也可以起到比较重要的作用。

对于两种核函数的不同决策结果，可以看到，两种核函数对于非线性分类的异或数据集的划分都有比较好的效果，而高斯核函数由于参数比较少且分类结果比较稳定，因此在解决此类问题上可以优先选择高斯核函数。使用多项式核函数训练决策边界时，相同参数出现的结果可能会略有差异，这里设置多项式阶数为 2，值比较小，训练速度比较快，如果阶数比较大，计算量会显著增加，将会使得训练时间比较长，这也是多项式核函数相对于高斯核函数的一个小缺陷。

第 6 章

回 归 分 析

[思维导图]

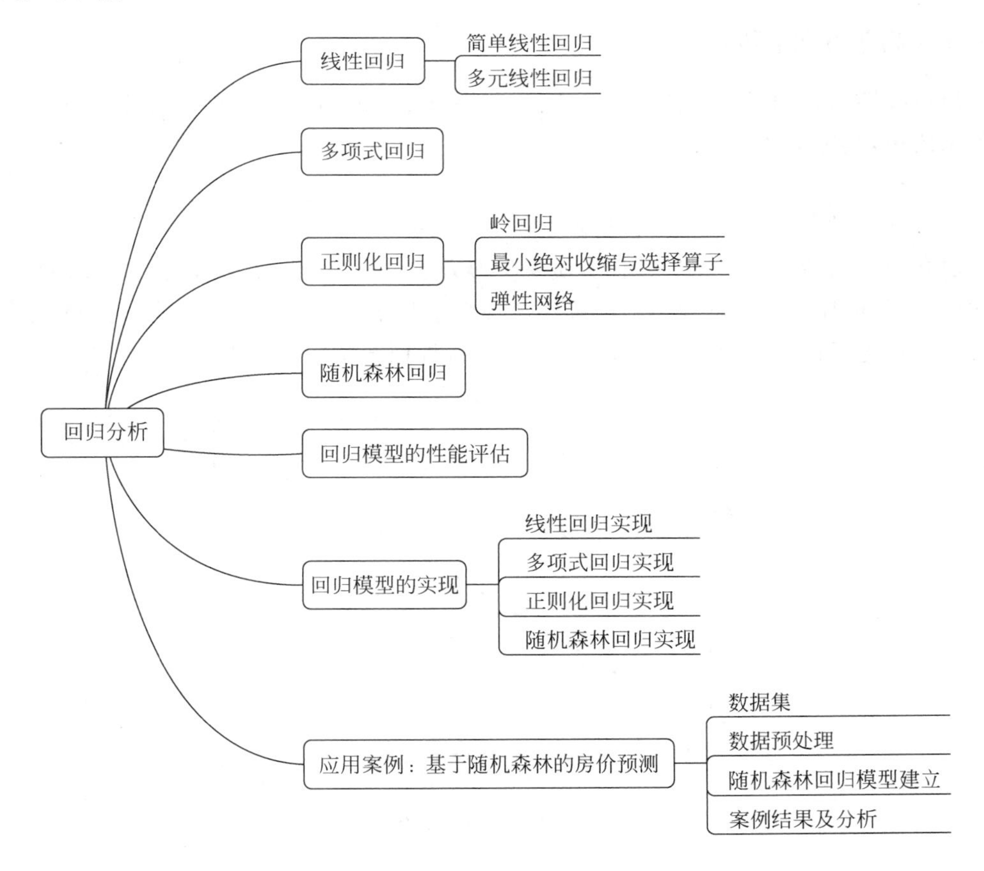

本章主要介绍机器学习的另一任务——回归分析(Regression Analysis)。回归分析的最早形式是最小二乘法,由勒让德(Legendre)于1805年第一次公开提出,并成功应用于天文观测数据分析中。

回归分析是研究变量间相关关系的一种统计方法,目的是分析两个及以上变量之间的关系,通过这种关系建立回归模型,以回归模型表示输入变量到输出变量之间的映射。该模型主要用于预测连续目标变量,通过分析变量之间的关系解决应用问题。例如预测某一地区的房价趋势、预测某公司未来几个月的销售额等。

本章将重点介绍常用的回归分析模型,主要包括以下四点。

(1) 几种常用的回归分析模型。

(2) 回归分析模型性能的评估方法。

(3) 几种常用回归分析模型的Python实现。

(4) 基于随机森林的房价预测这一案例,展示一个完整的回归分析过程。

6.1 线性回归

线性回归的目的是针对一个或多个特征与连续目标变量之间的关系建模,主要分为简单线性回归和多元线性回归。

6.1.1 简单线性回归

简单线性回归的目的是针对单个特征(解释变量 x)和连续响应值(目标变量 y)之间的关系建模,其定义如式(6.1)所示。

$$y = w_0 + w_1 x \tag{6.1}$$

其中,w_0 代表轴截距,w_1 代表特征变量 x 的加权系数。

建立简单线性回归模型的过程实质是学习方程的权重 w_0 和 w_1,找到最佳的拟合直线的过程,从而使得建立的模型能够描述解释变量和目标变量之间的关系,进而对未见过的目标变量进行预测。图6-1展示了通过简单线性回归所拟合的直线。

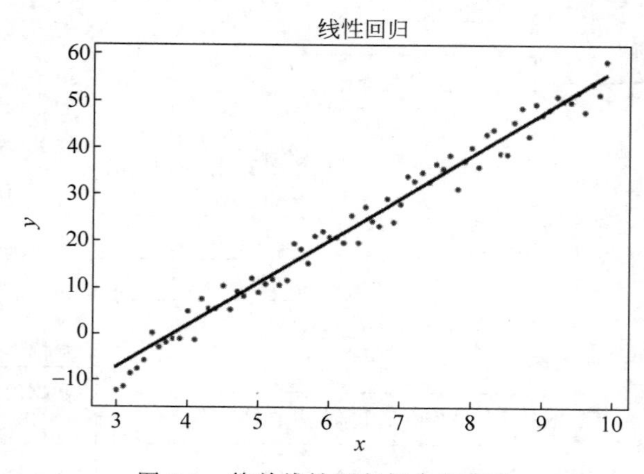

图6-1 简单线性回归拟合的直线

6.1.2　多元线性回归

多元线性回归是将简单线性回归方程中的单个解释变量推广到多个解释变量。其定义如式(6.2)所示。

$$y = w_0 + w_1 x_1 + w_2 x_2 + \cdots + w_d x_d = \boldsymbol{w}^{\mathrm{T}} \boldsymbol{x} \tag{6.2}$$

其中，$\boldsymbol{w}$ 为权重矩阵，$\boldsymbol{w} = [w_1 \quad w_2 \quad \cdots \quad w_d \quad b]^{\mathrm{T}}$；$\boldsymbol{x}$ 为特征向量，$\boldsymbol{x} = [x_1 \quad x_2 \quad \cdots \quad x_d \quad 1]^{\mathrm{T}}$。

对于多元线性回归模型，当特征变量 $\boldsymbol{x}$ 超过两个时，拟合的函数是一个超平面，无法在三维坐标系下表示。图 6-2 展示了通过二元线性回归拟合的平面。

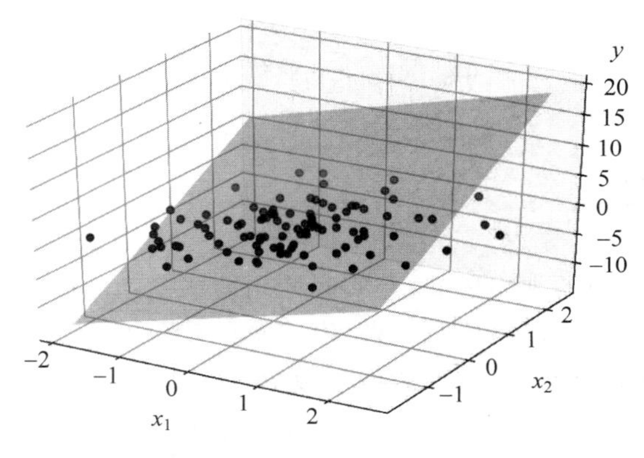

图 6-2　二元线性回归拟合的平面

6.2　多项式回归

线性回归只能够拟合直线或平面，对于变量之间存在的非线性关系，需要考虑利用多项式回归模拟非线性关系。多项式回归模型的定义如式(6.3)所示。

$$y = w_0 + w_1 x + w_2 x^2 + \cdots + w_d x^d \tag{6.3}$$

在建立多项式回归模型过程中，通常将每一个高次方项视为一个特征，从而可将方程转换为多元线性回归的形式，如式(6.4)所示。

$$\begin{aligned} y &= w_0 + w_1 x_1 + w_2 x_2 + \cdots + w_d x_d \\ &= \boldsymbol{w}^{\mathrm{T}} \boldsymbol{x} \end{aligned} \tag{6.4}$$

其中，$\boldsymbol{w}$ 为权重矩阵，$\boldsymbol{w} = [w_1 \quad w_2 \quad \cdots \quad w_d \quad b]^{\mathrm{T}}$；$\boldsymbol{x}$ 为特征向量，$\boldsymbol{x} = [x_1 \quad x_2 \quad \cdots \quad x_d \quad 1]^{\mathrm{T}}$。

需要注意的是，多项式回归可以模拟非线性关系，但由于线性回归系数 $\boldsymbol{w}$ 的存在，它被认为是多元线性回归的一种。图 6-3 展示了通过多项式回归拟合的曲线。

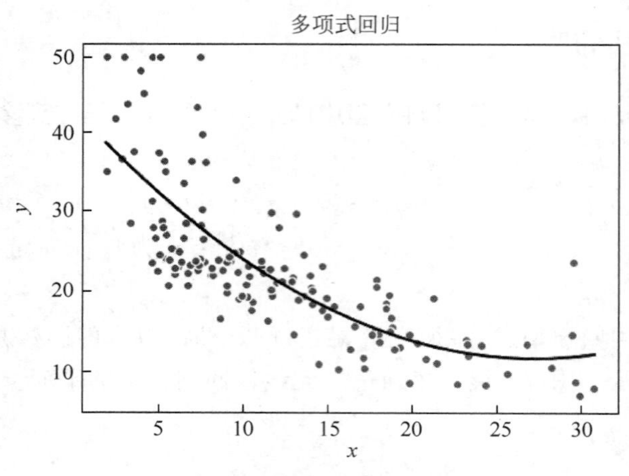

图 6-3 多项式回归拟合的曲线

6.3 正则化回归

前面提到了一些简单的常用模型，在实际使用这些模型的过程中，经常需要考虑过拟合的问题。一个好的模型不但需要对于训练集数据有好的拟合效果，还要求对于未知的新的数据（测试集数据）也同样拥有好的拟合效果。如果模型过度地拟合了特定数据，会学习一些异常数据，以致模型泛化能力较差。正则化是解决过拟合问题的一种方法，通过对模型参数进行调整，降低模型的复杂度，可以避免过拟合。应用了正则化方法的模型主要有岭回归、最小绝对收缩与选择算子（LASSO）以及弹性网络。

6.3.1 岭回归

岭回归（Ridge Regression）是一个 L2 正则化模型，其主要是在最小二乘代价函数中添加了 L2 正则化项（一般不对 w_0 进行正则化），其定义如式(6.5)所示。

$$J(\boldsymbol{w})_{\text{Ridge}}=\sum_{i=1}^{n}(y^{(i)}-\hat{y}^{(i)})^2+\alpha\|\boldsymbol{w}\|_2^2\quad(\alpha>0)$$

$$\text{L2}:\alpha\|\boldsymbol{w}\|_2^2=\alpha\sum_{j=1}^{m}w_j^2 \tag{6.5}$$

增大或减小 α，就可以收缩或放大模型的权重。在岭回归中，受惩罚的权重会接近于 0 但不会为 0，这也是 L2 正则化项应用于回归模型的一个特点。

6.3.2 最小绝对收缩与选择算子

与岭回归不同，最小绝对收缩与选择算子是一个 L1 惩罚模型，其主要是在最小二乘代价函数中添加了 L1 正则化项，其定义如式(6.6)所示。

$$J(\boldsymbol{w})_{\text{LASSO}}=\sum_{i=1}^{n}(y^{(i)}-\hat{y}^{(i)})^2+\alpha\|\boldsymbol{w}\|_1\quad(\alpha>0)$$

$$\text{L1}: \alpha \| \boldsymbol{w} \|_1 = \alpha \sum_{j=1}^{m} | w_j | \tag{6.6}$$

增大或减小 α，可以收缩或放大模型的权重。L1 范数倾向于产生稀疏系数，会导致 $\boldsymbol{w}$ 矩阵中有参数为 0，当某一个参数为 0 时，其对应的特征项也就为 0，相当于丢弃了一个变量（特征），使得模型的复杂度下降，达到了避免过拟合的效果。因此最小绝对收缩与选择算子（LASSO）有选择变量的能力。

虽然 LASSO 可以选择变量，但也有一定的限制。如果 $m>n$，则模型最多只能选择 n 个变量。

6.3.3 弹性网络

弹性网络（Elastic Net）的代价函数中同时包含 L1 和 L2 正则化项，其定义如式（6.7）所示。

$$J(\boldsymbol{w})_{\text{ElasticNet}} = \sum_{i=1}^{n} (y^{(i)} - \hat{y}^{(i)})^2 + \alpha_1 \sum_{j=1}^{m} w_j^2 + \alpha_2 \sum_{j=1}^{m} | w_j | \quad (\alpha_{1,2} > 0) \tag{6.7}$$

弹性网络是岭回归和最小绝对收缩与 LASSO 的一个折中的模型，L1 正则化项倾向于产生稀疏系数，使得模型有选择变量的能力；L2 正则化项则可以克服 LASSO 的一些限制，例如可以克服选择变量个数的限制。

6.4 随机森林回归

在第 4 章中学习过决策树相关内容，决策树不仅可应用于分类任务，也可应用于回归问题。回归决策树与分类决策树的不同之处在于回归决策树结点 t 的杂质指标定义为均方误差，如式（6.8）所示。

$$I(t) = \text{MSE}(t) = \frac{1}{N_t} \sum_{i \in D_i} (y^{(i)} - \hat{y}_t)^2 \tag{6.8}$$

其中，N_t 为结点 t 的训练样本数，；D_t 为结点 t 的训练子集；$y^{(i)}$ 为真实的目标值；$\hat{y}_t$ 为预测的目标值。

随机森林是多个回归决策树的集合。相对于回归决策树，随机森林有以下优点。

（1）由于建立了多个决策树，因此随机森林可以降低单个决策树异常值带来的影响，预测结果更准确。

（2）回归决策树采用了训练集的所有特征和样本，而随机森林采用训练集的部分特征构建多个决策树，相对于决策树回归降低了过拟合的可能性。

相对于回归决策树，随机森林存在以下缺点。

（1）随机森林的计算量相对于决策树更大。

（2）由于采用训练集的部分特征构建多个决策树，随机森林可能存在部分数据没有被训练到的问题。

图 6-4 展示了通过随机森林回归拟合的曲线。

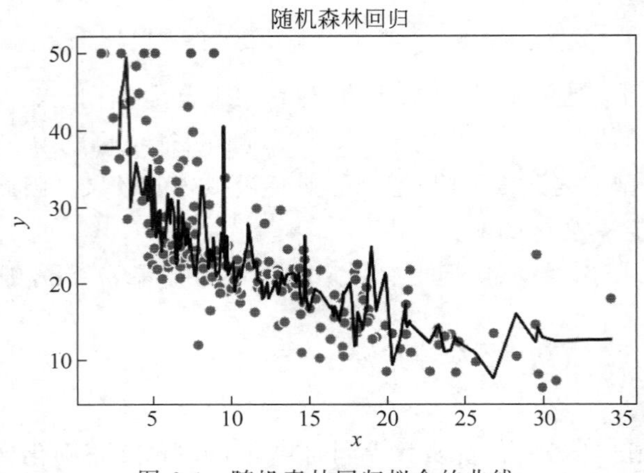

图 6-4 随机森林回归拟合的曲线

6.5 回归模型的性能评估

通常建立一个模型之后，需要对模型的性能进行定量评估。常用的模型性能定量评估的标准有均方误差和报告决定系数(R^2)。

均方误差的定义如式(6.9)所示。

$$\text{MSE}=\frac{1}{n}\sum_{i=1}^{n}(y^{(i)}-\hat{y}^{(i)})^2 \tag{6.9}$$

其中，$y^{(i)}$为真实的目标值；$\hat{y}^{(i)}$为预测的目标值。理想的情况下，MSE 值为 0 时表示模型能够完美地拟合数据，但实际中这种情况不可能出现，因此应当使得 MSE 尽量小。当在训练集上的 MSE 和测试集上的 MSE 相差较大时，应当考虑是否出现了过拟合的情况。

另一个评估模型性能的方式是报告决定系数，它反映了响应值 y 的波动中有多少百分比能被特征 x 的波动所描述。报告决定系数的定义如式(6.10)所示。

$$R^2=1-\frac{\frac{1}{n}\sum_{i=1}^{n}(y^{(i)}-\hat{y}^{(i)})^2}{\frac{1}{n}\sum_{i=1}^{n}(y^{(i)}-\bar{y})^2} \tag{6.10}$$

其中，$y^{(i)}$为真实的目标值；$\hat{y}^{(i)}$为预测的目标值；$\bar{y}$ 为真实观测值的平均值。R^2 的取值范围为 0 到 1。R^2 的值越接近于 1，说明模型能够越好地拟合数据。

6.6 回归模型的实现

6.6.1 线性回归实现

最小二乘法是解决曲线拟合问题最常用的方法。相关推导过程可从入门级的统计教科书中找到,如有兴趣可自行查阅。

最小二乘法计算模型参数的公式如式(6.11)所示。

$$w = (\boldsymbol{X}\boldsymbol{X}^{\mathrm{T}})^{-1}\boldsymbol{X}\boldsymbol{y} \tag{6.11}$$

其中,$\boldsymbol{X}$ 为增广特征向量,$\boldsymbol{y}$ 为真实值所组成的向量。

使用最小二乘法能够非常简单、快捷地计算出所需模型参数,但最小二乘法并不适用所有情况,例如当公式中的矩阵不可逆时将无法计算,此时需要使用其他方法计算模型参数。

Python 现有的机器学习或科学计算软件包中都有采用最小二乘法实现线性回归的函数供调用,例如 sklearn 机器学习包和 SciPy 科学计算包。使用最小二乘法实现线性回归,代码如例 6-1 所示。

【例 6-1】 最小二乘法实现线性回归。

```
1.  class LinearClassifier(object):
2.      def __init__(self):
3.          self.w = np.zeros((2, 1), dtype = float)
4.      # 训练模型,求取模型参数
5.      def train(self, X_train, y_train):
6.          X_train = np.concatenate([X_train, np.ones_like(x_train)], axis = 1).T
7.          w1 = np.linalg.inv(np.dot(X_train, X_train.T))
8.          w2 = np.dot(X_train, y_train)
9.          self.w = np.dot(w1, w2)
10.         return self.w
11.
12.     # 预测数据
13.     def predict(self,x_test):
14.         x_test = np.concatenate([x_test, np.ones_like(x_test)], axis = 1).T
15.         y_test_pred = np.dot(self.w.T, x_test)
16.         return y_test_pred.T
```

上述代码看起来比较复杂,借助第三方库实现线性回归将更加简单,代码如例 6-2 所示。

【例 6-2】 建立线性回归模型(用第三方库实现)。

```
1.  from sklearn.linear_model import LinearRegression
2.  regr = LinearRegression()
3.  regr.fit(X, y)
```

6.6.2 多项式回归实现

实现多项式回归模型,核心是构造多项式,将其转换为多元线性回归的形式并使用线性回归的方法建立模型。使用 sklearn 实现这一模型,代码如例 6-3 所示。

【例 6-3】 构建多项式。

```
1. from sklearn.preprocessing import PolynomialFeatures
2. quadratic = PolynomialFeatures(degree = 2)
3. X_quad = quadratic.fit_transform(X)
```

上述代码构造了一个二次多项式，当要构建 n 次多项式时只需改变 degree 的值即可。

6.6.3 正则化回归实现

以上提到的几种正则化回归模型均可通过 sklearn 实现，除了需要指定参数外，其用法与普通的回归模型类似，下面将介绍三种相应的模型初始化方法，代码如例 6-4～例 6-6 所示。

【例 6-4】 初始化岭回归。

```
1. from sklearn.linear_model import Ridge
2. ridge = Ridge(alpha = 0.1)
```

【例 6-5】 初始化 LASSO。

```
1. from sklearn.linear_model import Lasso
2. lasso = Lasso(alpha = 0.1)
```

【例 6-6】 初始化弹性网络。

```
1. from sklearn.linear_model import ElasticNet
2. elanet = ElasticNet(alpha = 0.1)
```

需要注意的是，前面提到弹性网络有 L1 和 L2 两个正则化项，相应地也有两个正则化项系数，而使用 sklearn 中的类初始化弹性网络时只有一个参数，这是因为在 sklearn 中弹性网络的正则化项部分定义如式(6.12)所示。

$$L = \alpha \text{l1ratio} \sum_{j=1}^{m} |w_j| + 0.5\alpha(1 - \text{l1ratio}) \sum_{j=1}^{m} w_j^2 \tag{6.12}$$

其中，l1ratio 默认为 0.5；通常只需改变 α 的值控制 L1 和 L2 两个正则化项系数的大小。

6.6.4 随机森林回归实现

sklearn 中也提供相应的函数供使用者实现随机森林，代码如例 6-7 所示。

【例 6-7】 调用随机森林函数。

```
1. forest = RandomForestRegressor(n_estimators = 1000,
2.                                criterion = 'mse',
```

```
3.                        random_state = 1,
4.                        n_jobs = -1)
5.  forest.fit(X_train, y_train)
```

6.7 应用案例：基于随机森林的房价预测

房价预测是回归分析应用中的一个经典案例。下面将以基于随机森林的房价预测为例，展示一个完整的回归分析的过程。

6.7.1 数据集

住房数据集包含了由哈里斯和鲁宾菲尔德于1978年收集的关于波士顿郊区住房的信息。数据集中包含506个样本的特征。特征信息如表6-1所示。

表6-1 住房数据特征信息

名　称	含　义
CRIM	城镇人均犯罪率
ZN	占地面积超过25 000ft^2(1ft=0.3048m)的住宅用地比例
INDUS	城镇非零售营业面积占比
CHAS	查尔斯河亚变量(如果临河有大片土地则为1，否则为0)
NOX	一氧化氮浓度(千万分之一)
RM	平均每户的房间数
AGE	1940年以前建造的自用房单位比例
DIS	波士顿五个就业中心的加权距离
RAD	辐射可达的公路的索引
TAX	每10 000美元全额财产的税率
PTRATIO	城镇师生比例
B	1000人中非裔美国人的比例
LSTAT	地位较低人口的百分比
MEDV	自住房的中位价(千美元)

在案例中，将把MEDV(自住房的中位价)作为目标变量，从剩余的特征中选取一个或多个特征作为解释变量，分析解释变量与目标变量之间的关系并建立回归模型。

6.7.2 数据预处理

(1) 首先加载前文中提到的住房数据集，代码如例6-8所示。

【例6-8】 加载住房数据集。

```
1.  import pandas as pd
2.  import matplotlib.pyplot as plt
3.  from sklearn.model_selection import train_test_split
```

```
4.  from sklearn.ensemble import RandomForestRegressor
5.  df = pd.read_csv('.\housing.data.txt',
6.              header = None,
7.              sep = '\s + ')
8.  df.columns = ['CRIM', 'ZN', 'INDUS', 'CHAS',
9.            '    NOX', 'RM', 'AGE', 'DIS', 'RAD',
10.              'TAX', 'PTRATIO', 'B', 'LSTAT', 'MEDV']
```

(2) 在建立模型之前，需要对数据进行分析，分析数据中可能与房价存在相关关系的特征。使用比较普遍的主要是采用数据可视化的方法，绘制散点图矩阵和关联矩阵。数据集有 13 个特征，由于空间的限制，此处选取其中 5 个特征绘制散点图，读者可自行绘制包含 13 个特征的散点图，采用 Seaborn 图形可视化 Python 包绘制散点图，代码如例 6-9 所示。

【例 6-9】 绘制散点图。

```
1.  cols = ['LSTAT', 'INDUS', 'NOX', 'RM', 'MEDV']
2.  sns.pairplot(df[cols], height = 2.5)
3.  plt.tight_layout()
4.  plt.show()
```

根据散点图可以可视化 LSTAT、INDUS、NOX、RM 和 MEDV 五个特征之间的关系，例如 MEDV 与 RM 之间可能存在一种线性关系、MEDV 与 LSTAT 之间可能存在一种非线性关系。图 6-5 展示了绘制好的散点图。

为了更准确地分析特征间的相关性，接下来进一步绘制关联矩阵，关联矩阵的取值范围为 −1 到 1，越接近 1 代表特征间正相关关系越强，越接近 −1 代表特征间负相关关系越强。采用 Seaborn 图形可视化 Python 包绘制关联矩阵，代码如例 6-10 所示。

【例 6-10】 绘制关联矩阵。

```
1.  cm = np.corrcoef(df[cols].values.T) #返回相关系数矩阵 R
2.  hm = sns.heatmap(cm,
3.            cbar = True,
4.            annot = True,
5.            square = True,
6.            fmt = '.2f',
7.            annot_kws = {'size': 15},
8.            yticklabels = cols,
9.            xticklabels = cols)
10. plt.show()
```

图 6-6 展示了绘制好的关联矩阵。

根据关联矩阵的信息，可知 LSTAT 与 MEDV 之间存在最强的负相关关系，RM 与 MEDV 之间存在最强的正相关关系。因此可以选择相关性较强的特征，探索其与 MEDV(房价)间的关系。

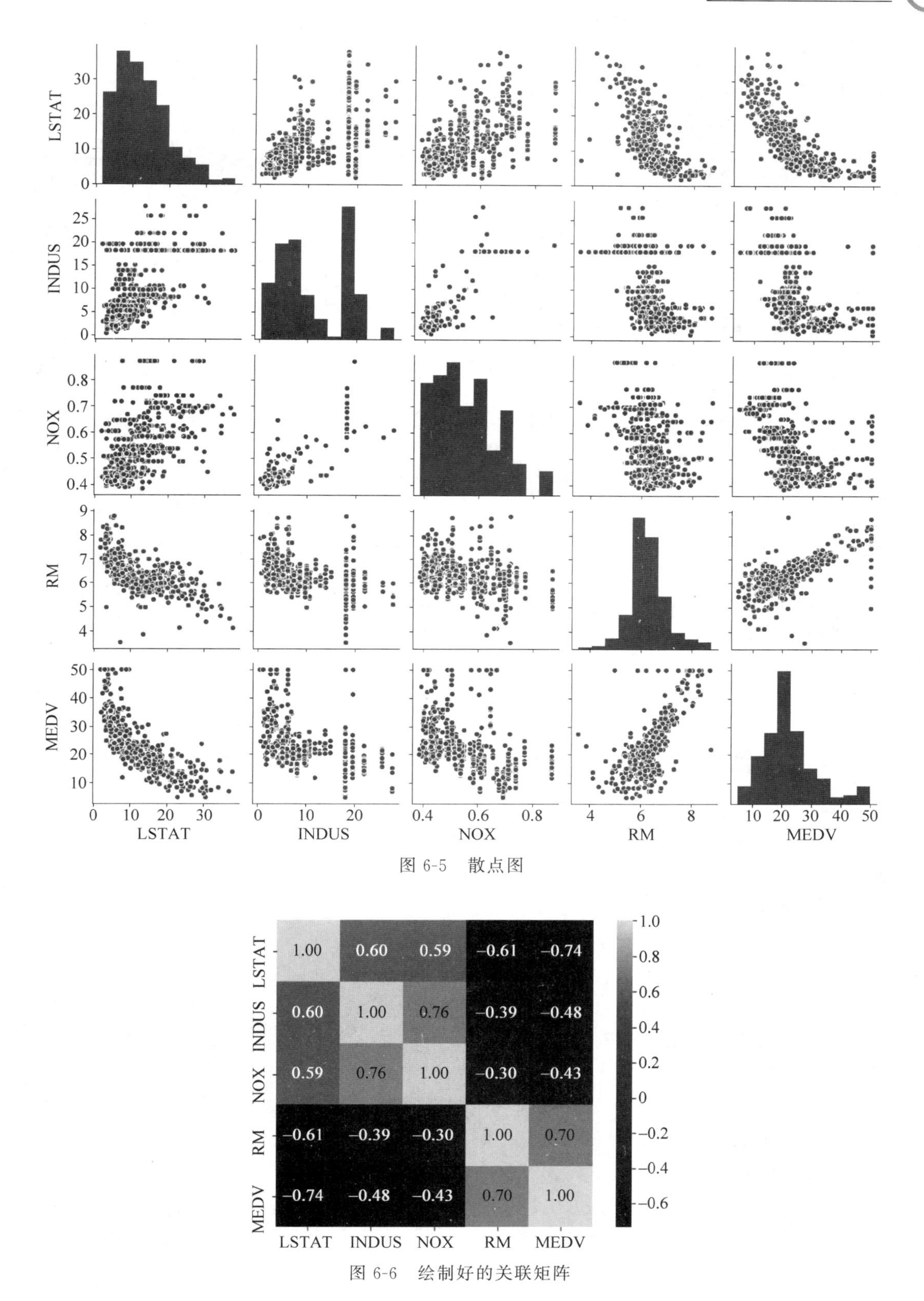

图 6-5 散点图

图 6-6 绘制好的关联矩阵

本案例选择 RM 与 MEDV 两个特征建立随机森林回归模型。读取数据集中的 RM 和 MEDV 的数据，并划分训练集和测试集，代码如例 6-11 所示。

【例 6-11】 划分训练集和测试集。

```
1.  X = df[RM].values
2.  y = df['MEDV'].values
3.  X_train, X_test, y_train, y_test = train_test_split(X, y, test_size = 0.4, random_
    state = 1)
```

6.7.3 随机森林回归模型建立

数据预处理完成后就可以开始建立随机森林回归模型了，方法和 6.6 节中一致，代码如例 6-12 所示。

【例 6-12】 建立随机森林回归模型。

```
1.  forest = RandomForestRegressor(n_estimators = 1000, criterion = 'mse',
2.                      random_state = 1, n_jobs = -1)
3.  forest.fit(X_train, y_train)
```

随机森林回归模型建立后，对测试集数据进行预测，代码如例 6-13 所示。

【例 6-13】 模型预测。

```
y_test_pred = forest.predict(X_test)
```

6.7.4 案例结果及分析

在建立模型之后，需要对模型进行客观的性能评估。需要注意的是，性能评估是评估模型在未见过的数据上的性能即在测试集上的性能，训练集上评估的性能不能代表模型的性能。

评估模型性能采用计算均方误差和报告决定系数，代码如例 6-14 所示。

【例 6-14】 模型性能评估。

```
1.  mse_test = mean_squared_error(y_test, y_test_pred)
2.  r2_test = r2_score(y_test, y_test_pred)
3.  print("mse_test = {:.2f} r2_test = {:.2f}".format(mse_test, r2_test))
```

由于特征变量有两个，无法在平面中绘制出模型图像，因此选择绘制残差图来进一步观察模型的性能是一个比较好的选择。执行例 6-15 的代码可以绘制残差图。

【例 6-15】 绘制残差图。

```
1.  plt.scatter(y_test_pred,
2.         y_test_pred - y_test,
```

```
3.          c = 'steelblue',
4.          edgecolor = 'white',
5.          marker = 's',
6.          s = 35,
7.          alpha = 0.9,
8.          label = 'test data')
9.  plt.xlabel('Predicted values')
10. plt.ylabel('Residuals')
11. plt.legend(loc = 'upper left')
12. plt.hlines(y = 0, xmin = -10, xmax = 50, lw = 2, color = 'black')
13. plt.xlim([10, 48])
14. plt.tight_layout()
15. plt.show()
```

图 6-7 展示了绘制好的残差图，显示残差大体分布在中心线附近，离群值较少。

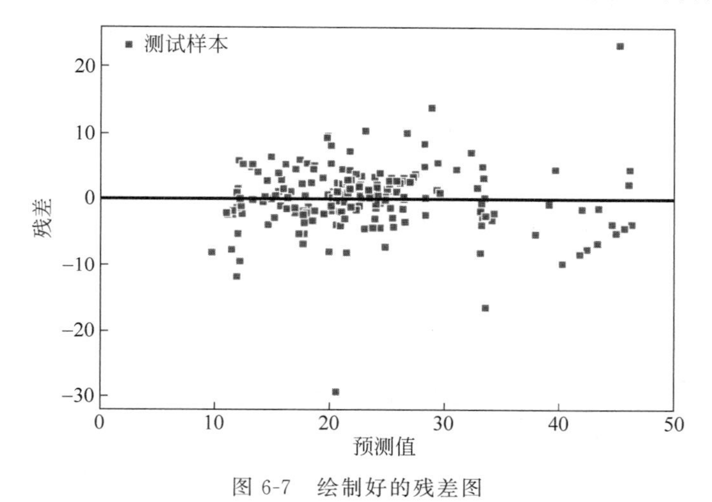

图 6-7 绘制好的残差图

第7章

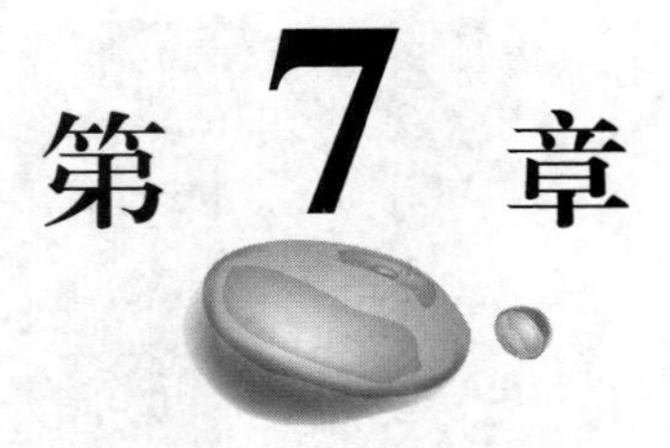

聚类分析

[思维导图]

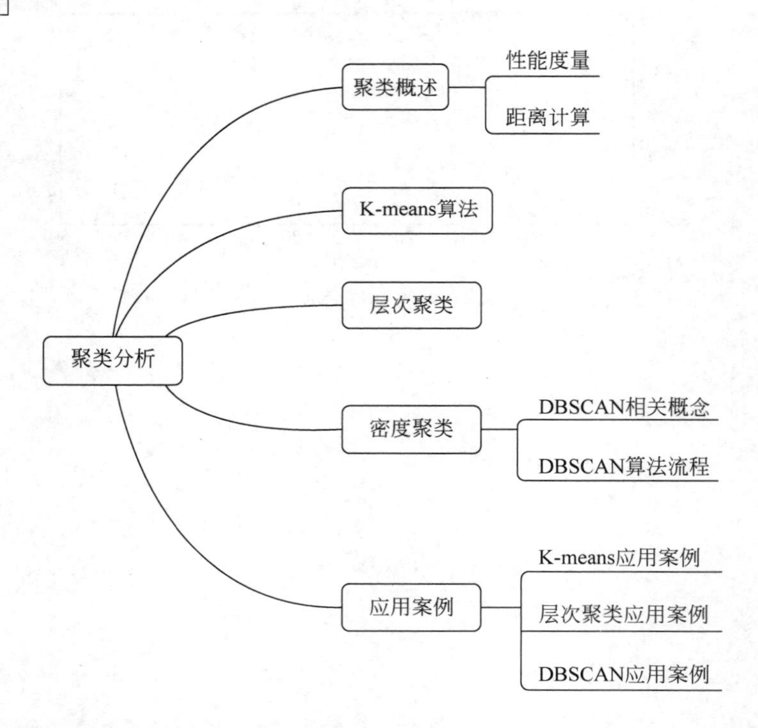

在前面学习了使用监督学习技术来构建机器学习模型的方法，本章介绍无监督学习中一个常用的方法——聚类分析。

聚类分析是根据从数据中挖掘得到的描述对象及其关系的信息，将数据对象归入不同簇(Cluster)中的过程。聚类分析的目的是将相似的(相关的)对象放于同一簇中,不同簇间的对象是不同的(不相关的)。簇内相似性越大,簇间数据对象的差距越大,说明聚类效果越好。聚类分析在计算机科学领域的应用范围非常广,常用于模式识别、数据分析、文本挖掘等任务。

目前已有许多经典的聚类算法,聚类方法也在被不断地提出和改进。在实际应用中,具体聚类算法的选择取决于待分析数据的类型和聚类的目的,另外数据的分布特征也是选择聚类算法需要考虑的。常用的聚类算法可以被分成三种:基于划分的聚类算法、基于层次的聚类算法和基于密度的聚类算法。

本章首先介绍聚类算法性能评估方法、样本点间相似度的计算方式,然后介绍 K-means 算法、层次聚类和密度聚类三种经典聚类算法。

7.1　聚类概述

7.1.1　性能度量

聚类的好坏是通过聚类的性能度量来评价的。分类和回归都有自己的评价准则,包括准确率、精确度、召回率等。类似地,也有一些经典指标来度量聚类的性能。

考虑聚类的任务目的,容易想到的就是“物以类聚”,即达到“簇内相似度高、簇间相似度低”的性能效果。具体来讲,聚类性能度量主要分为两类:一类是外部指标,即与某个专家给定的参考模型进行比对;另一类是内部指标,即直接考察聚类结果而不利用外部参考模型。

1. 外部指标

外部指标需要一个既定的参考模型,这个参考模型通常是由专家给定或是公认的参考模型,比如领域专家的划分结果。

例如,对于数据集 $D=\{x_1,x_2,\cdots,x_m\}$,假设通过聚类后得到的簇划分为 $C=\{C_1,C_2,\cdots,C_k\}$,而既定的参考模型给出的簇划分为 $C'=\{C'_1,C'_2,\cdots,C'_s\}$($k$ 与 s 不一定相等)。相应地,令 λ 和 λ' 分别表示与 C 和 C' 对应的簇标记量。对这两个模型结果的样本进行两两配对比较,如式(7.1)所示,其定义为:

$$\begin{cases} a=|\mathrm{SS}|, & \mathrm{SS}=\{(x_i,x_j)\mid \lambda_i=\lambda_j,\lambda'_i=\lambda'_j,i<j\} \\ b=|\mathrm{SD}|, & \mathrm{SD}=\{(x_i,x_j)\mid \lambda_i=\lambda_j,\lambda'_i\neq\lambda'_j,i<j\} \\ c=|\mathrm{DS}|, & \mathrm{DS}=\{(x_i,x_j)\mid \lambda_i\neq\lambda_j,\lambda'_i=\lambda'_j,i<j\} \\ d=|\mathrm{DD}|, & \mathrm{DD}=\{(x_i,x_j)\mid \lambda_i\neq\lambda_j,\lambda'_i\neq\lambda'_j,i<j\} \end{cases} \tag{7.1}$$

其中,集合 SS 包含了在 C 中隶属于相同簇且在 C' 中也隶属于相同簇的样本对;集合 SD 包含了在 C 中隶属于相同簇但在 C' 中隶属于不同簇的样本对;集合 DS 包含了在 C 中隶属于不同簇但在 C' 中隶属于相同簇的样本对;集合 DD 表示在 C 和 C' 中均隶属于不同簇的样本对。由于每个样本对 $(x_i,x_j)(i<j)$ 仅能出现在一个集合中,因此有 $a+b+c+d=m(m-1)/2$ 成立。

基于以上定义，导出下面这些常用的聚类性能度量外部指标：

Jaccard 系数(Jaccard Coefficient，JC) 如式(7.2)所示。

$$\mathrm{JC}=\frac{a}{a+b+c} \tag{7.2}$$

FM 指数(Fowlkes and Mallows Index，FMI) 如式(7.3)所示。

$$\mathrm{FMI}=\sqrt{\frac{a}{a+b}\cdot\frac{a}{a+c}} \tag{7.3}$$

Rand 指数(Rand Index，RI) 如式(7.4)所示。

$$\mathrm{RI}=\frac{2(a+d)}{m(m-1)} \tag{7.4}$$

这三个指标的值均在 0 到 1，值越大说明聚类效果越好。RI 和 JC 是比较相似的，两者最大的差别是所比较的范围不同。

2. 内部指标

内部指标用于评价聚类之后这些簇之间聚类的效果，通常基于距离来度量。

考虑聚类结果的簇划分 $C=\{C_1,C_2,\cdots,C_k\}$，定义如式(7.5)所示。

$$\begin{cases}\operatorname{avg}(C)=\dfrac{2}{|C|(|C|-1)}\displaystyle\sum_{1\leqslant i<j\leqslant|C|}\operatorname{dist}(\boldsymbol{x}_i,\boldsymbol{x}_j)\\ \operatorname{diam}(C)=\displaystyle\max_{1\leqslant i<j\leqslant|C|}\operatorname{dist}(\boldsymbol{x}_i,\boldsymbol{x}_j)\\ d_{\min}(C_i,C_j)=\displaystyle\min_{\boldsymbol{x}_i\in C_i,\boldsymbol{x}_j\in C_j}\operatorname{dist}(\boldsymbol{x}_i,\boldsymbol{x}_j)\\ d_{\text{cen}}(C_i,C_j)=\operatorname{dist}(\boldsymbol{\mu}_i,\boldsymbol{\mu}_j)\end{cases} \tag{7.5}$$

其中，dist()用于计算两个样本之间的距离；$\mu=\frac{1}{|C|}\sum_{1\leqslant i\leqslant|C|}\boldsymbol{x}_i$ 代表簇 C 的中心点；avg()对应于簇 C 内样本间的平均距离，diam()对应于簇 C 内样本间的最远距离，$d_{\min}$()对应于簇 C_i 与 C_j 最近样本间的距离，d_{cen}()对应于簇 C_i 与 C_j 中心点间的距离。基于上述定义，可以推导出如下常用的聚类性能度量内部指标。

DB 指数(Davies-Bouldin Index，DBI) 如式(7.6)所示。

$$\mathrm{DBI}=\frac{1}{k}\sum_{i=1}^{k}\max_{j\neq i}\left(\frac{\operatorname{avg}(C_i)+\operatorname{avg}(C_j)}{d_{\text{cen}}(\boldsymbol{\mu}_i,\boldsymbol{\mu}_j)}\right) \tag{7.6}$$

Dunn 指数(Dunn Index，DI)如式(7.7)所示。

$$\mathrm{DI}=\min_{1\leqslant i\leqslant k}\left\{\min_{j\neq i}\left(\frac{d_{\min}(C_i,C_j)}{\max_{1\leqslant l\leqslant k}\operatorname{diam}(C_l)}\right)\right\} \tag{7.7}$$

需要注意的是，DBI 的值越小越好，而 DI 的值越大越好。

7.1.2 距离计算

在评估簇与簇之间的差异性时，通常用距离来进行衡量。在之前提到的内部指标的计算中，也涉及了距离的计算。具体而言，距离计算分为距离度量和非距离度量两种。

1. 距离度量

若以距离(Distance)作为度量标准,则数据对象间的距离需要满足以下基本性质。

(1) 非负性: $dist(\boldsymbol{x}_i,\boldsymbol{x}_j)\geqslant 0$。

(2) 同一性: $\mathrm{dist}(\boldsymbol{x}_i,\boldsymbol{x}_j)=0$ 当且仅当 $\boldsymbol{x}_i=\boldsymbol{x}_j$。

(3) 对称性: $\mathrm{dist}(\boldsymbol{x}_i,\boldsymbol{x}_j)=\mathrm{dist}(\boldsymbol{x}_j,\boldsymbol{x}_i)$。

(4) 直递性: $\mathrm{dist}(\boldsymbol{x}_i,\boldsymbol{x}_j)\leqslant\mathrm{dist}(\boldsymbol{x}_i,\boldsymbol{x}_k)+\mathrm{dist}(\boldsymbol{x}_k,\boldsymbol{x}_j)$。

给定样本 $\boldsymbol{x}_i=(x_{i1};x_{i2};\cdots;x_{in})$ 与 $\boldsymbol{x}_j=(x_{j1};x_{j2};\cdots;x_{jn})$,最常用的闵可夫斯基距离(Minkowski Distance)是一种较为普适的距离计算方法,如式(7.8)所示。

$$\mathrm{dist}_{\mathrm{Mk}}(\boldsymbol{x}_i,\boldsymbol{x}_j)=\left(\sum_{u=1}^{n}|x_{iu}-x_{ju}|^p\right)^{\frac{1}{p}} \tag{7.8}$$

当 p 超于 1 时,退化为曼哈顿距离,如式(7.9)所示。

$$\mathrm{dist}_{\mathrm{Man}}(\boldsymbol{x}_i,\boldsymbol{x}_j)=\|\boldsymbol{x}_i-\boldsymbol{x}_j\|_1=\sum_{u=1}^{n}|x_{iu}-x_{ju}| \tag{7.9}$$

当 $p=2$ 时,退化为欧氏距离,如式(7.10)所示。

$$\mathrm{dist}_{\mathrm{Ed}}(\boldsymbol{x}_i,\boldsymbol{x}_j)=\|\boldsymbol{x}_i-\boldsymbol{x}_j\|_2=\sqrt{\sum_{u=1}^{n}|x_{iu}-x_{ju}|^2} \tag{7.10}$$

当 p 趋于无穷大时,演化为典型的切比雪夫距离,如式(7.11)所示。

$$D_{\mathrm{Chebyshev}}(\boldsymbol{x}_i,\boldsymbol{x}_j)=\max\left(\sum_{u=1}^{n}|x_{iu}-x_{ju}|\right) \tag{7.11}$$

这些距离公式假设数据属性具有有序性,例如排名属性={第一,第二,第三},可以在属性上直接计算距离;而对于红、蓝、黄这种无序的离散属性,则难以直接用以上闵可夫斯基距离进行度量。

无序属性间的距离可以采用 VDM(Value Difference Metric)来计算,具体来讲,令 $m_{u,a}$ 表示在属性 u 上取值为 a 的样本数,$m_{u,a,i}$ 表示在第 i 个样本簇中在属性 u 上取值为 a 的样本数,k 为样本簇数,则属性 u 上两个离散值 a 与 b 的 VDM 距离如式(7.12)所示。

$$\mathrm{VDM}_p(a,b)=\sum_{i=1}^{k}\left|\frac{m_{u,a,i}}{m_{u,a}}-\frac{m_{u,b,i}}{m_{u,b}}\right|^p \tag{7.12}$$

对于包含有序属性和无序属性的混合属性来说,可联合闵可夫斯基距离和 VDM 计算距离,如式(7.13)所示。

$$\mathrm{MinkovDM}_p(x_i,x_j)=\left(\sum_{u=1}^{n_c}|x_{iu}-x_{ju}|^p+\sum_{u=n_c+1}^{n}\mathrm{VDM}_p(x_{iu},x_{ju})\right)^{\frac{1}{p}} \tag{7.13}$$

当样本空间中不同属性的重要性存在差异时,可对属性进行加权,定义加权距离(Weighted Istance),如式(7.14)所示的加权闵可夫斯基距离。

$$\mathrm{dist}_{\mathrm{Wmk}}(\boldsymbol{x}_i,\boldsymbol{x}_j)=(w_1\cdot|x_{i1}-x_{j1}|^p+\cdots+w_n\cdot|x_{in}-x_{jn}|^p)^{\frac{1}{p}} \tag{7.14}$$

其中,权重 $w_i\geqslant 0(i=1,2,\cdots,n)$ 表示不同属性的重要性,通常 $\sum_{i=1}^{n}w_i=1$。

2. 非距离度量

上面假设可以以某种形式去计算距离来定义“相似度度量”(Similarity Measure),即距离越大,相似度越小。但是,相似度度量并不一定满足距离度量的所有性质,尤其是传递性。例如,借用一个经典的场景,假如在某些任务中希望有这样的相似度度量:“人”“马”分别为“人马”相似,但“人”与“马”很不相似;要达到这个目的,可以令“人”“马”与“人马”之间的距离都比较小,但“人”与“马”之间的距离很大,此时该距离不再满足传递性;这样的距离称为“非度量距离”。

距离计算的具体方法不是本章关注的重点,本章采用的距离计算公式都是事先定义好的。在一些现实任务中,可能需基于数据样本来确定合适的距离计算,读者自行查阅“距离度量学的相关方法。

7.2 K-means 算法

K-means 算法是经典的聚类算法之一。该算法假设每个簇由具有连续特征的相似点构成,可以用相似的质心(平均值)或中心点(最有代表性的点或使用与所有其他点的距离最小的点)来表示。

1. K-means 算法的简要步骤

(1) 随机选取 K 个样本点作为初始的质心。

(2) 将其余的样本点分配给距离最近的质心,即将样本点分配到一个簇中(簇内所有点的中心表示为质心)。

(3) 重新计算每个簇的质心,将其更新为该簇所有点的平均值。

(4) 重复步骤(2)和(3)。

(5) 直到聚类中心不再发生变化时或者到达最大迭代次数时。

2. K-means 算法的优点

(1) 算法逻辑简单,易于理解,较为高效。

(2) 在处理大数据集时,该算法具有相对的可伸缩和高效率。该算法有两个收敛条件,当数据集过大,达到最大迭代次数时就会停止迭代以获取局部最优解。

(3) 应对密集、球状数据集时有着更为突出的效果。

3. K-means 算法的缺点

(1) 需要手动设定 K 值,聚类性能对 K 值大小敏感。

(2) 对离群点和噪声点敏感。当数据集存在离群点或噪声点时,噪声点可能会自成一类,会影响最终的聚类。

(3) 只能用于凸数据集。所谓的凸数据集,是指集合内的每一对点,连接两个点的直线段上的每个点也在该集合内。当然,也有研究通过拓展距离等方法来解决此类问题。

7.3 层次聚类

层次聚类(Hierarchical Clustering)算法非常突出的一个优点是可以通过绘制树状图,将聚类过程进行可视化,因此可对聚类结果进行有意义的解释。另一个优点是,不同于 K-means 算法,层次聚类不需要预先指定簇的个数,在一些无法预先获悉样本分布特征的数据上,具有明显优势。

1. 层次聚类方法的分类

层次聚类方法可以分为基于分裂和基于聚集的两种方法,也可以称作自顶向下的方法和自底向上的方法。基于分裂的层次聚类是从一个包含完整数据集的簇开始,通过将簇迭代拆分为较小的簇,直到每个簇仅包含一个实例。基于聚集的层次聚类采用相反的过程,以每个实例作为一个单独的簇出发,然后逐步合并最相似的簇,直到合并成一个簇。

聚集层次聚类最主要的部分是判断两个簇是否可聚合为一个簇。单链接(Single Linkage)和全链接(Complete Linkage)方法是目前常用的两种判断方式,如图 7-1 所示。单链接就是计算各个簇之间最相似的成员之间的距离,用于合并最相似的成员之间的距离最小的两个簇。与之相反,全链接就是计算最不相似的成员之间的距离,用于合并最不相似的成员之间的距离最远的两个簇。除此之外,还有平均链按(Average Linkage)和最短最长平均等,有兴趣的读者可以查阅相关资料。

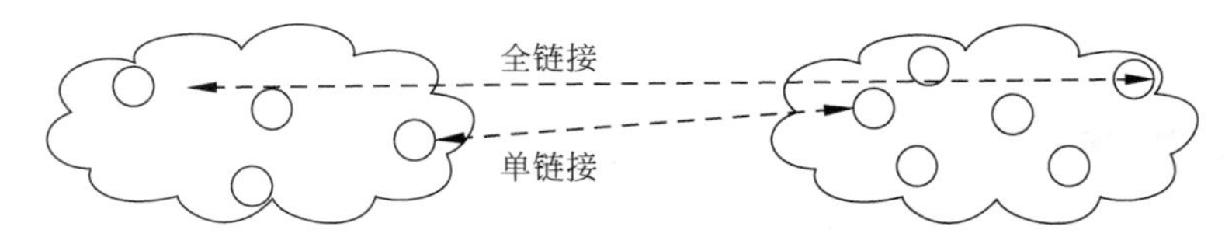

图 7-1 单链接与全链接

2. 层次聚类的过程

层次聚类的过程如图 7-2 所示。树状图列出了整个聚类的层级结构,其中横坐标表示类簇(初始时每一个样本点作为一个类簇),纵坐标代表了欧氏距离(即样本点间的相似度)。实际应用中,可以根据任务需要来选择任意层级的聚类结果作为最终的结果。具体算法流程如下。

(1) 计算所有样本间的距离矩阵。

(2) 将每一个数据点作为一个单独的簇。

(3) 合并两个最近的簇。

(4) 更新簇间的距离矩阵。

(5) 重复步骤(3)和(4),直到得到最终的一个簇。

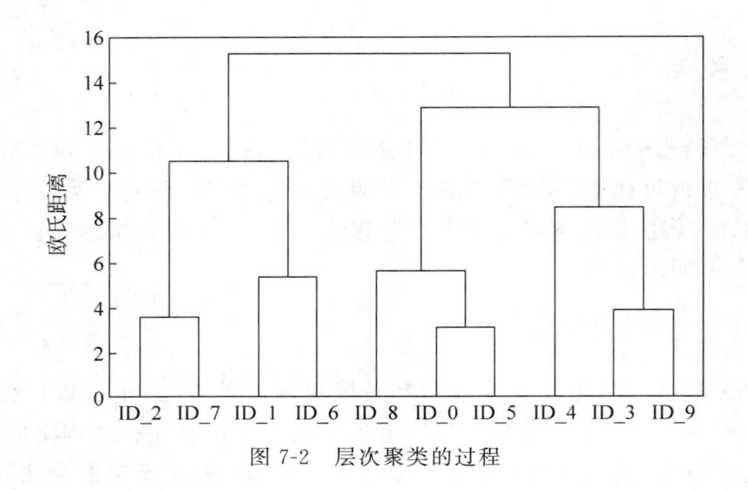

图 7-2 层次聚类的过程

3. 层次聚类算法的优点

(1) 距离和规则的相似度容易定义,限制少。
(2) 不需要预先制定需聚类的数目。
(3) 可以发现聚类之间的层次关系。

4. 层次聚类算法的缺点

(1) 计算复杂度较高。
(2) 大多需要手动选择聚类层数。

7.4 密度聚类

基于密度的聚类算法用密度取代数据的相似性,按照数据样本点的分布密度差异,将样本点密度足够大的区域联结在一起,以期能发现任意形状的簇。此类算法不需要预设聚类个数,也不需要手动选择聚类层级。本节将以经典的 DBSCAN(Density-Based Spatial Clustering of Applications with Noise)算法为例展开。

7.4.1 DBSCAN 相关概念

DBSCAN 使用一组关于"邻域"概念的参数来描述样本分布的紧密程度,将具有足够密度的区域划分成簇,能在有噪声的条件下发现任意形状的簇。图 7-3 给出了 DBSCAN 涉及的一些概念。

邻域 ε: 对于任意给定样本 x 和距离 ε,x 的 ε 邻域是指到样本 x 的距离不超过 ε 的样本集合。

核心对象: 若样本 x 的 ε 邻域内至少包含特定数目(MinPts)的样本,则 x 是一个核心对象。

边界对象: 若样本 x 位于核心对象 a 的邻域内,且自身为非核心对象,则为边界对象。

噪声对象：若样本 x 不在任何核心对象的邻域内，同时自身为非核心对象，则为噪声对象。

密度直达：若样本 b 在 a 的 ε 邻域内，且 a 是核心对象，则称样本 b 由样本 a 密度直达。

密度可达：对于样本 a、b，如果存在样例 $p_1, p_2, \cdots, p_n$，其中，$p_1=a$，$p_n=b$，且序列中每一个样本都与它的前一个样本密度直达，则称样本 a 与 b 密度可达。

密度相连：对于样本 a 和 b，若存在样本 k 使得 a 与 k 密度可达，且 k 与 b 密度可达，则 a 与 b 密度相连。

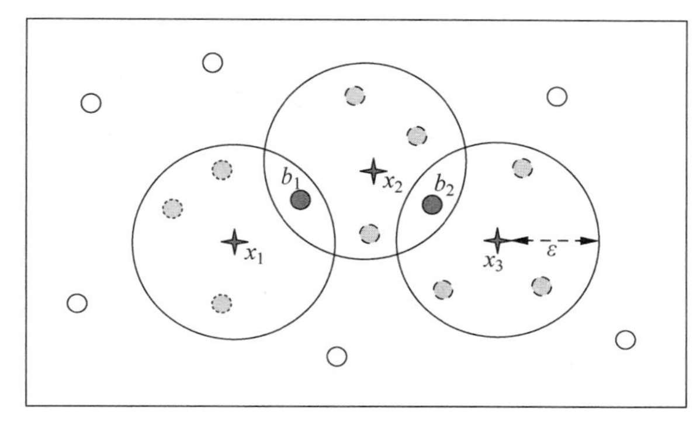

图 7-3　DBSCAN 涉及的一些概念(MinPts = 3)：x_1，x_2，x_3 为核心样本；b_1，b_2 为边界样本；空心圆为噪声样本；样本 b_1 可由 x_1 密度直达，样本 x_1 与 x_2 密度相连

7.4.2　DBSCAN 算法流程

DBSCAN 将“簇”定义为由密度可达关系导出的最大的密度相连样本集合，既给定邻域参数(ε，MinPts)，簇 $C \in D$ 是满足以下性质的非空样本子集。

$$\text{连接性(Connectivity)：} \boldsymbol{x}_i \in C, \boldsymbol{x}_j \in C \Rightarrow \boldsymbol{x}_i \text{ 与 } \boldsymbol{x}_j \text{ 密度相连}$$

1. DBSCAN 算法的完整流程

DBSCAN 算法的完整流程可以分为三个步骤。

(1) 任意选取一个点，然后找到这个点的距离小于或等于 eps 的所有的点。如果距起始点的距离在 eps 之内的数据点个数小于 MinPts，那么这个点被标记为噪声点。如果距离在 eps 之内的数据点个数大于 MinPts，则这个点被标记为核心样本，并被分配一个新的簇标签。

(2) 访问该点的所有邻居(在距离 eps 以内)。如果它们还没有被分配一个簇，那么就将刚刚创建的新的簇标签分配给它们。如果它们是核心样本，那么就依次访问其邻居，以此类推。簇逐渐增大，直到在簇的 eps 距离内没有更多的核心样本为止。

(3) 选取另一个尚未被访问过的点，并重复以上相同过程。

2. DBSCAN 算法的优点

(1) 无须先验地设置簇的个数,可以划分具有复杂形状的簇,还可以找出不属于任何簇的点。

(2) 可以对任意形状的稠密数据集进行聚类。

(3) 可以在聚类的同时发现异常点,对数据集中的异常点不敏感。

3. DBSCAN 算法的缺点

(1) 当样本的空间密度不均匀、聚类间距差相差很大时,聚类质量较差,因为这种情况下参数 MinPts 和 eps 选取困难。

(2) 对于边界样本的处理不明确。在两个聚类交界边缘的点加入哪个簇与边缘点出现的次序有关。

(3) 计算效率偏低。

7.5 应用案例

7.5.1 K-means 应用案例

本节以一个二维数据为例来展示 K-means 算法。K-means 算法也适用于高维数据,本节选择二维是为了达到更好的可视化效果。

本案例首先需用 sklearn 的 make_blobs()函数生成一个数据集,以用于后续的聚类操作,实现过程如例 7-1 所示,相关参数描述如下。

n_samples: 表示数据样本点个数,默认值为 100。

n_features: 表示数据的维度,默认值为 2。

centers: 产生数据的质心个数,默认值为 3。

cluster_std: 数据集的标准差,浮点数或者浮点数序列,默认值为 1.0。

shuffle: 随机打乱数据序号,默认值为 True。

random_state: 随机生成器的种子。

【例 7-1】 生成数据集代码片段。

```
1.  x,y = make_blobs(n_samples = 150
2.              n_features = 2,
3.              centers = 3,
4.              cluster_std = 0.5,
5.              shuffle = Ture,
6.              random_state = 0)
```

然后,用 Matplotlib 将生成的数据集绘制出来,绘制数据集代码如例 7-2 所示。

【例 7-2】　绘制数据集代码片段。

```
1.  plt.scatter(x[:,0],
2.          x[:,1],
3.          c = 'white',
4.          marker = 'o',
5.          edgecolor = 'black',
6.          s = 50)
7.  plt.grid()
8.  plt.tight_layout()
9.  plt.show()
```

图 7-4 为绘制的初始数据集示意图。

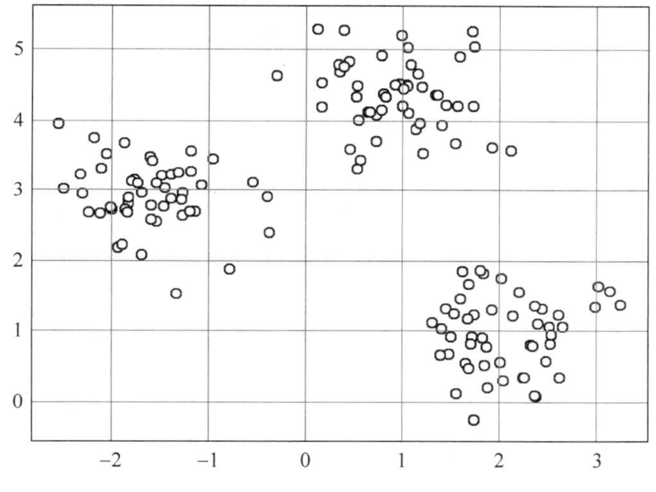

图 7-4　初始数据集示意图

最后，使用 sklearn 的 KMeans 类实现聚类，聚类代码如例 7-3 所示。

【例 7-3】　K-means 训练与预测代码片段。

```
1.  km = KMeans(n_clutsters = 3,
2.          init = 'random',
3.          n_init = 10,
4.          max_iter = 300,
5.          tol = 1e - 04,
6.          random_state = 0)
7.  y_km = km.fit_predict(x)
```

图 7-5 为 K-means 聚类结果。

7.5.2　层次聚类应用案例

本案例与 7.5.1 节类似，代码实现如例 7-4 所示。

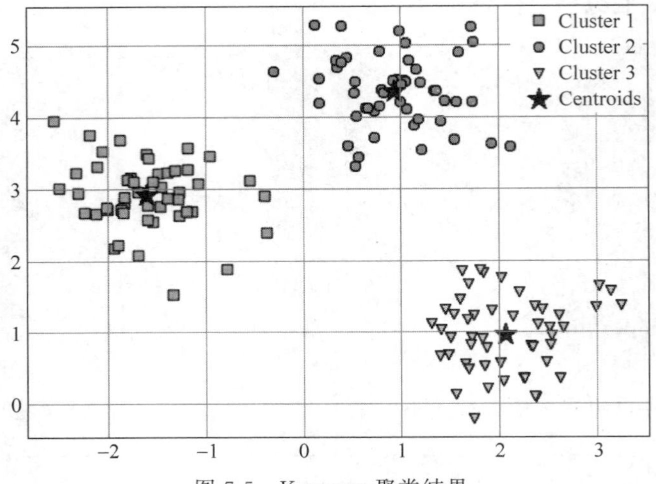

图 7-5 K-means 聚类结果

【例 7-4】 层次聚类算法训练与预测代码片段。

```
1.  np.random.seed(123)
2.  variables = ['X', 'Y', 'Z']
3.  labels = ['ID_0', 'ID_1', 'ID_2', 'ID_3', 'ID_4']
4.  X = np.random.random_sample([5, 3]) * 10
5.  df = pd.DataFrame(X, columns = variables, index = labels)
6.
7.  from scipy.spatial.distance import pdist, squareform
8.
9.  row_dist = pd.DataFrame(squareform(pdist(df, metric = 'euclidean')), columns = labels,
    index = labels)
10.
11. row_clusters = linkage(pdist(df, metric = 'euclidean'), method = 'complete')
12. pd.DataFrame(row_clusters,
13.      columns = ['row label 1',
14.          'row label 2',
15.          'distance',
16.          'no. of items in clust.'],
17.      index = ['cluster %d' % (i + 1) for i in range(row_clusters.shape[0])])
18.
19. from scipy.cluster.hierarchy import dendrogram
20. row_dendr = dendrogram(row_clusters, labels = labels)
21. plt.tight_layout()
22. plt.ylabel('Euclidean distance')
23. plt.show()
```

7.5.3 DBSCAN 应用案例

本案例首先用 sklearn 的 make_moons()函数构建一个数据集，代码实现如例 7-5

所示。

【例 7-5】 生成测试数据集代码片段。

```
1.  x, y = make_moons(n_samples = 200,
2.              noise = 0.05,
3.              random_state = 0)
4.  plt.scatter(x[:0], x[:1])
5.  plt.tight_layout()
6.  plt.show()
```

图 7-6 为测试数据集分布。

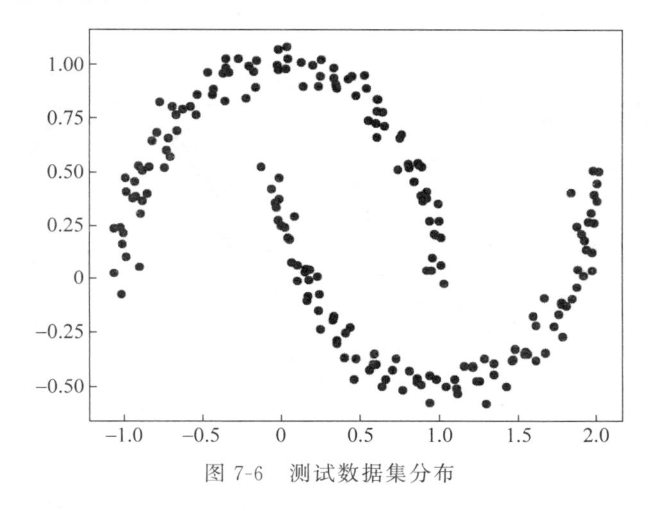

图 7-6 测试数据集分布

DBSCAN 聚类代码如例 7-6 所示。

【例 7-6】 DBSCAN 聚类示例代码片段。

```
1.  from sklearn.cluster import DBSCAN
2.
3.  db = DBSCAN(eps = 0.2,
4.              min_samples = 5,
5.              metric = 'euclidean')
6.  y_db = db.fit_predict(X)
7.  plt.scatter(X[y_db == 0, 0],
8.              X[y_db == 0, 1],
9.              c = 'lightblue',
10.             edgecolor = 'black',
11.             marker = 'o',
12.             s = 40,
13.             label = 'Cluster 1')
14. plt.scatter(X[y_db == 1, 0],
15.             X[y_db == 1, 1],
16.             c = 'red',
17.             edgecolor = 'black',
```

```
18.          marker = 's',
19.          s = 40,
20.          label = 'Cluster 2')
21. plt.legend()
22. plt.tight_layout()
23. plt.show()
```

图 7-7 和图 7-8 分别为展示了 K-means 聚类、层次聚类和 DBSCAN 聚类的聚类结果。结果表明，在处理如图 7-6 所示的二维空间中分布不规则的数据集时，K-means 和层次聚类方法的结果不够理想，基于密度的 DBCAN 聚类算法能很好地按照密度关系处理这种数据。

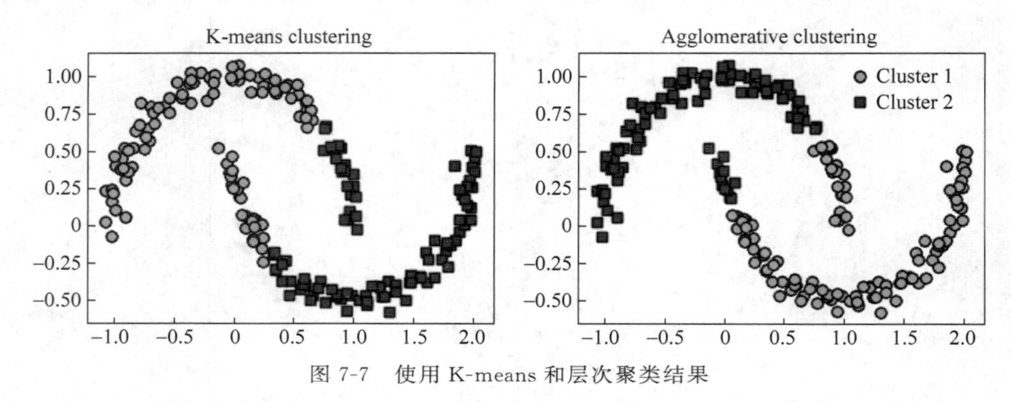

图 7-7 使用 K-means 和层次聚类结果

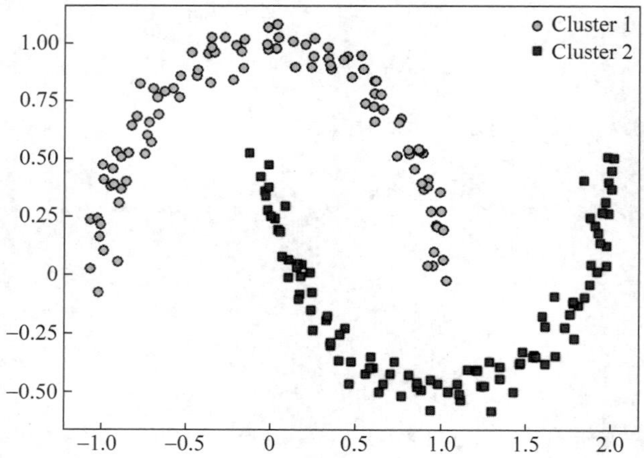

图 7-8 使用 DBSCAN 聚类结果

第 8 章

神经网络与多层感知机

［思维导图］

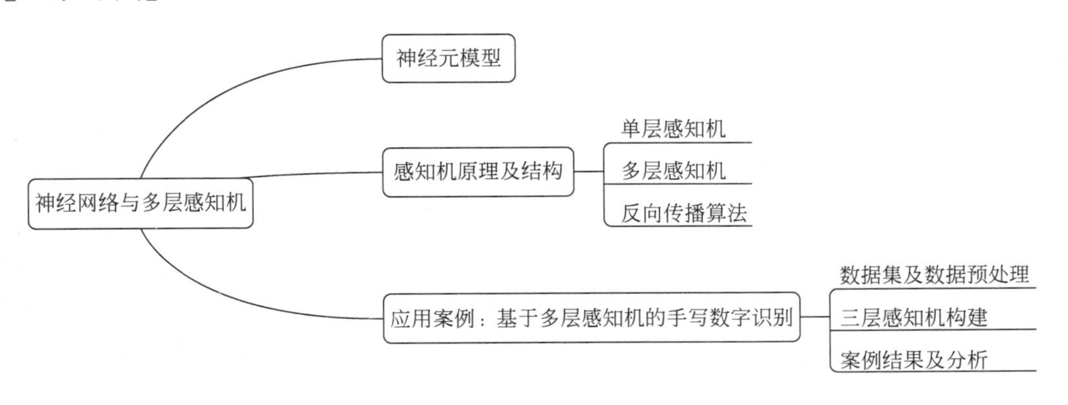

本章将介绍神经网络与感知机的基本概念及应用案例，为后续基于深度学习神经网络(Deep Neural Network，DNN)的图像及文本分析打下基础。

8.1　神经元模型

神经网络也称为人工神经网络，是一个由大量结构简单的处理单元(神经元)，通过广泛的连接而形成的神经系统。神经网络是人类大脑神经系统的模拟，涉及大脑神经系统的许多特征。由于人类对大脑神经系统及其智能机理的理解和认知水平尚有限，神经网络对大脑神经系统进行了简化和抽象。神经网络在两方面与大脑相似：一是神经网络获取的知识是从外界环境中学习得来的；二是神经元的连接具有强度，即突触权重，用于存储学习到的参数。

神经元(Neuron)模型是神经网络中最基本的成分,是一个多输入单输出的信息处理单元,并且对信息的处理是非线性的。在生物神经网络中,生物神经元是大脑中相互连接的神经细胞,参与化学和电信号的处理和传递。当某个神经元"兴奋"时,它会将化学物质传递给相连的神经元,改变这些神经元内的电位,如果神经元的电位超过一定阈值,则该神经元也会被激活,达到"兴奋"状态,并继续向其他相连神经元发送化学物质。

McCulloch 和 Walter Pitts 于 1943 年抽象了生物神经元的处理模式,并将其概括为所谓的 M-P(McCulloch-Pitts)神经元模型。M-P 神经元模型的一般结构如图 8-1 所示。

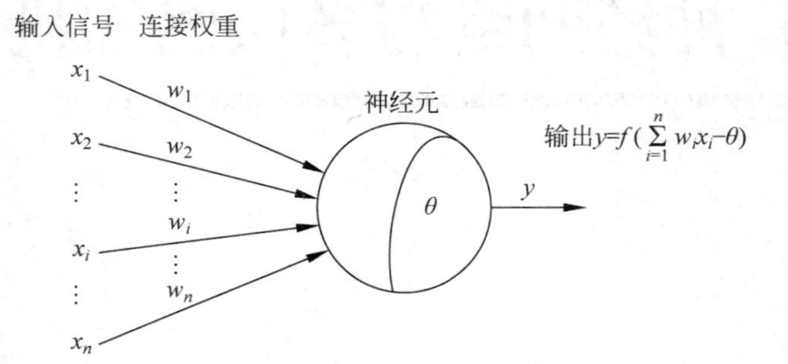

图 8-1 M-P 神经元模型的一般结构

M-P 神经元会接收来自其他 n 个神经元传递的信息,并将其作为模型的输入。这些输入通过带有权重的连接进行传递,输入信号与权重连接的结果将与阈值进行比较,然后通过激活函数的处理以产生神经元的输出。

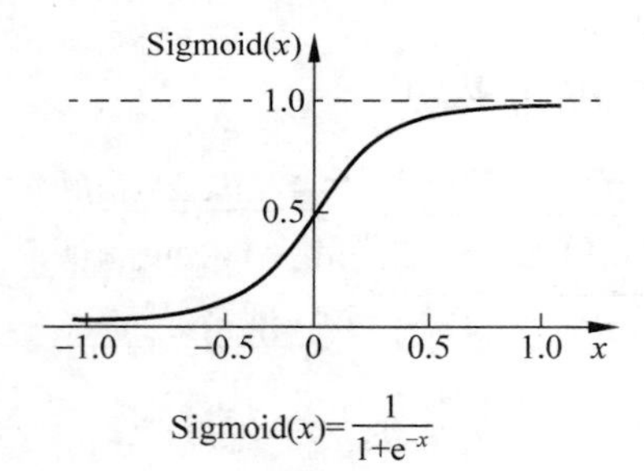

图 8-2 Sigmoid()激活函数

激活函数常作用于神经元,负责将神经元的输入映射到输出,激活函数的引入能够增加神经网络的非线性特性,使得神经网络能够模拟更多的非线性函数,对神经网络模型的理解和学习具有十分重要的作用。典型的激活函数有 Sigmoid()激活函数,其函数曲线如图 8-2 所示,该函数能够将变化范围较大的输入值压缩到(0,1)的范围。

8.2 感知机原理及结构

8.2.1 单层感知机

感知机(Perceptron)是 Frank Rosenblatt 在 1957 年提出的概念,其结构与 M-P 模型类似,一般被视为最简单的人工神经网络,通常情况下指单层的人工神经网络。感知机模型是一个由线性阈值神经元组成的人工神经网络,可实现与或非等逻辑门,用于实现简单分类。感知机的一般结构如图 8-3 所示。

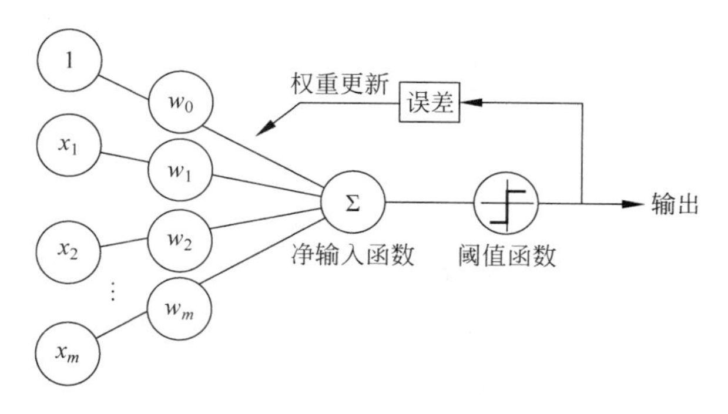

图 8-3　感知机的一般结构

感知机包含一个输入层和一个输出层，输入层会接收到输入信号 $\boldsymbol{x}$，并传递给输出层，输出层则是 M-P 神经元，将输入信号与权重 $\boldsymbol{w}$ 进行连接，通过净输入函数进行求和以计算净输入(Net Input)，将净输入传递给阈值函数，该函数最终生成一个 -1 或 $+1$ 的二进制输出。对于每个训练样本$(\boldsymbol{x},\boldsymbol{y})$，若感知机当前的输出为 $\hat{\boldsymbol{y}}$，感知机的学习规则如式(8.1)和式(8.2)所示。

$$w_i := w_i + \Delta_{w_i} \tag{8.1}$$

$$\Delta_{w_i} = \eta(\boldsymbol{y} - \hat{\boldsymbol{y}})x_i \tag{8.2}$$

其中，连接权重 $w_i(i=1,2,\cdots,m)$是不断迭代更新的，η 表示学习率。从式(8.1)可以看出，当模型预测正确时，即 $\boldsymbol{y}=\hat{\boldsymbol{y}}$ 时，感知机停止权重更新，否则会根据预测错误的程度对权重进行更新。通过不断迭代学习，训练后感知机可以根据输入信号 $\boldsymbol{x}$ 做出正确的预测。然而，单层感知机只有输出层神经元进行了激活函数处理，这种单层的神经网络的学习能力有限，存在不能解决线性不可分的问题，甚至不能模拟稍微复杂的函数映射，如异或操作。

8.2.2　多层感知机

多层感知机(Multi-Layer Perceptron，MLP)是由单层感知机的改进，最主要的特点是有多个神经元层。多层感知机通常是将多层神经元连接到一起，构成一个多层前馈神经网络(Multilayer Feedforward Neural Network)，能够很好地解决非线性可分的问题。多层感知机的第一层称为输入层，中间的层称为隐含层，最后一层为输出层。多层感知机是含有至少一个隐含层的由全连接层组成的神经网络，且每个隐含层的输出都通过激活函数进行信息传递。多层感知机的层数和各隐含层中隐含单元的个数均为超参数，MLP并没有规定隐含层的数量，因此可以根据实际处理需求选择合适的隐含层层数，且对于隐含层和输出层中每层神经元的个数也没有限制。图 8-4 展示了一个三层感知机的神经网络结构。

在图 8-3 所示的三层感知机中，$\boldsymbol{A}^{\text{in}}$、$\boldsymbol{A}^{\text{h}}$、$\boldsymbol{A}^{\text{out}}$ 分别表示输入层、隐含层和输出层，$\boldsymbol{W}^{\text{h}}$、$\boldsymbol{W}^{\text{out}}$ 分别表示连接输入层和隐含层的权重以及连接隐含层和输出层的权重，a_0^{in}、a_0^{h} 表示偏差项。输入层和输出层的神经元个数分别为 n 和 t，隐含层中的隐含单元(Hidden

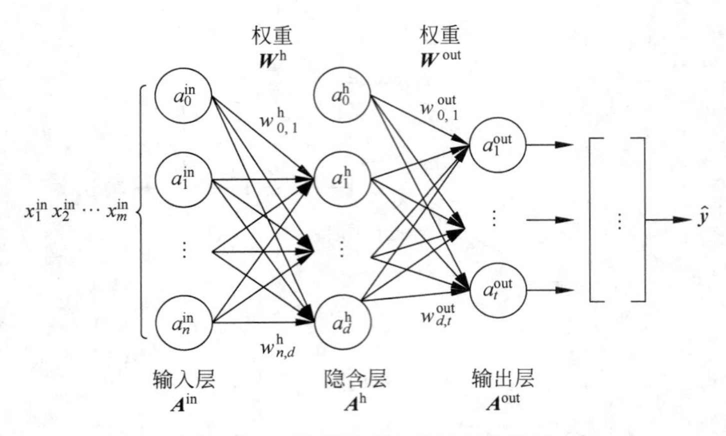

图 8-4　三层感知机的神经网络结构

Unit)个数为 d,最终输出层的个数为 t。在典型的多层感知机中,隐含层与输出层均为全连接,即隐含层中的神经元与输入层中的各个输入完全连接,输出层中的神经元与隐含层中的各个神经元也完全连接。

对于数量大小为 m 的训练样本,每个样本具有 n 维特征,其输入层可表示为 $\boldsymbol{A}^{\mathrm{in}} \in R^{m\times n}$。隐含层(也称为隐含层变量或隐含变量)$\boldsymbol{A}^{\mathrm{h}}$ 可表示为 $\boldsymbol{A}^{\mathrm{h}} \in R^{m\times d}$,输出层可表示为 $\boldsymbol{A}^{\mathrm{out}} \in R^{m\times t}$。由于隐含层与输出层均是全连接层,因此隐含层的权重参数和偏差参数可分别表示为 $\boldsymbol{W}^{\mathrm{h}} \in R^{n\times d}$ 和 $a_0^{\mathrm{in}} \in R^{1\times d}$,输出层的权重和偏差参数分别为 $\boldsymbol{W}^{\mathrm{out}} \in R^{d\times t}$ 和 $a_0^{\mathrm{h}} \in R^{1\times t}$。多层感知机的输出按计算过程如式(8.3)、式(8.4)所示。

$$\boldsymbol{A}^{\mathrm{h}} = \phi(\boldsymbol{A}^{\mathrm{in}}\boldsymbol{W}^{\mathrm{h}} + a_0^{\mathrm{in}}) \tag{8.3}$$

$$\boldsymbol{A}^{\mathrm{out}} = \phi(\boldsymbol{A}^{\mathrm{h}}\boldsymbol{W}^{\mathrm{out}} + a_0^{\mathrm{out}}) \tag{8.4}$$

其中,ϕ 表示激活函数。常用的激活函数包括 ReLU()激活函数、Sigmoid()激活函数和 Tanh()激活函数等。上述计算过程为神经网络的正向传播过程,通过该正向传播获得输出,后续阶段将会根据目标函数计算损失并进行反向传播。

8.2.3　反向传播算法

反向传播(Back Propagation,BP)算法是建立在梯度下降法的基础上的一种适合于多层神经网络的学习算法。BP 算法的学习过程由正向传播过程和反向传播过程组成。在正向传播过程中,输入信息通过输入层经隐含层,逐层处理并传向输出层。如果在输出层得不到期望的输出值,则取输出值与期望值的均方误差作为目标函数(目标函数也称为损失函数,目标函数的选择并不是唯一的,比如均方误差以及交叉熵损失函数等),转入反向传播,逐层求出目标函数对各神经元权重的偏导数,构成目标函数对权重向量的梯度项,作为更新权重的依据。神经网络的学习在权重更新过程中完成。当误差达到期望值时,网络学习结束。

反向传播的关键是求损失函数关于权重的偏导数,沿着该梯度的负方向对权重进行更新。通过 8.2.2 节中的图 8-4 所展示的三层感知机的网络结构可知,其输出结果能够以前向传播的方式获得，之后将输出结果代入至目标函数中，然后求出目标函数对 $\boldsymbol{W}^{\text{out}}$ 的偏导数 $\frac{\partial L}{\partial W_{i,j}^{\text{out}}}$ 以及对 $\boldsymbol{W}^{\text{h}}$ 的偏导数 $\frac{\partial L}{\partial W_{i,j}^{\text{h}}}$。目标函数对权重的偏导数(梯度)公式如式(8.5)、式(8.6)所示。

$$\frac{\partial L}{\partial W_{i,j}^{\text{out}}}=a_i^{\text{h}}\delta_j^{\text{out}},\quad \boldsymbol{\delta}^{\text{out}}=\boldsymbol{a}^{\text{out}}-\boldsymbol{y} \tag{8.5}$$

$$\frac{\partial L}{\partial W_{i,j}^{\text{h}}}=a_i^{\text{in}}\delta_j^{\text{h}},\quad \boldsymbol{\delta}^{\text{h}}=\boldsymbol{\delta}^{\text{out}}(\boldsymbol{W}^{\text{out}})^{\text{T}}\phi' \tag{8.6}$$

其中，$\boldsymbol{\delta}^{\text{out}}$、$\boldsymbol{\delta}^{\text{h}}$ 均表示误差；ϕ' 是激活函数的导数。当定义目标函数为均方误差且激活函数为线性函数时，$\boldsymbol{\delta}^{\text{out}}$ 即为输出值与真实值之间的差值。如式(8.7)所示，反向传播算法中梯度的求解主要运用链式求导法则。

$$\frac{\partial L}{\partial W_{i,j}^{\text{out}}}=\frac{\partial L}{\partial a_j^{\text{out}}}\frac{\partial a_j^{\text{out}}}{\partial z_j^{\text{out}}}\frac{\partial z_j^{\text{out}}}{\partial W_{i,j}^{\text{out}}} \tag{8.7}$$

其中，z_j^{out} 表示隐含层单元和 $\boldsymbol{W}^{\text{out}}$ 点乘的结果(净输入)，a_j^{out} 则是 z_j^{out} 传递给激活函数后的值。从图 8-4 中可知，$\frac{\partial z_j^{\text{out}}}{\partial W_{i,j}^{\text{out}}}$ 为 a_i^{h}，则 $\frac{\partial L}{\partial a_j^{\text{out}}}\frac{\partial a_j^{\text{out}}}{\partial z_j^{\text{out}}}$ 即为所定义的误差，其中 $\frac{\partial a_j^{\text{out}}}{\partial z_j^{\text{out}}}$ 为激活函数求导(ϕ')。通常来说，所选取的目标函数和激活函数不同，误差值也不同。

可以看到，目标函数对 $W_{i,j}^{\text{out}}$ 的偏导数在数值上等价于与 $W_{i,j}^{\text{out}}$ 对应相乘的单元 a_i^{h} 与误差 δ_j^{out} 的乘积，这意味着这一偏导数中包含了输出层中的误差信息 δ_j^{out}。同理，目标函数对 $W_{i,j}^{h}$ 的偏导数也是类似的形式，同样也包含了隐含层中的误差信息 δ_j^{h}。此外，$\boldsymbol{\delta}^{\text{h}}$ 与 $\boldsymbol{\delta}^{\text{out}}$ 具有一定的关联性，输出层的误差同时也传播到隐含层的误差之中。当隐含层层数不止一层时，在反向传播过程中，从最后一层开始，误差逐渐向前传播，由此得到每一层目标函数对权重的偏导数。

在获得梯度项后就可以进行权重更新。将式(8.5)、式(8.6)简化，得到如式(8.8)所示的梯度项，然后利用如式(8.9)进行权重更新。其中，l 代表隐含层或输出层。在网络训练过程中，不断进行反向传播迭代，待训练结束后，即可得到最终有益于分类效果的权重。

$$\Delta^l=(\boldsymbol{A}^{\text{in}})^{\text{T}}\boldsymbol{\delta}^{\text{h}},\quad \Delta^{\text{out}}=(\boldsymbol{A}^{\text{h}})^{\text{T}}\boldsymbol{\delta}^{\text{out}} \tag{8.8}$$

$$\boldsymbol{W}^l:=\boldsymbol{W}^l-\boldsymbol{\eta}\Delta^l \tag{8.9}$$

最后，再次总结一下反向传播的过程，如图 8-5 所示，主要包括：

(1) 将输入样本提供给输入层，经过正向传播得到输出层的结果；

(2) 计算输出层误差；

(3) 计算输出层权重的梯度，更新输出层权重；

(4) 计算隐含层误差，此时，输出层误差逆向传播至隐含层；

(5) 计算隐含层权重的梯度并更新权重。

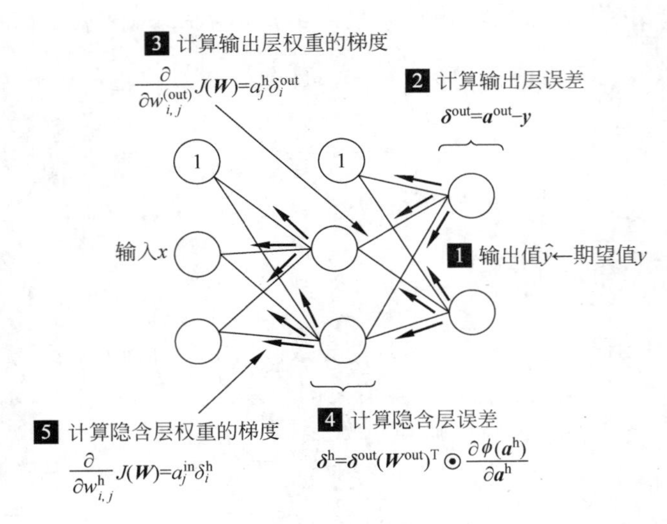

图 8-5 反向传播步骤

8.3 应用案例：基于多层感知机的手写数字识别

8.3.1 数据集及数据预处理

本节采用经典的手写体数字识别数据集 MNIST(Mixed National Institute of Standards and Technology)，以基于多层感知机的手写数字识别任务为例介绍多层感知机的训练过程。MNIST 数据集样例如图 8-6 所示。

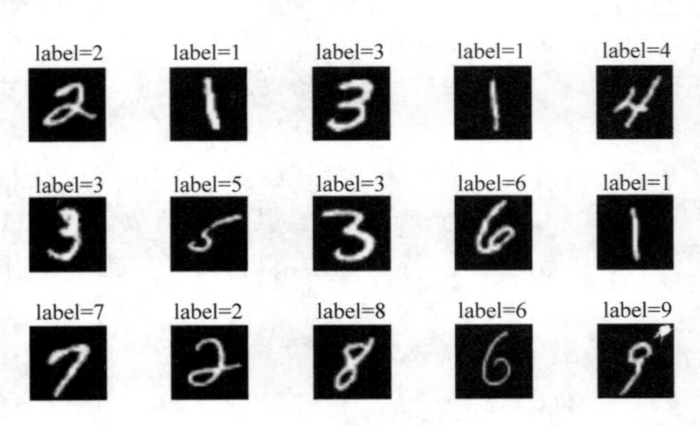

图 8-6 MNIST 数据集示例

(1) 数据集下载。

MNIST 数据集可在其官方网站下载，数据集主要包含训练集图片、训练集标签以及测试集图片与测试集标签组成，详细信息如图 8-7 所示。其中，训练集图片 60 000 张，测试集图片 10 000 张，每一张图片代表 0～9 中的一个数字，图片大小均为 28×28 像素，每个像素用一个灰度值表示。

训练集图片： train-images-idx3-ubyte.gz (9.9 MB, 47 MB unzipped, and 60,000 examples)
训练集标签： train-labels-idx1-ubyte.gz (29 KB, 60 KB unzipped, and 60,000 labels)
测试集图片： t10k-images-idx3-ubyte.gz (1.6 MB, 7.8 MB unzipped, and 10,000 examples)
测试集标签： t10k-labels-idx1-ubyte.gz (5 KB, 10 KB unzipped, and 10,000 labels)

图 8-7　MNIST 数据集组成

（2）数据集加载。

MNIST 数据集中的图片均以字节形式存储，首先将数据集读入 NumPy 数组实现数据集的加载。数据集加载过程采用 load_mnist()函数实现，如例 8-1 所示。

【例 8-1】　数据集加载代码片段。

```
1.  import os
2.  import struct
3.  import numpy as np
4.
5.  def load_mnist(path,kind = 'train'):
6.     labels_path = os.path.join(path,'%s-labels.idx1-ubyte' % kind)
7.     images_path = os.path.join(path,'%s-images.idx3-ubyte' % kind)
8.     with open(labels_path, 'rb') as lbpath:
9.        magic, n = struct.unpack('>II',lbpath.read(8))
10.       labels = np.fromfile(lbpath,dtype = np.uint8)
11.    with open(images_path, 'rb') as imgpath:
12.        magic, num, rows, cols = struct.unpack(">IIII",imgpath.read(16))
13.        images = np.fromfile(imgpath,dtype = np.uint8).reshape(len(labels), 784)
14.        images = ((images / 255.) - .5) * 2 #标准化
15. return images,labels
16.
17. X_train, y_train = load_mnist('',kind = 'train')
18. print('Rows: %d, columns: %d' % (X_train.shape[0], X_train.shape[1])) # Rows:
    60000, columns: 784
19. X_test, y_test = load_mnist('', kind = 't10k')
20. print('Rows: %d, columns: %d' % (X_test.shape[0], X_test.shape[1])) # Rows: 10000,
    columns: 784
```

load_mnist()函数将 28×28 像素的图片展开为 784 维的行向量，以方便模型训练与预测。该方法返回两个 NumPy 数组：第一个数组维度为 $n\times m$，其中 n 代表样本数量，m 代表特征值的数量（这里指的是图像像素）；第二个数组（标签）包含相应的目标变量，即手写数字的类标签（0～9 的整数值）。

8.3.2　三层感知机构建

本节以三层感知机（只包括一层隐含层）为例介绍感知机的构建过程。以下代码为感知机 NeuralNetMLP 类，该类包含感知机的初始化、前向传播、反向传播等功能。NeuralNetMLP 类代码如例 8-2 所示。

【例 8-2】 感知机类 NeuralNetMLP 代码片段。

```
1.  import numpy as np
2.  import sys
3.  lass NeuralNetMLP(object):
4.    def __init__(self, n_hidden = 30, l2 = 0., epochs = 100, eta = 0.001, shuffle = True,
    minibatch_size = 1, seed = None):
5.      self.random = np.random.RandomState(seed)
6.      self.n_hidden = n_hidden
7.      self.l2 = l2
8.      self.epochs = epochs
9.      self.eta = eta
10.     self.shuffle = shuffle
11.     self.minibatch_size = minibatch_size
12.   """对标签 y 进行独热编码"""
13.   def _onehot(self, y, n_classes):
14.     onehot = np.zeros((n_classes, y.shape[0]))
15.     for idx, val in enumerate(y.astype(int)):
16.       onehot[val, idx] = 1.
17.     return onehot.T
18.   """Sigmoid 激活函数"""
19.   def _sigmoid(self, z):
20.     return 1. / (1. + np.exp(-np.clip(z, -250, 250)))
21.   """正向传播""
22.   # def _forward(self, X):
23.   ""计算 L2 交叉熵损失""
24.   # def _compute_cost(self, y_enc, output):
25.   """预测结果"""
26.   def predict(self, X):
27.     z_h, a_h, z_out, a_out = self._forward(X)
28.     y_pred = np.argmax(z_out, axis = 1)
29.     return y_pred
30.   """3 层感知机训练,包含正向传播和方向传播以及梯度更新等步骤"""
31.   # def fit(self, X_train, y_train, X_valid, y_valid):
```

其中,__init__()函数为感知机的参数初始化方法,该方法主要用于初始化隐含层单元数、L2 正则化参数、学习率以及迭代次数等参数。_onehot()函数为独热编码方法,该方法有利于解决多分类问题。_forward()函数则用于实现感知机的前向传播过程,具体实现如例 8-3 所示。

【例 8-3】 _forward()函数代码片段。

```
1.  def _forward(self, X):
2.    z_h = np.dot(X,self.w_h) + self.b_h
3.    a_h = self._sigmoid(z_h)
4.    z_out = np.dot(a_h, self.w_out) + self.b_out
5.    a_out = self._sigmoid(z_out)
6.    return z_h, a_h, z_out, a_out
```

首先将输入特征值与隐含层权重进行点乘，包含偏差项，然后将结果传递给 Sigmoid()激活函数，从而计算得到隐含层神经元的值。类似地，将隐含层神经元与输出层权重进行点乘，再经过 Sigmoid()激活函数，得到最终的输出层的值。通常，输入层和输出层的单元数可以根据实际问题得以确定。例如，在分类问题上，输出层的单元数可以根据总类别数量确定。

基于以上构建的感知机类，可实现三层感知机模型的训练过程。首先，需要对感知机进行实例化，如例 8-4 所示。

【例 8-4】 感知机实例化代码片段。

```
1.  nn = NeuralNetMLP(n_hidden = 100,l2 = 0.01, epochs = 200, eta = 0.0005, minibatch_size =
    100,shuffle = True, seed = 1)
2.  nn.fit(X_train = X_train[:55000],y_train = y_train[:55000], X_valid = X_train
    [55000:], y_valid = y_train[55000:])
```

其中，参数 n_hidden 为隐含单元数量，初始设置为 100。在此，根据训练数据和标签所表示的行向量维度，说明初始化了一个 784－100－10 的感知机，也就是一个包含 784 个输入单元、100 个隐含单元以及 10 个输出单元的感知机。此外，学习率 l2 设置为 0.01，迭代次数 opochs 设置为 200，minibatch_size 设置为 100，表示每批次加载 100 个样本进行训练，以适应随机梯度下降(Stochastic Gradient Descent)法。

例 8-4 中的 fit()函数用于通过反向传播算法进行模型参数的更新，以实现网络的训练。fit()函数如例 8-5 所示。

【例 8-5】 fit()函数代码片段。

```
1.   def fit(self, X_train, y_train, X_valid, y_valid):
2.     n_output = np.unique(y_train).shape[0]
3.     n_features = X_train.shape[1]
4.     self.b_h = np.zeros(self.n_hidden)
5.     self.w_h = self.random.normal(loc = 0.0, scale = 0.1,size = (n_features,
       self.n_hidden))
6.     self.b_out = np.zeros(n_output)
7.     self.w_out = self.random.normal(loc = 0.0, scale = 0.1,size = (self.n_hidden,
       n_output))
8.     epoch_strlen = len(str(self.epochs))
9.     self.eval_ = {'cost': [], 'train_acc': [], 'valid_acc': []}
10.    y_train_enc = self._onehot(y_train, n_output)
11.    # iterate over training epochs
12.    for i in range(self.epochs):
13.      # iterate over minibatches
14.      indices = np.arange(X_train.shape[0])
15.      if self.shuffle:
16.        self.random.shuffle(indices)
17.      for start_idx in range(0,indices.shape[0] - self.minibatch_size + 1,
         self.minibatch_size):
18.        batch_idx = indices[start_idx:start_idx + self.minibatch_size]
```

```
19.            z_h, a_h, z_out, a_out = self._forward(X_train[batch_idx])
20.            delta_out = a_out - y_train_enc[batch_idx]
21.            sigmoid_derivative_h = a_h * (1. - a_h)
22.            delta_h = (np.dot(delta_out, self.w_out.T) * sigmoid_derivative_h)
23.            grad_w_h = np.dot(X_train[batch_idx].T, delta_h)
24.            grad_b_h = np.sum(delta_h, axis=0)
25.            grad_w_out = np.dot(a_h.T, delta_out)
26.            grad_b_out = np.sum(delta_out, axis=0)
27.            delta_w_h = (grad_w_h + self.l2*self.w_h)
28.            delta_b_h = grad_b_h # bias is not regularized
29.            self.w_h -= self.eta * delta_w_h
30.            self.b_h -= self.eta * delta_b_h
31.
32.            delta_w_out = (grad_w_out + self.l2*self.w_out)
33.            delta_b_out = grad_b_out # bias is not regularized
34.            self.w_out -= self.eta * delta_w_out
35.            self.b_out -= self.eta * delta_b_out
36.          # Evaluation
37.          # Evaluation after each epoch during training
38.          z_h, a_h, z_out, a_out = self._forward(X_train)
39.          cost = self._compute_cost(y_enc=y_train_enc,output=a_out)
40.          y_train_pred = self.predict(X_train)
41.          y_valid_pred = self.predict(X_valid)
42.          train_acc = ((np.sum(y_train == y_train_pred)).astype(np.float) / X_train.
             shape[0])
43.          valid_acc = ((np.sum(y_valid == y_valid_pred)).astype(np.float) / X_valid.
             shape[0])
44.          sys.stderr.write('\r%0*d/%d | Cost: %.2f | Train/Valid Acc.: %.2f%%/%.
             2f%% '%(epoch_strlen, i+1, self.epochs,cost,train_acc*100, valid_acc*
             100))
45.          sys.stderr.flush()
46.          self.eval_['cost'].append(cost)
47.          self.eval_['train_acc'].append(train_acc)
48.          self.eval_['valid_acc'].append(valid_acc)
49.        return self
```

fit()函数有四个参数,分别是训练集的图片样本和标签以及验证集的图片样本和标签。该方法首先对参数权重进行初始化,并对样本的标签进行编码(如独热编码)。在嵌套循环中,外层循环次数为迭代次数,shuffle 设置为 True,表示每次迭代会随机打乱样本顺序,以确保模型的公正性和泛化能力。内层循环次数为 minibatch_size 的大小,实现网络的反向传播。在内层循环中,网络首先执行前向传播方法(采用 Sigmoid()激活函数),获得隐含层和输出层单元的值(z_h, a_h, z_out, a_out),然后计算误差(delta_out, delta_h)并获得梯度值(grad_w_h, grad_w_out),最后通过梯度来更新权重。

每一次迭代完成之前,可以利用每一批次大小更新之后的权重前向传播得到预测输出,然后计算并保存损失值、训练集的准确率和验证集的准确率,代码如例 8-6 所示。

【例 8-6】　_compute_cost()函数代码片段。

```
1.  def _compute_cost(self, y_enc, output):
2.      L2_term = (self.l2 * (np.sum(self.w_h ** 2.) + np.sum(self.w_out ** 2.)))
3.      term1 = -y_enc * (np.log(output))
4.      term2 = (1. - y_enc) * np.log(1. - output)
5.      cost = np.sum(term1 - term2) + L2_term
6.      return cost
```

在本案例中，将 60 000 个训练样本分成 55 000 个训练集样本和 5000 个验证集样本。构建验证集的目的旨在通过比较网络在训练集和验证集上的准确率，帮助在训练阶段消除模型可能存在的过拟合现象。此外，10 000 个测试样本用于最终的模型评估。

8.3.3　案例结果及分析

本案例中，感知机训练准确率和损失结果如图 8-8 所示。在进行 200 次迭代后，模型在训练集和验证集上都达到了比较好的准确率，分别为 99.28%和 97.98%。

```
nn = NeuralNetMLP(n_hidden=100,l2=0.01, epochs=200, eta=0.0005, minibatch_size=100,shuffle=True, seed=1)
nn.fit(X_train=X_train[:55000],y_train=y_train[:55000], X_valid=X_train[55000:], y_valid=y_train[55000:])
200/200 | Cost: 5065.78 | Train/Valid Acc.: 99.28%/97.98%
```

图 8-8　感知机训练准确率和损失结果

图 8-9 展示了模型训练过程中损失值变化曲线。损失曲线的可视化方法如例 8-7 所示。

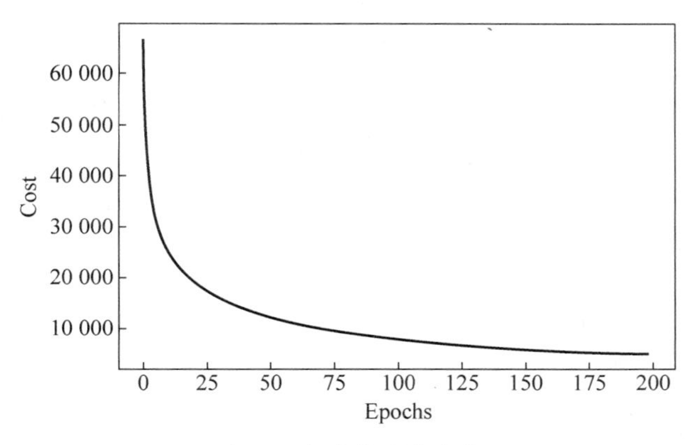

图 8-9　损失值变化曲线

【例 8-7】　损失曲线可视化代码片段。

```
1.  import matplotlib.pyplot as plt
2.  plt.plot(range(nn.epochs), nn.eval_['cost'])
3.  plt.ylabel('Cost')
4.  plt.xlabel('Epochs')
5.  plt.show()
```

可以看出，模型损失值在前 100 次迭代期间大幅下降，在后 100 次迭代过程中缓慢收敛。

模型训练过程中的训练集和验证集的准确率变化曲线如图 8-10 所示，可视化方法如例 8-8 代码所示。

【例 8-8】 训练集和验证集准确率可视化代码片段。

```
1.  plt.plot(range(nn.epochs), nn.eval_['train_acc'], label = 'training')
2.  plt.plot(range(nn.epochs), nn.eval_['valid_acc'],label = 'validation', linestyle = '--')
3.  plt.ylabel('Accuracy')
4.  plt.xlabel('Epochs')
5.  plt.legend(loc = 'lower right')
6.  plt.show()
```

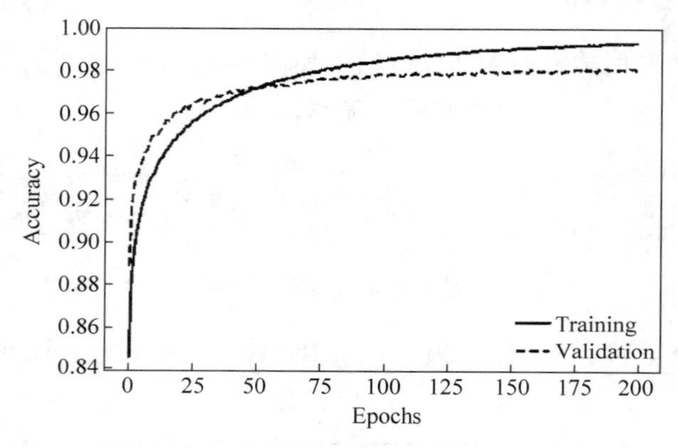

图 8-10 训练集和验证集准确率变化曲线

图 8-10 中显示，随着多次迭代的训练，训练集和验证集准确率之间的差距逐渐增加。约在第 50 次迭代时，训练集和验证集准确率值相等，随后网络训练出现过拟合现象。可以尝试通过适当调整正则化系数或添加 Dropout 机制来解决过拟合问题。

最后，通过计算测试数据集上的预测准确率来评估模型对手写数字数据集的识别能力。测试代码如例 8-9 所示。

【例 8-9】 计算测试准确率代码片段。

```
1.  y_test_pred = nn.predict(X_test)
2.  acc = (np.sum(y_test == y_test_pred).astype(np.float)/X_test.shape[0])
3.  print('Test accuracy: %.2f%%' % (acc * 100))
4.  # Test accuracy: 97.54%
```

尽管本案例方法在训练数据上有轻微的过拟合现象，但在测试数据集上也取得了较好的性能(97.98%)。读者可以通过改变隐含层单元的数量，正则化参数的值和学习率，或者使用各种其他训练技巧，对模型进一步微调和优化。

第二部分　综 合 篇

第 9 章

基于CNN的图像识别

[思维导图]

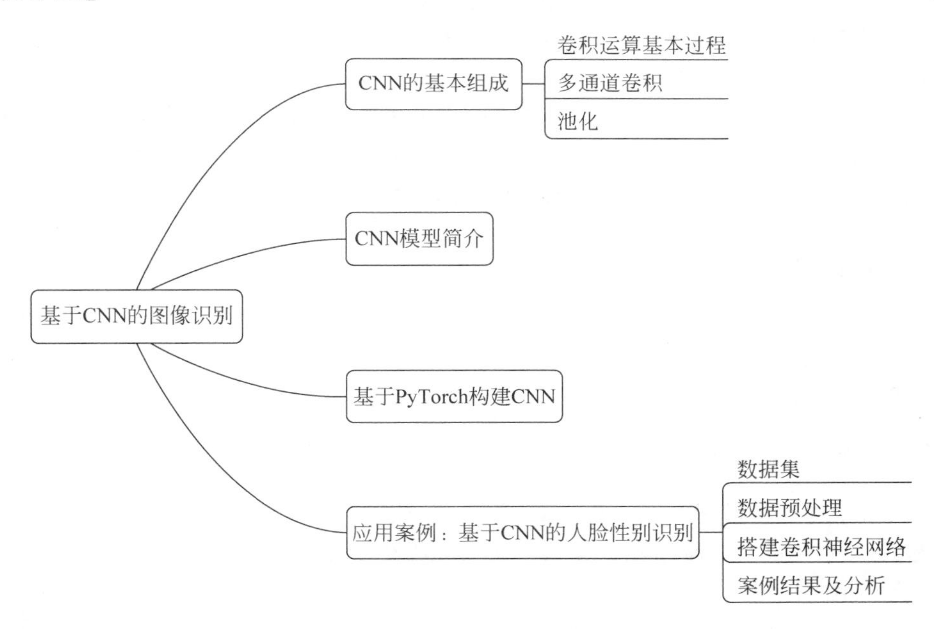

智能手机、移动互联网和社交网络的发展，使图片成为信息分享的主要载体之一。采用机器学习方法自动识别图片类别等信息时，由于图像本身维度较高，全连接神经网络在图像识别任务上存在以下两个局限。

其一，忽视了图像特征的局部性规律。特征的局部性是指图像的每个像素点与其相邻及附近像素点的关联较为紧密，而与远距离像素点的关联较小。全连接神经网络中每个神经元都与上一层所有神经元相连，相当于将一个像素与其他所有像素的关联性同等对待。这导致权重难以学习准确。

其二，网络层数限制。全连接神经网络如果采用较少的网络层数，会削弱网络对现实问题的刻画能力；但全连接层权重参数规模太大，限制了网络深度的发展。

卷积神经网络(Convolutional Neural Network，CNN)引入了局部感知、权值共享和下采样等技术，克服了全连接神经网络处理图像识别的劣势，更适合图像识别任务。下面分别介绍这三种技术。

局部感知的依据是图像特征具有局部性的规律。采用局部感知，CNN 每个神经元只连接上一层的部分神经元，利用了图像中像素特征的局部性，降低了网络参数的规模。考虑一张 1000×1000 的输入图像，假设第一个隐含层有 10^6 个神经元，采用全连接有 $1000\times1000\times10^6=10^{12}$ 个权重参数；若采用 10×10 的局部连接，即每个神经元仅与输入图像中 10×10 的局部图像连接，权重参数将减至 $10\times10\times10^6=10^8$ 个。

在局部感知的基础上，CNN 采用权值共享进一步降低权重参数的数量。权值共享基于图像局部特征具有重复性的假设，即图像中的基础特征(如点、线、边缘等)与出现的位置无关。CNN 中学习局部特征的结构称为卷积核，假设一个卷积核学到了横线特征，当该卷积核在输入图像上滑动卷积时，即是将图像各个位置的横线过滤出来。一个卷积核对应一种局部特征，多种特征可以设定多个卷积核。考虑一张 1000×1000 的输入图像，假设第一个卷积层有 100 个卷积核，卷积核大小为 10×10，需要训练的权重参数为 $10\times10\times100=10^4$ 个。

下采样则通过池化操作完成，从特征图的长、宽方向上缩小空间，去掉不重要的特征，进一步减少每一层的样本数。

CNN 能够在网络浅层学习图像局部特征、在网络深层综合学习全局特征，同时考虑了图像中像素的位置信息、减少了权重参数的数量，一定程度上保证了特征的仿射不变性，提高了模型的泛化能力，在图像识别任务中取得了许多重要的突破。

9.1 CNN 的基本组成

CNN 的基本结构如图 9-1 所示，一般由输入层、若干卷积层、池化层、Flatten 层、全连接层和输出层组成。

9.1.1 卷积运算基本过程

卷积运算的基本过程如图 9-2 所示。考虑一张 5×5 的图像，使用大小为 3×3 的卷积核、步长为 1 在图像上滑动卷积。每一次卷积操作都将原图中 3×3 大小的局部像素值与卷积核中相同位置的权重值相乘再求和，和值即为该卷积核提取的特征图中的一个特征值。一次卷积完成后，需要移动滑动窗口，对下一个局部区域进行卷积，最终得到一张 3×3 的特征图。

由于图像的大小是有限的，卷积操作应用到图像的边缘时，边缘之外并没有值。处理图像边缘像素的一种常用方法是填充，可以在输入图的外围填充 0，以满足滑动窗口的大小需求。CNN 中常用的填充模式是相同填充，即填充后的输入图经过卷积运算，得到与原输入图大小相同的特征图，这使网络结构的设计更加方便。

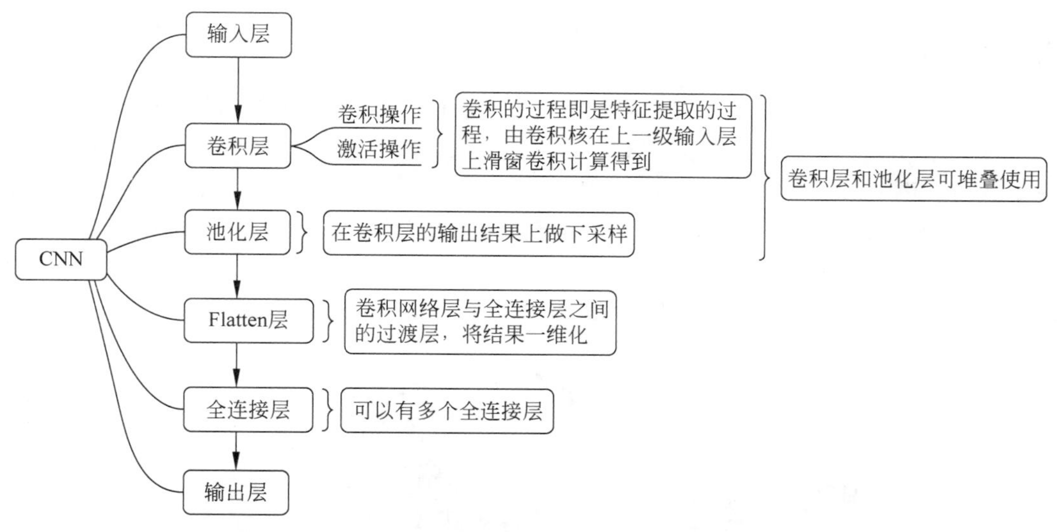

图 9-1 CNN 的基本结构

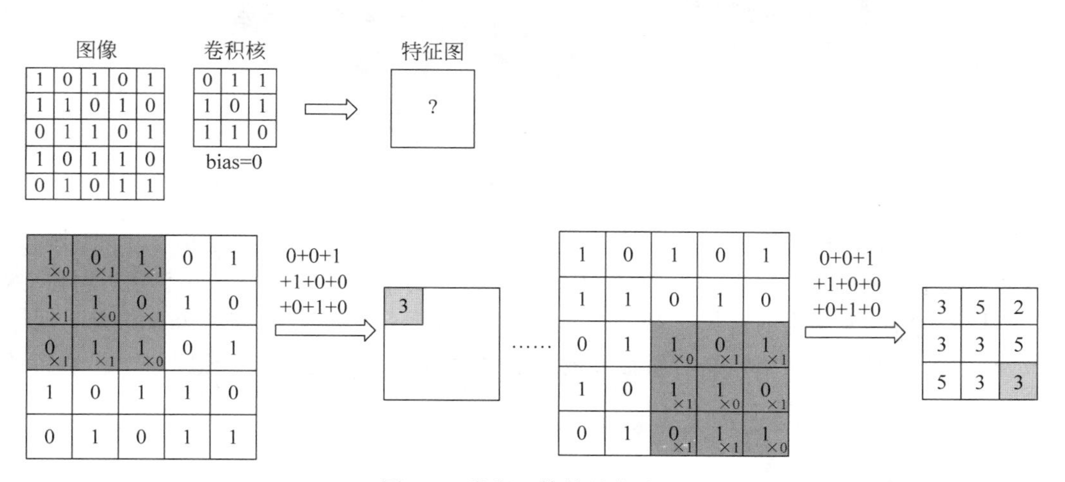

图 9-2 卷积运算的基本过程

相同填充模式下的卷积如图 9-3 所示，在相同填充模式下，一张 4×4 的输入图经 3×3 卷积核、步长为 1 做卷积运算后得到一张 4×4 的特征图。

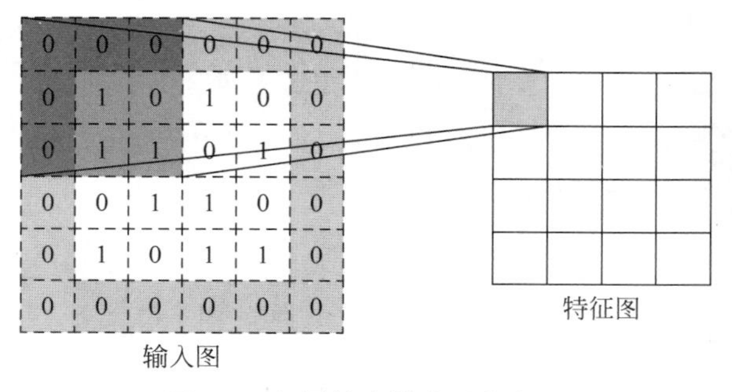

图 9-3 相同填充模式下的卷积

9.1.2 多通道卷积

以上示例说明了单通道图的卷积运算规则，对于一张RGB图像，每个像素都由3个0～255的整数值表示，分别代表R、G、B三个颜色通道的值。图9-4展示了RGB图像的三个通道。图9-4中RGB图像左上角第一个像素的颜色值为#3B6101，其三通道RGB值为(59,97,1)，如果将这张图像的三个通道分离，由于每个像素的值都为0～255，以灰度图呈现。三个单通道图的长宽与原图像一致。描述RGB图像除了表示长和宽的二维数据之外，增加了一维“通道深度”，RGB图像是三通道图，“通道深度”为3。

图9-4 RGB图像的三个通道

多通道图的卷积运算要求卷积核的深度与输入图的深度一致，即卷积核中针对输入图的各个通道都有一套权重参数，卷积核的每个通道在输入图的对应通道上分别卷积，然后将结果相加作为最终的输出。图9-5展示了RGB图像三通道的卷积运算。卷积层中卷积核的个数即为卷积层输出的特征图的通道数，假设某卷积层有3个卷积核，提取特征

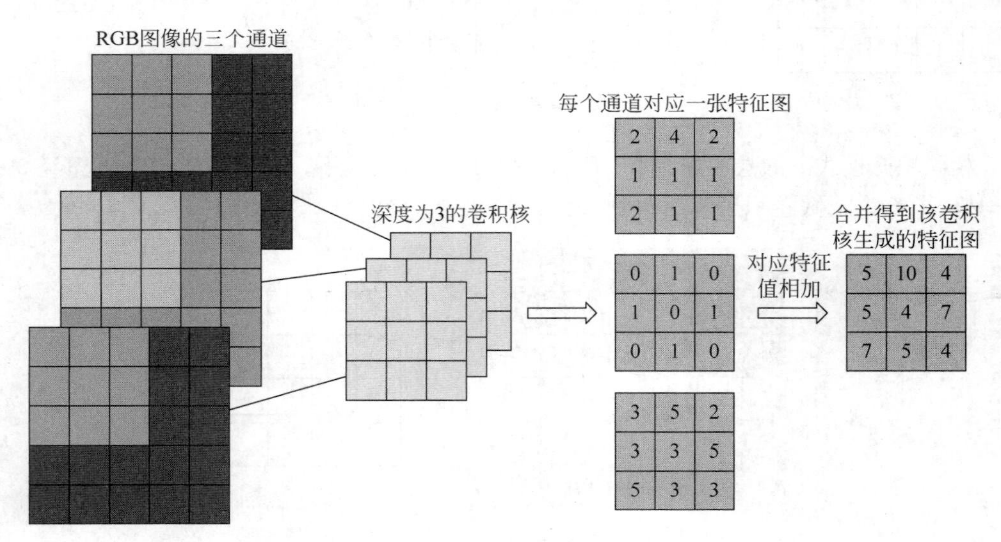

图9-5 RGB图像三通道的卷积运算

图的大小为 3×3，每个卷积核都会提取一张特征图，这三张特征图将汇集成 3×3×3 的多通道输出，作为下一层的输入。

9.1.3　池化

常用的池化操作有最大池化、平均池化等。最大池化取池化窗口内的最大值作为池化结果，平均池化取池化窗口内的平均值作为池化结果。通常池化窗口的大小和步长会设成相同的值，图 9-6 展示了最大池化运算，其中池化窗口大小为 2×2，步长为 2。

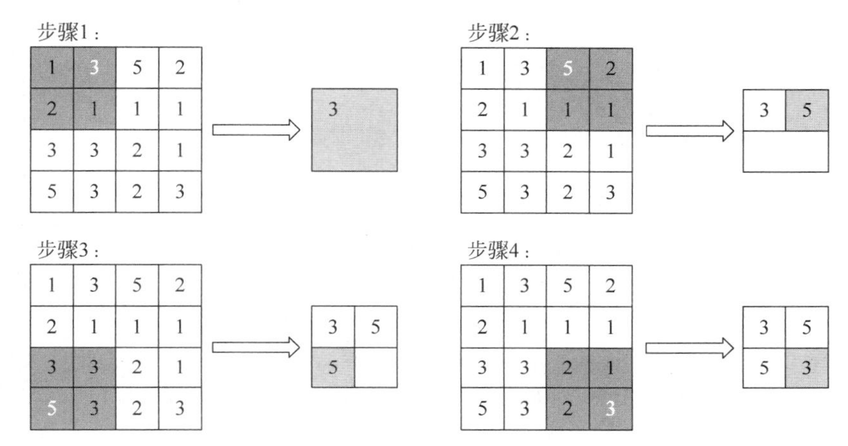

图 9-6　最大池化运算

9.2　CNN 模型简介

按时间顺序，列出了 7 个具有代表意义的 CNN 模型相关信息，经典 CNN 模型如表 9-1 所示。

表 9-1　经典 CNN 模型

模　　型	简　　述	应用领域
LeNet-5	LeNet-5 通过多个卷积层和下采样层，逐步将原始图像转换为特征图，并使用全连接层根据特征分类图像。LeNet-5 是最早出现的卷积神经网络之一，形成了当代卷积神经网络的雏形	手写数字识别
AlexNet	2012 ILSVRC 冠军。AlexNet 由 5 层卷积层和 3 层全连接层组成，应用了 ReLU() 激活函数、Dropout 机制、局部响应归一化、重叠池化、数据增强等技术，减缓梯度消失、过拟合问题，同时使用 GPU 加速运算，缩短了运行时间。AlexNet 在大规模图像数据集上的成功得益于 GPU 计算性能的提升，它极大地推动了深度学习领域的发展	图像分类 目标跟踪
VGGNet	2014 ILSVRC 亚军。VGGNet 通过堆叠 3×3 小型卷积核和 2×2 最大池化层，构建了 11～19 层深的卷积神经网络，保留相同感受野的同时减少了参数，并且引入了更多的非线性因素，增强了模型的表达能力，常用结构有 VGGNet-16 和 VGGNet-19	图像分类 图像分割 目标检测

续表

模　型	简　述	应用领域
GoogleNet	2014 ILSVRC 冠军。为减少深度神经网络的计算开销，GoogleNet 使用 Inception 模块构建，通过加宽网络结构提升网络性能。Inception 模块使用 1×1 卷积核在并行计算之前减少特征数量，最终的卷积层之后使用全局平均池化层替代全连接层，进一步降低特征数量。GoogleNet 经历了几次版本迭代，如 Inception-v2 中引入了批量归一化层以加快训练速度，最新版本是 Inception-v4	图像分类
ResNets	2015 ILSVRC 冠军。由于神经网络在反向传播的过程中存在梯度弥散，层数越多，梯度衰减得越厉害，导致无法有效调整网络层的权重参数，当网络变得很深时变得难以训练。为解决深度退化问题，ResNets 引入残差结构，使网络在上百层时依然表现良好，其改进版本更将网络深度提高至上千层	图像分类 图像分割 目标检测 目标跟踪
DenseNet	DenseNet 将之前所有层的输出作为当前层的输入，通过极致的特征复用，既比 ResNet 拥有更少的参数数量，又在一定程度上缓解了梯度消失和深度退化问题	图像分类 图像分割
SENet	2017 ILSVRC 分类项目冠军。SENet 关注通道之间的关系，通过 Squeeze-and-Excitation(SE)模块，学习不同通道特征的权重，使模型关注信息量大的通道特征，抑制不重要的通道特征。SE 模块是通用的，可以方便地嵌入其他网络结构中	图像分类 目标检测 目标跟踪

9.3 基于 PyTorch 构建 CNN

本节主要介绍基于 PyTorch 深度学习框架构建 CNN 模型。图 9-7 展示了将要构建的 CNN 网络结构。

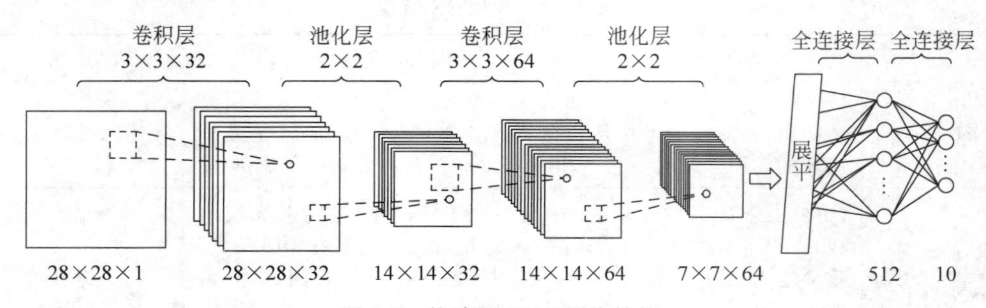

图 9-7　构建的 CNN 网络结构

该网络的输入为 28×28 的灰度图，输入数据通过两个卷积层，每个卷积层之后分别进行池化操作，池化后尺寸变为原来的一半，然后进行 Flatten 操作将特征图变为一维向量，作为第一个全连接层的输入，第二个全连接层输出维度为 1×10 的概率向量，代码如例 9-1 所示。

【例 9-1】 构建 CNN 网络结构。

```
1.  import torch.nn as nn
2.  class CNN(nn.Module):
3.    """
4.    CNN 类继承 Module 类,用于实现网络结构
5.    """
6.    def __init__(self):
7.       """
8.       __init__()方法用于 CNN 类对象初始化,定义了网络的各个层
9.       """
10.      super(CNN, self).__init__()
11.      # 定义第一个卷积操作,Sequential()函数将以此执行串联的操作
12.     self.conv1 = nn.Sequential(
13.       nn.Conv2d(
14.            in_channels = 1,
15.            out_channels = 32,
16.            kernel_size = 3,
17.            stride = 1,
18.            padding = 1
19.       ),  # 定义卷积层
20.       nn.ReLU(), #定义激活函数
21.       nn.MaxPool2d(kernel_size = 2)  #定义池化操作
22.    )
23.    self.conv2 = nn.Sequential(
24.       nn.Conv2d(
25.            in_channels = 32,
26.            out_channels = 64,
27.            kernel_size = 3,
28.            stride = 1,
29.            padding = 1
30.       ),
31.       nn.ReLU(),
32.       nn.MaxPool2d(kernel_size = 2)
33.       )
34.       self.fc1 = nn.Linear(64 * 7 * 7, 512)
35.       self.rel = nn.ReLU()
36.       self.fc2 = nn.Linear(512, 10)
37.   def forward(self, x):
38.     """
39.         网络向前传播,依次执行每一层,最终使用 Softmax()函数归一化结果
40.     """
41.   out = self.conv1(x)
42.   out = self.conv2(out)
43.   out = out.view(out.size(0), -1)
44.   out = self.fc1(out)
45.   out = self.rel(out)
46.   out = self.fc2(out)
47.   return nn.Softmax(out)
```

9.4 应用案例：基于CNN的人脸性别识别

9.4.1 数据集

CelebA是人脸属性数据集，包含10 177个名人的20 2599张人脸图。每张图片标记了人脸bbox标注框、5个人脸特征点坐标以及40个人脸属性值。CelebA由香港中文大学开放提供，广泛用于人脸相关的计算机视觉训练任务，如人脸属性标识、人脸检测以及人脸特征点定位等。

本案例使用PyTorch框架，选取Male属性做人脸性别识别任务。任务本质上是通过CNN提取人脸特征，并预测特征的性别。

9.4.2 数据预处理

(1) 制作标签。

CelebA分为训练集、验证集和测试集，分别包含16 2770、19 867和19 962张人脸图像。为了减少训练时间，本案例选取训练集中的18 000张图片作为训练数据，选取验证集中的1000张图片作为验证数据，测试集保持不变，分别保存到相应的文件夹中。CelebA数据的属性标注存储在txt文件中，为方便后续操作，可以先制作标签文件。图9-8展示了制作好的测试集标签文件，该标签文件中每一行包含了图片路径及其性别标签，代码如例9-2所示。

【例9-2】 制作数据集标签文件。

```
1.  import re
2.  import os
3.  att_path = '.\CelebA\Anno\list_attr_celeba.txt'
4.  to_path_Train = '.\CelebA\Img\Train'
5.  to_path_Val = '.\CelebA\Img\Val'
6.  to_path_Test = '.\CelebA\Img\Test'
7.  f = open(path, 'r')
8.  line = f.readline()
9.  j = 0
10. train_txt = open('.\train_txt.txt', 'w')
11. val_txt = open('.\val_txt.txt', 'w')
12. test_txt = open('.\test_txt.txt', 'w')
13. while line:
14.   a = re.split("''|''", line)
15.   a = a[0].split()
16.   if j >= 1:
17.       label = int(a[21])  #list_attr_celeba.txt 文件的第 22 位是性别标签
18.     if j >= 1 and j <= 18000: #制作训练集标签
19.       train_txt.write(to_path_Train + os.sep + a[0])
20.       train_txt.write('')
21.   if label == -1:
```

```
22.       train_txt.write('0')
23.     elif label == 1:
24.       train_txt.write('1')
25.     train_txt.write('\n')
26.       elif j > 162770 and j <= 163770: # 制作验证集标签
27.         val_txt.write(to_path_Val + os.sep + a[0])
28.         val_txt.write(' ')
29.     if label == -1:
30.       val_txt.write('0')
31.     elif label == 1:
32.        val_txt.write('1')
33.     val_txt.write('\n')
34.   elif j > 182637: # 制作测试集标签
35.     test_txt.write(to_path_Test + os.sep + a[0])
36.     test_txt.write(' ')
37.     if label == -1:
38.       test_txt.write('0')
39.     elif label == 1:
40.       test_txt.write('1')
41.     test_txt.write('\n')
42.   line = f.readline()
43.   j += 1
```

图 9-8 展示了 CelebA 测试集标签文件示例。

```
1 F:\fcx\CelebA\Img\Test\182638.jpg 0
2 F:\fcx\CelebA\Img\Test\182639.jpg 0
3 F:\fcx\CelebA\Img\Test\182640.jpg 0
4 F:\fcx\CelebA\Img\Test\182641.jpg 0
```

图 9-8 CelebA 测试集标签文件示例

(2) 数据加载。

本例使用 Dataset 和 DataLoader 两个类加载数据,代码如例 9-3 所示。

【例 9-3】 数据集加载。

```
1.  from torchvision import transforms
2.  from torch.utils.data import Dataset, DataLoader
3.  from matplotlib import image as Il
4.  import cv2
5.  # 定义读取文件的方式,通过文件路径直接读取
6.  def default_loader(path):
7.    return Il.imread(path)
8.
9.  batch_size = 16
10. img_size = (64, 64)
11. class MyDataset(Dataset):
```

```
12.    def __init__(self,txt,transform = None,loader = default_loader):
13.        """
14.            在__init__()函数中得到标签文件中所有图像路径和标签,将其存放在列表中
15.        """
16.      super(MyDataset, self).__init__()
17.      f = open(txt, 'r')
18.      imgs = []
19.      line = f.readline()
20.      while line:
21.        a = line.split()
22.        line = f.readline()
23.        imgs.append((a[0], int(a[1])))
24.      self.imgs = imgs
25.      self.transform = transform
26.      self.loader = loader
27.    def __getitem__(self, index):
28.        """
29.          在__getitim__()函数中直接读取图像和标签
30.        """
31.      fn, label = self.imgs[index]
32.      img = self.loader(fn)
33.      img = cv2.resize(img, img_size)
34.      if self.transform is not None:
35.        img = self.transform(img)
36.      return img, label
37.
38.    def __len__(self):
39.      return len(self.imgs)
40. #将图像转换为 Tensor,并做归一化处理
41. transform = transforms.Compose([transforms.ToTensor()])
42. Train_txt_path = '.\CelebA\Img\\train_txt.txt'
43. Val_txt_path = '.\CelebA\Img\\val_txt.txt'
44. Test_txt_path = '.\CelebA\Img\\test_txt.txt'
45.
46. train_data = MyDataset(txt = Train_txt_path, transform = transform)
47. val_data = MyDataset(txt = Val_txt_path, transform = transform)
48. test_data = MyDataset(txt = Test_txt_path, transform = transform)
```

获得图像及其标签后,使用 DataLoader 类加载训练集、验证集和测试集,指定批处理大小、是否打乱加载等。一般训练集都会将 shuffle 参数设置为 True,打乱数据加载的顺序,以保证模型分批训练时不会总是训练同一批数据,代码如例 9-4 所示。

【例 9-4】 DataLoader 加载训练集、验证集和测试集。

```
1. train_loader = DataLoader(dataset = train_data, batch_size = batch_size, shuffle = True)
2. val_loader = DataLoader(dataset = val_data, batch_size = batch_size, shuffle = False)
3. test_loader = DataLoader(dataset = test_data, batch_size = batch_size, shuffle =
   False)
```

这里设置图片大小为 64×64，batch_size 设置为 16，即模型每次训练时一次性将 16 张 64×64 的图片输入网络用于训练。

9.4.3 搭建卷积神经网络

与 9.3 节类似，卷积层用于提取图像特征，全连接层用于最后的分类。利用 PyTorch 构建卷积神经网络，代码如例 9-5 所示。

【例 9-5】 构建卷积神经网络。

```
1.  class CNN(nn.Module):
2.    def __init__(self):
3.      super(CNN, self).__init__()
4.      self.conv1 = nn.Sequential(
5.        nn.Conv2d(
6.          in_channels = 3, out_channels = 32,
7.          kernel_size = 3, stride = 1, padding = 1
8.        ),
9.        nn.ReLU(),
10.       nn.MaxPool2d(kernel_size = 2),
11.       nn.Dropout(0.5) # 添加 Dropout 层缓解过拟合
12.     )
13.     self.conv2 = nn.Sequential(
14.       nn.Conv2d(
15.         in_channels = 32, out_channels = 64,
16.         kernel_size = 3, stride = 1, padding = 1
17.       ),
18.       nn.ReLU(),
19.       nn.MaxPool2d(kernel_size = 2),
20.       nn.Dropout(0.5)
21.     )
22.     self.conv3 = nn.Sequential(
23.       nn.Conv2d(
24.         in_channels = 64, out_channels = 128,
25.         kernel_size = 3, stride = 1, padding = 1
26.       ),
27.       nn.ReLU(),
28.       nn.MaxPool2d(kernel_size = 2)
29.     )
30.     self.conv4 = nn.Sequential(
31.       nn.Conv2d(
32.         in_channels = 128, out_channels = 256,
33.         kernel_size = 3, stride = 1, padding = 1
34.       ),
35.       nn.ReLU(),
36.     )
37.       # 为了减少输入全连接层的参数量，对特征通道做全局平均池化操作
38.     self.pool = nn.AdaptiveAvgPool2d((1, 1))
39.       # 全连接层的输出维度为 2，网络最终输出表示该人脸判别为男性和女性的概率值.
```

```
40.     self.fc = nn.Linear(256, 2)
41.
42.   def forward(self, x):
43.     out = self.conv1(x)
44.     out = self.conv2(out)
45.     out = self.conv3(out)
46.     out = self.conv4(out)
47.     out = self.pool(out)
48.     out = out.view(out.size(0), -1)
49.     out = self.fc(out)
50.     return out
```

9.4.4 案例结果及分析

定义好模型后，需要确定损失函数、优化器及学习率的设置，代码示例如例 9-6 所示。

【例 9-6】 确定损失函数、优化器和学习率参数。

```
1. model = CNN().cuda()      # 调用 cuda()函数，利用 GPU 加速训练
2. learning_rate = 1e-3
3. loss_fn = nn.CrossEntropyLoss()
4. optimizer = torch.optim.Adam(model.parameters(),lr = learning_rate)
```

至此，模型的构建和数据加载已经全部完成，然后进行模型训练和验证，代码如例 9-7 所示。

【例 9-7】 模型的训练和验证。

```
1. max_acc = 0
2. for epoch in range(50):
3.   train_loss, train_count, train_correct_num = 0., 0., 0.
4.   val_loss, val_count, val_correct_num = 0., 0., 0.
5.
6.   for data in train_loader:
7.     img, label = data
8.     img = Variable(img).cuda()
9.     label = Variable(label).cuda()
10.    output = model(img)
11.    optimizer.zero_grad()             # 清空梯度
12.    loss = loss_fn(output, label)     # 将预测结果和真实值传入损失函数中计算损失
13.    loss.backward()                   # 调用 backward()函数进行反向传播，计算梯度
14.    optimizer.step()                  # 优化器优化
15.    train_loss += loss.item()
16.    train_correct_num += (torch.max(output, dim = 1)[1] == label).sum()
17.    train_count += img.size(0)
18.
19.  print("epoch:", epoch, "train_clf_acc:", int(train_correct_num)/train_count,
20.              "train_loss:", train_loss/train_count)
```

```
21.
22.   for data in val_loader:
23.      img, label = data
24.      img = Variable(img).cuda()
25.      label = Variable(label).cuda()
26.      # label = label.to(torch.float)
27.      output = model(img)
28.      loss = loss_fn(output, label)
29.      val_loss += loss.item()
30.      val_correct_num += (torch.max(output,dim = 1)[1] == label).sum()
31.      val_count += img.size(0)
32.
33.   print("val_clf_acc:", int(val_correct_num) / val_count, "val_loss:", val_loss / val_
   count)
34.   if max_acc < int(val_correct_num) / val_count:
35.      max_acc = int(val_correct_num) / val_count
36.      torch.save(model.state_dict(), 'best_model.pth')
37.   print("max_acc:", max_acc, )
```

该模型设置训练50个epoch,在模型训练中,将图像数据输入到网络中,并返回预测结果。

每次训练完成后都在验证集上进行验证,并保存在验证集上准确率最高的模型参数。为了直观地跟踪训练过程,可以绘制训练集和测试集的准确率和损失曲线,实现代码如例9-8所示。

【例9-8】 训练集和测试集准确率、损失曲线绘制。

```
1.  #参数类型为列表,包含训练集和验证集的损失值和准确率
2.  def plot_plot(train_loss, val_loss, train_acc, val_acc):
3.     x_arr = np.arange(len(train_loss)) + 1
4.     fig = plt.figure(figsize = (12, 4))
5.     ax = fig.add_subplot(1, 2, 1)
6.     ax.plot(x_arr, train_loss,'-o', label = 'Train Loss')
7.     ax.plot(x_arr, val_loss,'--<', label = 'Validation Loss')
8.     ax.legend(fontsize = 15)
9.     ax.set_xlabel('Epoch', size = 15)
10.    ax.set_ylabel('Loss', size = 15)
11.    ax = fig.add_subplot(1, 2, 2)
12.    ax.plot(x_arr, train_acc,'-o', label = 'Train Acc.')
13.    ax.plot(x_arr, val_acc,'--<', label = 'Validation Acc.')
14.    ax.legend(fontsize = 15)
15.    ax.set_xlabel('Epoch', size = 15)
16.    ax.set_ylabel('Accuracy', size = 15)
17.    plt.show()
```

图9-9展示了训练集、验证集上损失函数和准确率的变化曲线。

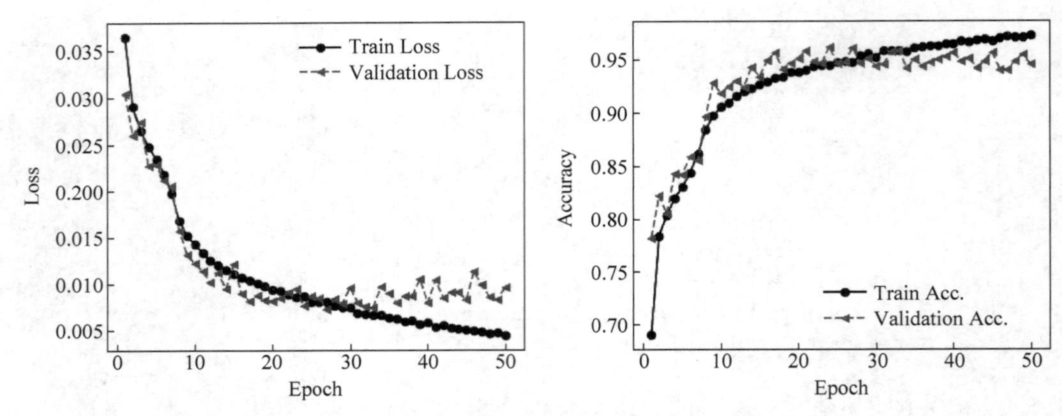

图 9-9 训练集、验证集上损失函数和准确率的变化曲线

训练完成后，使用训练好的模型在测试集上进行测试，获得性别识别准确率为 94.13%。测试代码例 9-9 所示。

【例 9-9】 数据集测试。

```
1.  model.load_state_dict(torch.load('best_model.pth'))
2.  test_count, test_correct_num = 0., 0.
3.  for data in test_loader:
4.    img, label = data
5.    img = Variable(img).cuda()
6.    label = Variable(label).cuda()
7.    output = model(img)
8.    loss = loss_fn(output, label)
9.    test_correct_num + = (torch.max(output, dim = 1)[1] = = label).sum()
10.   test_count + = img.size(0)
11. print('test_clf_acc:', int(test_correct_num) / test_count)
```

综上，本节基于 PyTorch 框架，学习了加载数据、构建网络、训练和测试等过程，完成了在 CelebA 数据集上的性别分类任务。读者也可以尝试修改上述 CNN 架构，包括卷积核大小、全连接层结构等，通过一些合理的改进，提升整个网络的性能，获得更高的识别准确率。

第 10 章

基于RNN的序列数据分类

[思维导图]

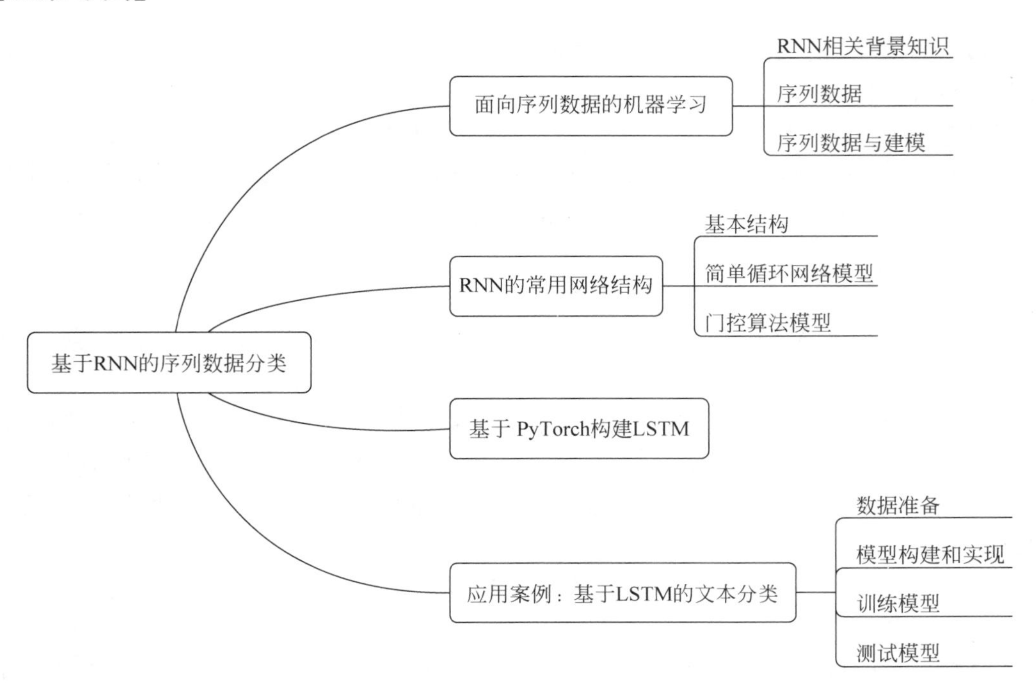

随着科学计算的发展，人们生活中产生的各种信息数据越来越多。部分研究数据是按照时间顺序收集并整理的，数据具有一定的时间规律。也有些数据是利用位置顺序等各种顺序整理的。对于这些有序的数据，人们迫切需要一种比以往更有效的学习数据特

征的方法。递归神经网络模型(Recurrent Neural Networks,RNN)正是在这种环境下应运而生的,被广泛用于序列数据处理的任务中。

本章将介绍RNN的相关背景知识、RNN的常用网络结构、RNN的实现方法,并且通过一个基于RNN的文本分类来展示如何使用该方法。

10.1 面向序列数据的机器学习

本节首先介绍RNN相关背景知识,帮助读者建立对RNN的整体了解,接着将介绍常用于RNN的输入数据——序列数据,包括序列数据的特点以及序列数据与其他类型数据的区别。最后,会介绍针对不同输入输出设计不同类别RNN的模型结构。具体内容可以看作是如下三个问题的解释说明:

(1) 什么是RNN?

(2) 什么是序列数据?

(3) 输入输出数据类别对建模有什么影响?

10.1.1 RNN相关背景知识

1. 发展

最早的RNN的雏形是1982年出现的一种单层反馈神经网络Hopfield Network,用于解决组合优化问题。1990年,该网络得到了简化,并采用了BP算法进行训练,形成了目前最简单的RNN模型结构。1997年出现的长短期记忆模型(LSTM)缓解了简单RNN的训练问题。现阶段,RNN成为深度学习的常用组件,得到了进一步的发展,形成了GRU、Bi-LSTM等更为复杂的神经网络模型。

2. 提出

给定一个输入X,神经网络模型在输出层求解一个特定的输出Y。其他类型的神经网络模型,如CNN,每次只能单独处理一个输入。以CNN为代表的神经网络难以学习到不同输入数据之间的联系,因为其没有在输入的训练数据之间建立联系,即在这些模型中输入X_1不会对相邻的下一个输入X_2产生影响。但是在某些有些数据的任务中,数据的前一输入X_1会给后续输入X_2提供重要信息。如以下词性标注的例子所示。

输入:我 吃 苹果

输出:我/nn 吃/v 苹果/nn

词性标注的目的是标注输入的三个元素“我”“吃”“苹果”的词性,因此输出时不仅输出了原始输入,还标记了每个元素的词性。例子中的“我”“苹果”均为名词,因此标注结果为nn,“吃”为动词,标注结果为v。

传统的神经网络模型训练时的输入通常是:“我”→给定大量标注数据(我/nn、我/xxx等)→标注结果;“吃”→给定大量标注数据(吃/v、吃/xxx等)→标注结果;“苹果”→

给定大量标注数据(我/nn、我/xxx 等)→标注结果。这些神经网络模型对于每个单词的词性标注的训练是离散的,但是句子的语法结构决定句子中的每个元素的词性与文字序列相关。名词(我/nn)后接动词(吃/v)的概率要大于其接名词的(苹果/nn)的概率,即前一个词的词性对于下一个词的词性存在很大影响。

为了建模输入序列中的前一元素对当前元素的影响,即当输入的序列中的元素 X_1 会对其后一项 X_2 产生影响,需要一种可以学习和处理有序数据的模型。RNN 模型可以学习和预测输入序列中元素的上下文关系,成为了一种常用的神经网络模型。目前已经有广大的研究者针对不同的研究问题进行了广泛的研究,例如,结合上下文分析文章的情感倾向、对电影的每帧分析学习自动翻译的实现等。

10.1.2　序列数据

数学上将按照一定顺序输入或者表示的元素集合称为序列,这些元素集合可以称为顺序数据,也称为序列数据。与一般数据相比,大多序列数据中前后出现的元素间彼此不独立,而是相互之间存在联系。

1. 序列数据的表示

本章使用(X_1,X_2,X_3,…,X_n)表示长度为 n 的序列数据,X_t 是位于位置 t 的特定元素。图 10-1 展示了一个基于时间的输入和输出序列数据,其中输入 X 和输出 Y 都是按照时间轴的顺序展开,这里 X 和 Y 均是序列。

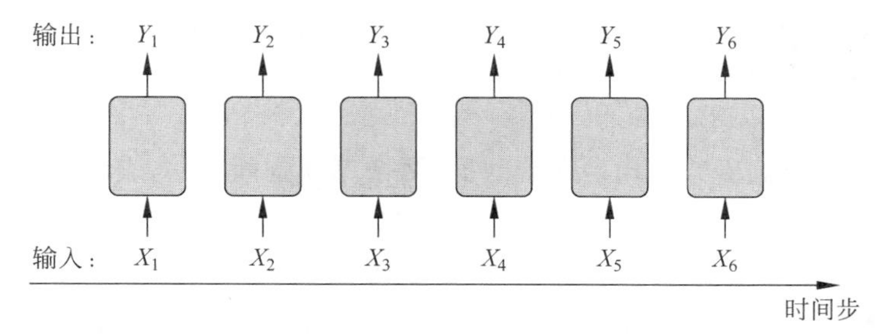

图 10-1　基于时间的输入和输出序列数据

2. 序列数据对模型的影响

在传统的监督学习算法中,研究者通常可以假定输入数据是独立分布的。例如通过贝叶斯分类算法去预测天气时,用于训练的数据集包含 n 条历史天气数据以及其特征(A,B,C,…),数据的输入顺序并不会影响机器学习的结果。考虑到序列数据的输入顺序一般非常重要,贝叶斯等传统方法一般无法取得较好的结果。例如,通过用户的历史活动轨迹去预测其下一次的目的地时,用户在不同地点的活动顺序非常重要。

因为 RNN 对当前结点前的多个输入结点有记忆效果,同时可以学习当前输入序列的特征,所以 RNN 被广泛用于序列数据的研究。

10.1.3 序列数据与建模

实际任务的输入、输出的数据类型、特征不同，RNN 被研究和设计了多种模型结构，常见的模型结构包括：

（1）输入和输出均不属于序列类型数据。对于这种输入和输出的数据可以理解为模型在处理标准数据，即数据内每个元素相互独立并且均匀分布。例如，通过一组动物的照片学习特征，预测新图片是哪种动物。此类例子可以采用 CNN 等传统的神经网络模型进行建模。

（2）输入是序列数据，输出是非序列数据，表示为多对一的数据处理格式。例如，NLP 中的文本情感分析问题。文本的情感分析问题中输入的序列数据是基于文本表示的一个长度为 T 的序列，输出则是分类标签。分类标签是一个固定的向量，而非序列数据。图 10-2 展示了一个多对一的数据处理格式。

（3）输入数据是非序列数据，输出数据是序列，表示为一对多的数据处理格式。例如，图像字幕生成。图像字幕生成的输入是图像，图像为非序列数据；输出是图像对应的英文短语，英文短语是序列数据。图 10-3 展示了一个多对一的数据处理格式。

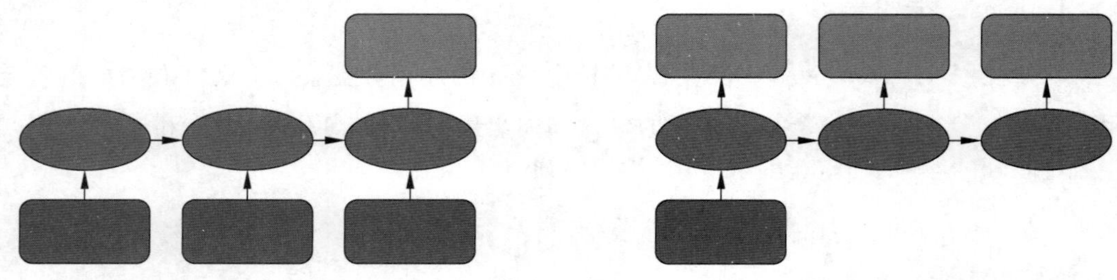

图 10-2　多对一的数据处理格式　　　　图 10-3　一对多的数据处理格式

（4）输入数据与输出数据均是序列数据，两个序列是同步的，表示为同步多对多的数据处理格式。例如，词性标记中输入的是单词组成的文本序列，输出的是与每个单词对应的标签组成的标签序列。图 10-4 展示了同步多对多的数据处理格式。

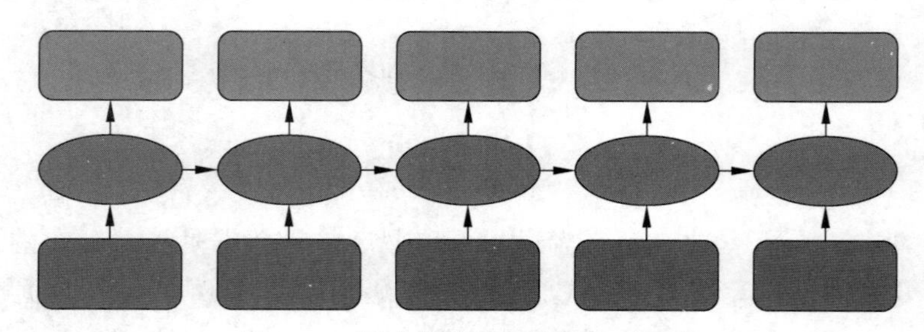

图 10-4　同步多对多的数据处理格式

（5）输入数据与输出数据均是序列数据，两个序列是异步的，表示为异步多对多的数据处理格式。例如，语言翻译中输入为英文的单词序列，输出为德语单词序列。输出德语单词序列前，输入的英文单词序列已经被模型阅读和理解。图 10-5 展示了异步多对多的数据处理格式。

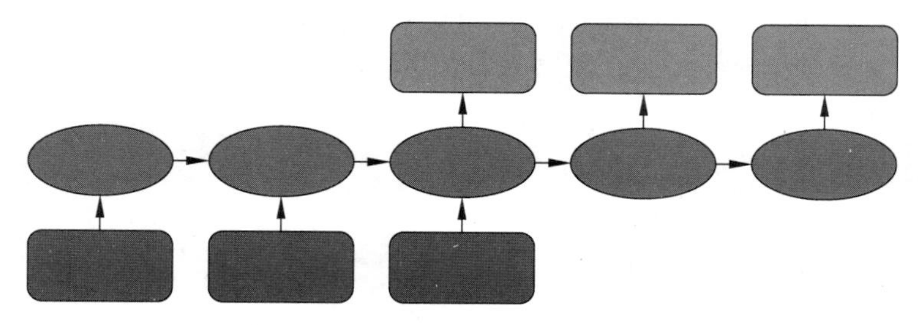

图 10-5　异步多对多的数据处理格式

10.2　RNN 的常用网络结构

本节将介绍 RNN 的基本结构以及常见的模型结构。

10.2.1　基本结构

RNN 的基本结构可以分为三个主要组成部分：输入层、隐含层和输出层。图 10-6 展示的是上述三个部分的上下层关系，x 表示输入元素组成的输入层，o 表示输出元素组成的输出层，s 表示不同时间步输入元素通过模型计算得到的隐含状态组成的隐含层。

将隐含层展开表示为图 10-7 所示的模型，其中 U 表示为输入层 x 到隐含层 s 的权重，W 表示为隐含状态 s_{t-1} 传递到下一个隐含状态 s_t 的权重，V 表示隐含状态 s_t 到输出状态 o_t 的权重。RNN 的基本结构通过组合、变形隐含层等操作可以得到各类简单甚至复杂的模型结构。

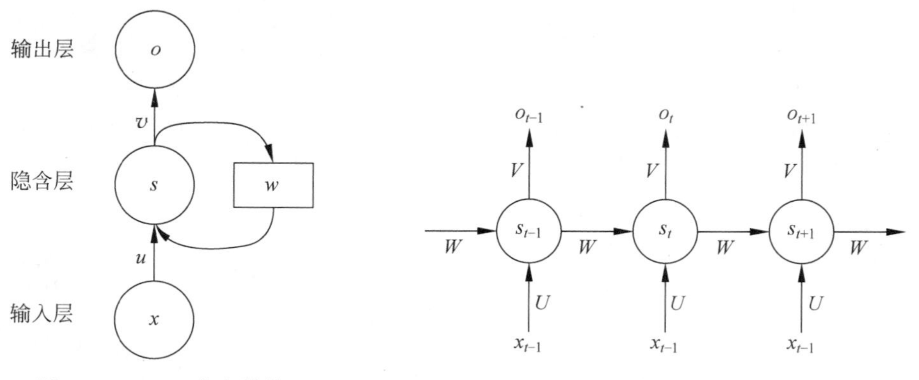

图 10-6　RNN 基本结构　　图 10-7　隐含层展开表示

10.2.2　简单循环网络模型

本节将介绍两种简单的 RNN 模型结构：Jordan Network 和 Elman Network，上述两个模型是较早提出的 RNN 模型，后来的研究者将其进行拓展并演变成为了其他 RNN 模型的基本结构。这两个模型，特别是 Elman Network 模型，是很多复杂模型的基础。

Jordan Network 的隐含结点直接向输出层输出得到输出结点，输出结点再输入到下一个隐含结点，进而影响下一步的隐含状态和输出状态，模型结构如图 10-8 所示。Jordan Network 的隐含状态和输出状态的计算公式如下。

隐含状态的计算公式如式(10.1)所示。

$$h(t)=f(\boldsymbol{W}^{\mathrm{i}}x(t)+\boldsymbol{W}^{\mathrm{h}}y(t-1)) \tag{10.1}$$

输出状态的计算公式如式(10.2)所示。

$$y(t)=g(\boldsymbol{W}^{\mathrm{o}}h(t)) \tag{10.2}$$

其中，f 和 g 分别表示输入到隐含状态和隐含状态到输出的转换函数。W^{i}、W^{h}、W^{o} 分别是输入到隐含状态、输出到隐含状态、隐含状态到输出转换的权重矩阵。

Jordan Network 模型的结构存在局限性，当出现 10.1.3 节中描述的一对多、多对一、异步多对多等输入输出情况时，Jordan Network 模型需要使用非常复杂的函数对输入输出进行转换。

与之不同，Elman Network 模型的每个循环层是单独的且互不干扰，现在流行的 RNN 结构是基于 Elman Network 设计的。Elman Network 的模型结构如图 10-9 所示，它不仅方便设计复杂的模型结构，而且有多种输入输出格式，是很多复杂模型最常用的基本结构。Elman Network 的隐含状态的计算公式如式(10.3)所示。

$$h(t)=f(\boldsymbol{W}^{\mathrm{i}}x(t)+\boldsymbol{W}^{\mathrm{h}}x(t-1)) \tag{10.3}$$

其输出状态的计算公式如式(10.4)所示。

$$y(t)=g(\boldsymbol{W}^{\mathrm{o}}h(t)) \tag{10.4}$$

其中，f 和 g 同样是用来表示输入到隐含状态和隐含状态到输出的函数，$\boldsymbol{W}^{\mathrm{i}}$、$\boldsymbol{W}^{\mathrm{h}}$、$\boldsymbol{W}^{\mathrm{o}}$ 分别是输入到隐含状态、输出到隐含状态、隐含状态到输出转换的转换矩阵。

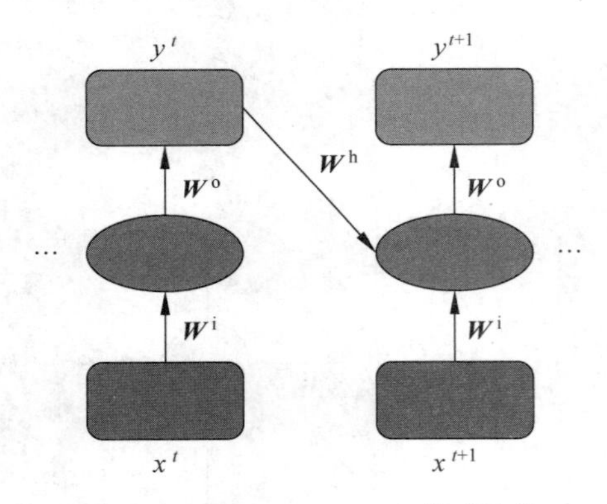

图 10-8 Jordan Network 模型结构

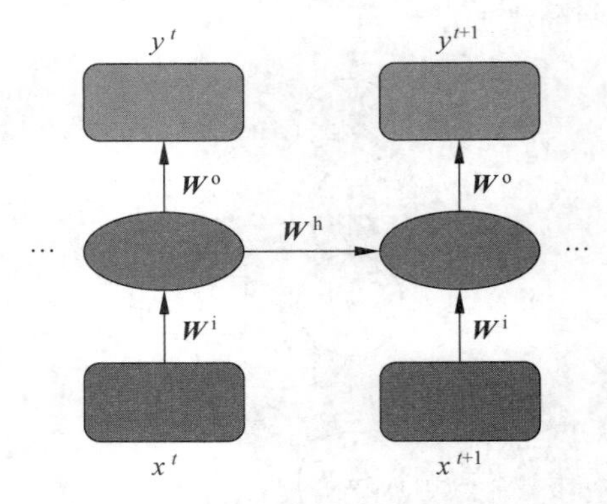

图 10-9 Elman Network 的模型结构

10.2.3 门控算法模型

虽然简单循环神经网络模型可以较好地解决序列数据的训练问题，但是难以捕获序列数据内部的长距离依赖信息。LSTM(Long Short-Term Memory Network)是在 1997 年提出的，其隐含状态的计算及传递方式与简单 RNN 不同，可较好地捕获和学习序列数据内部长距离依赖的循环神经网络模型。一个 LSTM 的模型结构如图 10-10 所示，其结构中包含六个状态：三个门控状态、输入单元状态、单元状态和输出单元状态。LSTM 模型通过三个门控对输入的各个数据进行计算和处理，得到最终的输出单元状态和隐含单元状态。LSTM 结构在计算过程中可以更好地保留具有长距离依赖的信息，使得这些信息作用于当前结点。各个门控以及单元状态的计算公式如下所述。

(1) 遗忘门如式(10.5)所示。

$$f_t=\sigma(W_\mathrm{f}\cdot[h_{t-1},x_t]+b_\mathrm{f}) \tag{10.5}$$

(2) 输入门如式(10.6)所示。

$$i_t=\sigma(W_\mathrm{i}\cdot[h_{t-1},x_t]+b_\mathrm{i}) \tag{10.6}$$

(3) 输入单元状态如式(10.7)所示。

$$i_t=\sigma(W_\mathrm{i}\cdot[h_{t-1},x_t]+b_\mathrm{i}) \tag{10.7}$$

(4) 单元状态如式(10.8)所示。

$$c_t=f_t\cdot c_{t-1}+i_t\cdot\tilde{c} \tag{10.8}$$

(5) 输出门如式(10.9)所示。

$$o_t=\sigma(W_\mathrm{o}\cdot[h_{t-1},x_t]+b_\mathrm{o}) \tag{10.9}$$

(6) 输出单元状态如式(10.10)所示。

$$h_t=o_t\cdot\tanh(c_t) \tag{10.10}$$

图 10-10 展示了 LSTM 的内部结构，其中输入门、输出门、遗忘门使用 i、o、f 表示，σ 表示 Sigmoid()激活函数，每个门控均有各自的权重 $\boldsymbol{W}$ 和偏置 b。这三个门控用来控制输入到输出之间三个状态的变化。LSTM 单元结构的输入包含当前时间的输入 x_t 和上一隐含状态 h_{t-1}，输入单元状态通过遗忘门和输出门，控制上一个单元状态对当前单元状态的影响程度，输出单元状态是由输出门和经过 tanh()激活函数映射的单元状态共同决定的。

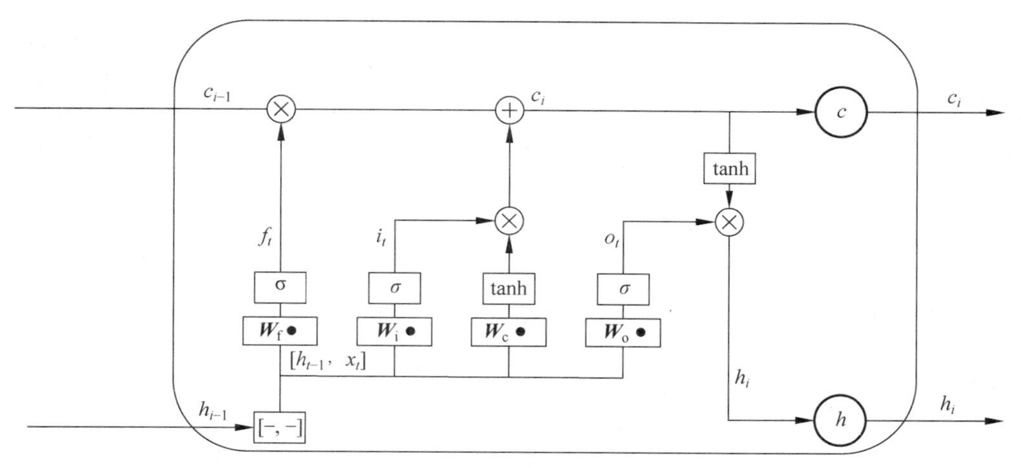

图 10-10　LSTM 的模型结构

作为一种较新的模型，GRU(Gated Recurrent Unit Network)可减少 LSTM 中不必要的计算。具体来讲，GRU 将 LSTM 的遗忘门和输入门合并成更新门，同时将记忆单元状态与隐含层合并成了重置门，整个结构变得更加简化且性能得以增强。GRU 的模型结

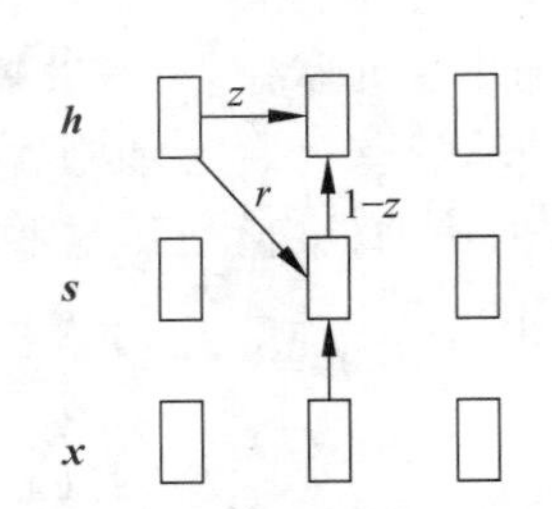

图 10-11 GRU 的模型结构

构如图 10-11 所示，其中更新门和重置门以及单元状态的计算公式如下。

(1) 更新门如式(10.11)所示。

$$z=\sigma(x_tU^z+h_{t-1}W^z) \tag{10.11}$$

(2) 重置门如式(10.12)所示。

$$r=\sigma(x_tU^r+h_{t-1}W^r) \tag{10.12}$$

(3) 隐含状态如式(10.13)所示。

$$s_t=\tanh(x_tU^s+(h)_{t-1}\circ r)W^s) \tag{10.13}$$

(4) 输出如式(10.14)所示。

$$h_t=\sigma(1-z)\circ s_t+z\circ h_t \tag{10.14}$$

更新门和重置门两个门控 z、r 对于输入的数据(当前时间输入、上一隐含状态)都有各自对应的权重，隐含状态的计算与重置门的状态相关，输出状态与更新门控制的隐含状态和上一步输出相关。

10.3 基于 PyTorch 构建 LSTM

在 PyTorch 环境下可以很方便地构建 LSTM 等神经网络模型。首先导入常用模块，如例 10-1 所示。

【例 10-1】 LSTM 模型示例。

```
1.  import torch
2.  import torch.autograd as autograd
3.  import torch.nn as nn
4.  import torch.nn.functional as F
5.  import torch.optim as optim
6.  torch.manual_seed(1)
```

代码行 6 语句表示在计算机的第一个 CPU 设计随机种子，如果使用 GPU 则需要改为：

```
torch.cuda.manual_seed(1)
```

如果需要使用多个 GPU 则需要为所有的 GPU 设置种子，使用如下语句：

```
torch.cuda.manual_seed_all()
```

在 PyTorch 框架下可以直接使用框架内预设的神经网络模型，构建一个输入和输出数据维度都是 3 的 LSTM 模型，可以使用如下语句：

```
lstm = nn.LSTM(3, 3)
```

构建好 LSTM 单元后，设置需要其输入数据的格式。现在生成一个长度为 5、每个元素为 1×3 的序列作为输入，这里的数字 3 对应于输入的维度。

```
inputs = [torch.randn((1,3))for _ in range(5)]
```

还可以使用以下语句，生成 3 个句子，每个句子由 5 个单词组成，每个单词由 3 个维度表示。

```
inputs = torch.randn(5,3,3)
```

由于 LSTM 模型存在隐含层，因此需要设置隐含层的维度，并初始化隐含层的数据，现在设置两个隐含层并将隐含层内三维表示的数据随机初始化。

```
hidden = (torch.randn(1, 1, 3), torch.randn(1, 1, 3))
```

现在一个简单的 LSTM 已经设置完成，可以使用以下语句观察构建的 LSTM 内随机生成的数值。

```
1.  for i in inputs:
2.      out, (h,c) = lstm(i.view(1, 1, -1), hidden)
3.      print("out:",out)
4.      print("hidden1",h)
5.      print("hidden2",c)
```

对于每个单词使用 out 表示每个元素对应的输出，hidden1 和 hidden2 表示其两个隐含层的隐含状态，输出结果如图 10-12 所示。

```
out: tensor([[[-0.2682,  0.0304, -0.1526]]], grad_fn=<StackBackward>)
hidden1 tensor([[[-0.2682,  0.0304, -0.1526]]], grad_fn=<StackBackward>)
hidden2 tensor([[[-1.0766,  0.0972, -0.5498]]], grad_fn=<StackBackward>)
out: tensor([[[-0.6614,  0.0117, -0.1747]]], grad_fn=<StackBackward>)
hidden1 tensor([[[-0.6614,  0.0117, -0.1747]]], grad_fn=<StackBackward>)
hidden2 tensor([[[-1.4064,  0.0653, -0.3461]]], grad_fn=<StackBackward>)
out: tensor([[[-0.5228,  0.0074, -0.1629]]], grad_fn=<StackBackward>)
hidden1 tensor([[[-0.5228,  0.0074, -0.1629]]], grad_fn=<StackBackward>)
hidden2 tensor([[[-1.1549,  0.0328, -0.4586]]], grad_fn=<StackBackward>)
out: tensor([[[-0.2894,  0.0344, -0.1819]]], grad_fn=<StackBackward>)
hidden1 tensor([[[-0.2894,  0.0344, -0.1819]]], grad_fn=<StackBackward>)
hidden2 tensor([[[-1.2643,  0.1262, -0.4914]]], grad_fn=<StackBackward>)
out: tensor([[[-0.4908,  0.0369, -0.2139]]], grad_fn=<StackBackward>)
hidden1 tensor([[[-0.4908,  0.0369, -0.2139]]], grad_fn=<StackBackward>)
hidden2 tensor([[[-1.4634,  0.2901, -0.2916]]], grad_fn=<StackBackward>)
```

图 10-12　LSTM 的输出和层隐含层结果

10.4　应用案例：基于 LSTM 的文本分类

本节将使用 LSTM 模型进行文本分类。本节将对数据准备、模型构建和实现、训练模型、测试模型进行解释说明。

10.4.1 数据准备

本节采用的 IMDB 数据集，包含 50 000 个电影评论，每个电影评论被标记为正面或者负面评论。本案例选择 torchtext 的 Field()函数处理输入文本，选择 spacy 库作为输入文本的分词函数，选择 en_core_web_sm 对应的英文 NLP 模型对输入进行处理。选择 torchtext 中专门处理标签的 LabelField()函数处理数据的标签。数据准备代码如例 10-2 所示。

【例 10-2】 数据准备。

```
1.  import torch
2.  from torchtext.legacy import data
3.
4.  SEED = 1234
5.  torch.manual_seed(SEED)
6.  torch.backends.cudnn.deterministic = True
7.
8.  TEXT = data.Field(tokenize = 'spacy', tokenizer_language = 'en_core_web_sm')
9.  LABEL = data.LabelField(dtype = torch.float)
```

定义好数据集的处理方式后加载数据集，并且划分训练集、验证集。下载 torchtext 自带的数据集 IMDB，并且设置随机种子保证每次从训练集中划分的验证集均相同。

```
1.  from torchtext.legacy import datasets
2.  train_data, test_data = datasets.IMDB.splits(TEXT, LABEL)
3.  import random
4.  train_data, valid_data = train_data.split(random_state = random.seed(SEED))
```

本案例选择训练集构建一个 25 000 的词典。由于神经网络模型无法直接将文本作为输入，因此需要将输入的文本转换为向量表示。本案例选择采用 glove.6B.100d 进行文本的嵌入过程。

```
1.  MAX_VOCAB_SIZE = 25_000
2.  TEXT.build_vocab(train_data,
3.              max_size = MAX_VOCAB_SIZE,
4.              vectors = "glove.6B.100d",
5.              unk_init = torch.Tensor.normal_)
6.  LABEL.build_vocab(train_data)
```

本案例设置参数 batch_size 为 64，选择使用 GPU 进行神经网络的训练，但 GPU 不可用时选择 CPU 进行处理。该部分代码定义了训练神经网络使用的数据为上部分划分的训练集、验证集、测试集；张量的排序方式按照张量大小进行排序。

```
1.  BATCH_SIZE = 64
2.  device = torch.device('cuda' if torch.cuda.is_available() else 'cpu')
```

```
3.  train_iterator, valid_iterator, test_iterator = data.BucketIterator.splits(
4.    (train_data, valid_data, test_data),
5.    batch_size = BATCH_SIZE,
6.    sort_within_batch = True,
7.    device = device)
```

10.4.2 模型构建和实现

本案例直接使用torch.nn.LSTM类完成LSTM的定义。定义的RNN类包括两个隐含层和一个输出层,并且使用Dropout机制防止模型过拟合。在RNN类中还定义了forward()函数,设置了隐含层输入输出的数据格式。模型构建代码如例10-3所示。

【例10-3】 模型构建。

```
1.  import torch.nn as nn
2.  class RNN(nn.Module):
3.    def __init__(self, vocab_size, embedding_dim, hidden_dim, output_dim, n_layers,
4.                bidirectional, dropout, pad_idx):
5.      super().__init__()
6.      self.embedding = nn.Embedding(vocab_size, embedding_dim, padding_idx = pad_idx)
7.      self.rnn = nn.LSTM(embedding_dim,
8.                         hidden_dim,
9.                         num_layers = n_layers,
10.                        bidirectional = bidirectional,
11.                        dropout = dropout)
12.     self.fc = nn.Linear(hidden_dim * 2, output_dim)
13.     self.dropout = nn.Dropout(dropout)
14.
15.   def forward(self, text, text_lengths):
16.     embedded = self.dropout(self.embedding(text))]
17.     packed_embedded = nn.utils.rnn.pack_padded_sequence(embedded, text_lengths.to('cpu'))
18.     packed_output, (hidden, cell) = self.rnn(packed_embedded)
19.     output, output_lengths = nn.utils.rnn.pad_packed_sequence(packed_output)
20.     hidden = self.dropout(torch.cat((hidden[ - 2,:,:], hidden[ - 1,:,:]), dim = 1))
21.     return self.fc(hidden)
```

定义好RNN类后创建RNN的实例,确定模型参数的数值,包括输入文本的维度、输入向量的维度、隐含层大小、输出维度、隐含层数量、Dropout比率,并且设置两层隐含层为双向隐含层以及进行序列填充。

```
1.  INPUT_DIM = len(TEXT.vocab)
2.  EMBEDDING_DIM = 100
3.  HIDDEN_DIM = 256
4.  OUTPUT_DIM = 1
5.  N_LAYERS = 2
```

```
6.  BIDIRECTIONAL = True
7.  DROPOUT = 0.5
8.  PAD_IDX = TEXT.vocab.stoi[TEXT.pad_token]
9.
10. model = RNN(INPUT_DIM,
11.         EMBEDDING_DIM,
12.         HIDDEN_DIM,
13.         OUTPUT_DIM,
14.         N_LAYERS,
15.         BIDIRECTIONAL,
16.         DROPOUT,
17.         PAD_IDX)
```

设置完成后可以打印出模型参数数量进行观察,代码如下:

```
1.  def count_parameters(model):
2.    return sum(p.numel() for p in model.parameters() if p.requires_grad)
3.  print(f'The model has {count_parameters(model):,} trainable parameters')
```

图 10-13 展示了打印的模型参数数量。

```
The model has 4,810,857 trainable parameters
```

图 10-13　打印的模型参数数量

然后,模型将加载预训练的词嵌入向量,将这些词向量作为隐含层的初始权重,代码示例如下。

```
1.  pretrained_embeddings = TEXT.vocab.vectors
2.  print(pretrained_embeddings.shape) #输出词典的大小和嵌入的维度
3.  model.embedding.weight.data.copy_(pretrained_embeddings)
4.  UNK_IDX = TEXT.vocab.stoi[TEXT.unk_token]
5.  model.embedding.weight.data[UNK_IDX] = torch.zeros(EMBEDDING_DIM)
6.  model.embedding.weight.data[PAD_IDX] = torch.zeros(EMBEDDING_DIM)
7.  print(model.embedding.weight.data)
```

预训练的嵌入向量表示如图 10-14 所示。

```
tensor([[ 0.0000,  0.0000,  0.0000,  ...,  0.0000,  0.0000,  0.0000],
        [ 0.0000,  0.0000,  0.0000,  ...,  0.0000,  0.0000,  0.0000],
        [-0.0382, -0.2449,  0.7281,  ..., -0.1459,  0.8278,  0.2706],
        ...,
        [ 0.6783,  0.0488,  0.5860,  ...,  0.2680, -0.0086,  0.5758],
        [-0.6208, -0.0480, -0.1046,  ...,  0.3718,  0.1225,  0.1061],
        [-0.6553, -0.6292,  0.9967,  ...,  0.2278, -0.1975,  0.0857]])
```

图 10-14　预训练的嵌入向量表示

10.4.3　训练模型

案例训练选择 Adam 方式更新学习率(Adam 是梯度下降法的一个变种),输出结点和对应标签的损失函数采用交叉熵函数——BCEWithLogitsLoss()函数。模型训练代码如例 10-4 所示。其中，代码第 6～10 行定义计算准确率的函数，统计分类准确的文本数量占全部统计文本的百分比。

【例 10-4】　模型训练示例。

```
1.  import torch.optim as optim
2.  optimizer = optim.Adam(model.parameters())
3.  criterion = nn.BCEWithLogitsLoss()
4.  model = model.to(device)
5.  criterion = criterion.to(device)
6.  def binary_accuracy(preds, y):
7.    rounded_preds = torch.round(torch.sigmoid(preds))
8.    correct = (rounded_preds == y).float()
9.    acc = correct.sum() / len(correct)
10.   return acc
```

train()为训练函数，并且保证 Dropout 机制只在训练模式下采用。初始化 epoch_loss 和 epoch_acc，并训练模型 batch 次。每次训练时需要反向传播损失，以便让模型进行参数更新。每次训练模型均更新 epoch_loss 和 epoch_acc，最终的 epoch_loss 和 epoch_acc 为 batch 次的平均值。

```
1.  def train(model, iterator, optimizer, criterion):
2.    epoch_loss = 0
3.    epoch_acc = 0
4.    model.train()
5.    for batch in iterator:
6.      optimizer.zero_grad()
7.      text, text_lengths = batch.text
8.      predictions = model(text, text_lengths).squeeze(1)
9.      loss = criterion(predictions, batch.label)
10.     acc = binary_accuracy(predictions, batch.label)
11.     loss.backward()
12.     optimizer.step()
13.     epoch_loss += loss.item()
14.     epoch_acc += acc.item()
15.   return epoch_loss / len(iterator), epoch_acc / len(iterator)
```

eavluate()函数为验证函数，并且保证验证时不更新参数，因此验证函数与训练函数相比最大的不同是没有反向传播过程。epoch_loss 和 epoch_acc 同样是每个 batch 批次均更新，最终返回 batch 次的平均值。

```
1.  def evaluate(model, iterator, criterion):
2.    epoch_loss = 0
3.    epoch_acc = 0
4.    model.eval()
5.    with torch.no_grad():
6.    for batch in iterator:
```

```
7.      text, text_lengths = batch.text
8.      predictions = model(text, text_lengths).squeeze(1)
9.      loss = criterion(predictions, batch.label)
10.     acc = binary_accuracy(predictions, batch.label)
11.     epoch_loss += loss.item()
12.     epoch_acc += acc.item()
13.   return epoch_loss / len(iterator), epoch_acc / len(iterator)
```

epoch_time()函数定义可以计算训练模型所用的时间，即统计训练开始的时间以及训练结束的时间。

```
1. import time
2.
3. def epoch_time(start_time, end_time):
4.   elapsed_time = end_time - start_time
5.   elapsed_mins = int(elapsed_time / 60)
6.   elapsed_secs = int(elapsed_time - (elapsed_mins * 60))
7.   return elapsed_mins, elapsed_secs
```

开始训练模型，并输出每个 epoch 所用的时间以及在训练集和验证集上的准确率，保存 epoch 次训练结果中最好的模型参数。

```
1. N_EPOCHS = 5
2. best_valid_loss = float('inf')
3. for epoch in range(N_EPOCHS):
4.   start_time = time.time()
5.   train_loss, train_acc = train(model, train_iterator, optimizer, criterion)
6.   valid_loss, valid_acc = evaluate(model, valid_iterator, criterion)
7.   end_time = time.time()
8.   epoch_mins, epoch_secs = epoch_time(start_time, end_time)
9.   if valid_loss < best_valid_loss:
10.    best_valid_loss = valid_loss
11.    torch.save(model.state_dict(), 'tut2-model.pt')
12.  print(f'Epoch: {epoch+1:02} | Epoch Time: {epoch_mins}m {epoch_secs}s')
13.  print(f'\tTrain Loss: {train_loss:.3f} | Train Acc: {train_acc*100:.2f}%')
14.  print(f'\t Val. Loss: {valid_loss:.3f} | Val. Acc: {valid_acc*100:.2f}%')
```

训练模型的输出结果如图 10-15 所示。

```
Epoch: 01 | Epoch Time: 0m 36s
        Train Loss: 0.673 | Train Acc: 58.05%
         Val. Loss: 0.619 |  Val. Acc: 64.97%
Epoch: 02 | Epoch Time: 0m 36s
        Train Loss: 0.611 | Train Acc: 66.33%
         Val. Loss: 0.510 |  Val. Acc: 74.32%
Epoch: 03 | Epoch Time: 0m 37s
        Train Loss: 0.484 | Train Acc: 77.04%
         Val. Loss: 0.397 |  Val. Acc: 82.95%
Epoch: 04 | Epoch Time: 0m 37s
        Train Loss: 0.384 | Train Acc: 83.57%
         Val. Loss: 0.407 |  Val. Acc: 83.23%
Epoch: 05 | Epoch Time: 0m 37s
        Train Loss: 0.314 | Train Acc: 86.98%
         Val. Loss: 0.314 |  Val. Acc: 86.36%
```

图 10-15　每个 epoch 花费的时间、损失和准确率

本案例统计每个 epoch 中的训练和验证阶段的损失和准确率的数值，并将损失和准确率绘制成图，绘制训练曲线代码如示例 10-5 所示。

【例 10-5】 绘制训练曲线代码片段。

```
1.  N_EPOCHS = 50
2.
3.  best_valid_loss = float('inf')
4.
5.  x = []
6.  training_loss = []
7.  validation_loss = []
8.  training_Acc = []
9.  validation_Acc = []
10. i = 0
11.
12. for epoch in range(N_EPOCHS):
13.
14.   start_time = time.time()
15.
16.   train_loss, train_acc = train(model, train_iterator, optimizer, criterion)
17.   valid_loss, valid_acc = evaluate(model, valid_iterator, criterion)
18.
19.   end_time = time.time()
20.
21.   epoch_mins, epoch_secs = epoch_time(start_time, end_time)
22.
23.   if valid_loss < best_valid_loss:
24.      best_valid_loss = valid_loss
25.      torch.save(model.state_dict(), 'tut2 - model.pt')
26.
27.   print(f'Epoch: {epoch + 1:02} | Epoch Time: {epoch_mins}m {epoch_secs}s')
28.   print(f'\tTrain Loss: {train_loss:.3f} | Train Acc: {train_acc * 100:.2f}%')
29.   print(f'\t Val. Loss: {valid_loss:.3f} | Val. Acc: {valid_acc * 100:.2f}%')
30.
31. import matplotlib.pyplot as plt
32.
33. fig = plt.figure(figsize = (7, 5))
34. ax1 = fig.add_subplot(1, 1, 1) # ax1 是子图的名字
35.
36. # "g"代表 green,表示画出的曲线是绿色,"-"表示画出的曲线是实线,label 表示图例的
    # 名称
37. plt.plot(x, training_loss, 'r-', label = u'Training')
38. plt.plot(x, validation_loss, 'b-', label = u'Validation')
39. plt.legend()
40.
41. plt.xlabel(u'Epochs')
42. plt.ylabel(u'Loss')
43. plt.show()
44.
45. fig = plt.figure(figsize = (7, 5))
46. ax2 = fig.add_subplot(1, 1, 1) # ax1 是子图的名字
```

```
47. plt.plot(x, training_Acc, 'r-', label=u'Training')
48. plt.plot(x, validation_Acc, 'b-', label=u'Validation')
49. plt.legend()
50.
51. plt.xlabel(u'Epochs')
52. plt.ylabel(u'Acc')
53. plt.show()
```

图 10-16 展示了训练过程中每个 epoch 花费的时间、损失和准确率。

```
Epoch: 01 | Epoch Time: 0m 36s
        Train Loss: 0.673 | Train Acc: 58.05%
         Val. Loss: 0.619 |  Val. Acc: 64.97%
Epoch: 02 | Epoch Time: 0m 36s
        Train Loss: 0.611 | Train Acc: 66.33%
         Val. Loss: 0.510 |  Val. Acc: 74.32%
Epoch: 03 | Epoch Time: 0m 37s
        Train Loss: 0.484 | Train Acc: 77.04%
         Val. Loss: 0.397 |  Val. Acc: 82.95%
Epoch: 04 | Epoch Time: 0m 37s
        Train Loss: 0.384 | Train Acc: 83.57%
         Val. Loss: 0.407 |  Val. Acc: 83.23%
Epoch: 05 | Epoch Time: 0m 37s
        Train Loss: 0.314 | Train Acc: 86.98%
         Val. Loss: 0.314 |  Val. Acc: 86.36%
```

图 10-16 每个 epoch 花费的时间、损失和准确率

图 10-17 和图 10-18 分别展示了训练和验证阶段的损失和准确率曲线。

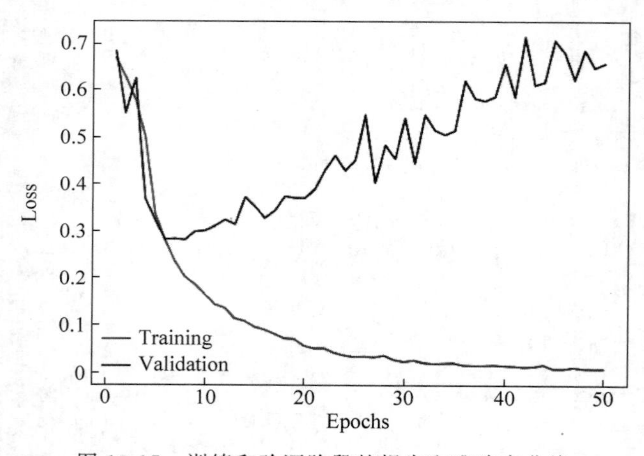

图 10-17 训练和验证阶段的损失和准确率曲线

10.4.4 测试模型

模型性能测试代码如例 10-6 所示。测试模型时,加载保存的最优模型参数,读取测试数据,并统计模型对测试数据的损失和准确率。

【例 10-6】 模型性能测试代码。

```
1. model.load_state_dict(torch.load('tut2-model.pt'))
2. test_loss, test_acc = evaluate(model, test_iterator, criterion)
3. print(f'Test Loss: {test_loss:.3f} | Test Acc: {test_acc*100:.2f}%')
```

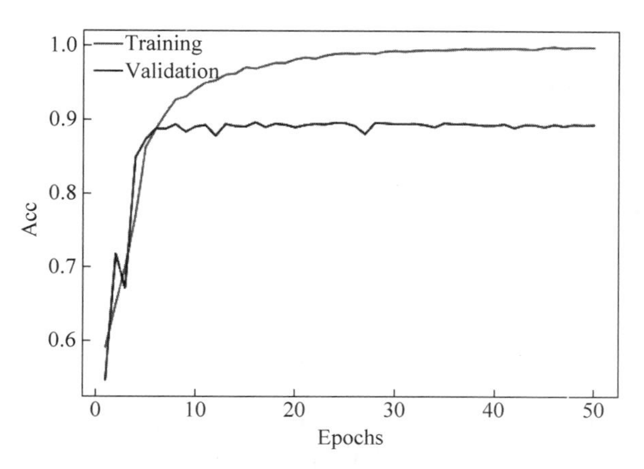

图 10-18　训练和验证阶段的准确率对比

本案例测试模型的损失和准确率如图 10-19 所示。

Test Loss: 0.334 | Test Acc: 85.28%

图 10-19　测试模型的损失和准确率

例 10-7 为单个样本的测试代码。读者测试时，只需要修改 predict_sentiment 中引号内的句子为需要测试的句子，本案例测试得分如图 10-20 所示。测试得分越接近 1 则表明该句子越有可能是正面标签，得分越接近 0 则表明该句子越有可能是负面标签。

【例 10-7】　单个样本的测试代码。

```
1.  import spacy
2.  nlp = spacy.load('en_core_web_sm')
3.
4.  def predict_sentiment(model, sentence):
5.    model.eval()
6.    tokenized = [tok.text for tok in nlp.tokenizer(sentence)]
7.    indexed = [TEXT.vocab.stoi[t] for t in tokenized]
8.    length = [len(indexed)]
9.    tensor = torch.LongTensor(indexed).to(device)
10.   tensor = tensor.unsqueeze(1)
11.   length_tensor = torch.LongTensor(length)
12.   prediction = torch.sigmoid(model(tensor, length_tensor))
13.   return prediction.item()
14.
15. predict_sentiment(model, "This film is terrible")
16. predict_sentiment(model, "This film is great")
```

0.05380420759320259
0.94941645860672

图 10-20　本案例测试得分

第11章

基于GNN的文本分类

[思维导图]

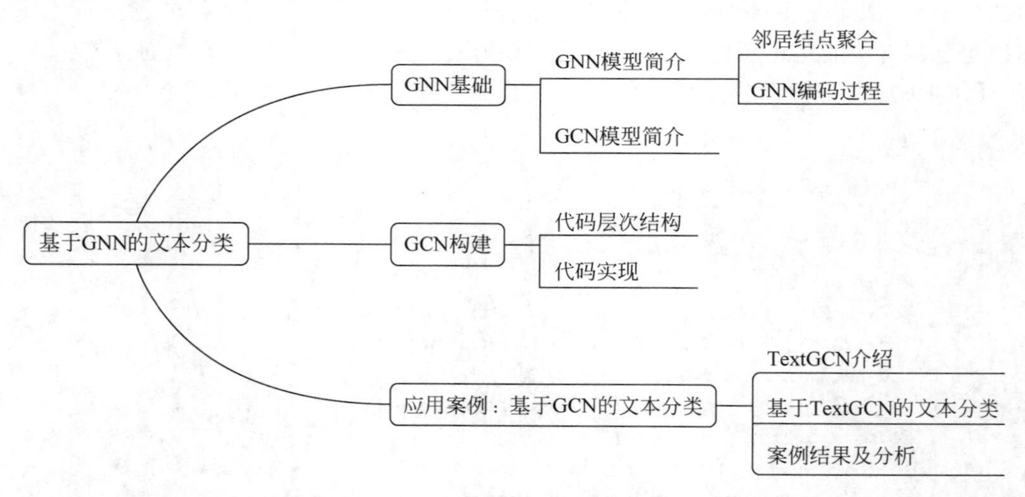

图(Graph)是一种描述对象(Node)以及对象间关系的数据结构。例如,图可以用来建模并分析跨各种领域的系统,包括社交媒体(社交网络)、金融(金融网络)、生物医药(蛋白质网络)、互联网以及知识图谱等。

基于图结构的机器学习主要研究结点分类(Node Classification)、链路预测(Link Prediction)、聚类(Clustering)以及网络相似性(Network Similarity)等问题及其拓展应用。

11.1 GNN 基础

图神经网络(Graph Neural Network,GNN)作为一种基于图结构的深度学习网络,具有较好的性能，其易于解释，被广泛应用于各种机器学习任务。自图神经网络的概念正式提出以来，GNN 模型及其变体层出不穷。大致可以分为如下几类：Graph Convolutional Network、Graph Recurrent Network、Graph Attention Network 以及 Graph Residual Network 等。

11.1.1　GNN 模型简介

本节将对 GNN 的编码过程进行抽象，并归纳 GNN 模型的通用范式。

经典 CNN 具有三个重要的特点：局部连接（Local Connection）、共享权值/参数（Shared Weights）、层次化表达/多层编码（The Use of Multi-layer）。

GNN 的多层编码借鉴并继承了这些特点，即通过层次化的结构对输入的特征进行编码，在每一层的编码中需要考虑如何进行局部连接，在结点与结点之间则考虑如何进行权值共享。

1. 邻居结点聚合

给定有一个无向图 G（其相关符号和定义见表 11-1），可用邻接矩阵 $\boldsymbol{A}\in R^{|V|\times|V|}$ 表示，其中：

$$A_{ij}=\begin{cases}1, & \{v_i,v_j\}\in E \text{ 且 } i\neq j\\ 0, & \text{其他}\end{cases} \tag{11.1}$$

$\boldsymbol{X}\in R^{m\times|V|}$ 表示结点特征的集合（初始特征）。

表 11-1　图的基本符号及定义

符　　号	定　　义
$G=(V,E)$	图
V	结点集合
E	边集合
$e=\{u,v\}$	由结点 u 和结点 v 构成的边
$d(v)$	结点 v 的度

GNN 的核心假设是每个结点向量的生成依赖于其局部邻居结点，从而完成邻居结点的信息聚合。图 11-1 展示了 GNN 中结点的信息聚合过程。如图 11-1 所示，结点 A

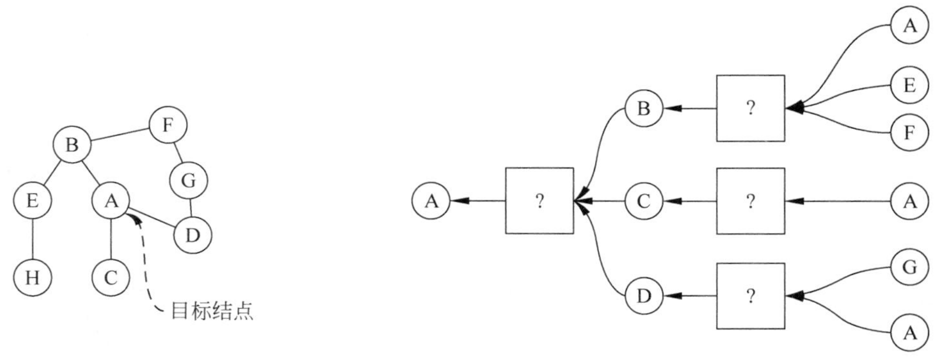

图 11-1　GNN 中结点的信息聚合过程

的编码依赖于其邻居结点(结点 B,结点 C 以及结点 D),结点 A 的邻居结点又依赖于其各自的邻居结点。以此类推,通过多次迭代,每个结点可以聚合多层(多跳邻居)的结点信息(此处仅以两层为例)。每一层邻居结点的信息传递由神经网络来实现(如图 11-1 右边的正方形黑盒所示)。GNN 模型通过依次对图 11-1 中的结点进行邻居结点信息聚合,可以得到如图 11-2 所示的不同结点上的计算图。

上述层级的邻居结点信息聚合过程与 CNN 三个特点的对应关系如下所述。

(1) 局部连接:目标结点依赖于邻居结点。

(2) 共享权值/参数:层与层之间使用神经网络进行信息传递,同层结点之间可共享神经网络参数。

(3) 层次化表达/多层编码:层级结构的邻居结点信息聚合过程。

2. GNN 编码过程

对 GNN 的层级特征编码过程进行表达的关键是聚合邻居结点的信息(黑盒的输入,怎样接受上一层传过来的信息)以及如何在层间进行信息传递(黑盒怎样定义,怎样将信息传到下一层)。

GNN 层次化编码如图 11-3 所示。其中,Layer-0 对应结点的初始特征;Layer-1 对应邻居结点特征经过第 1 轮聚合后的结果;以此类推,Layer-k 对应邻居结点特征经过第 k 轮聚合后的结果。层次化编码过程主要包括以下两步。

(1) 聚合邻居结点信息。不同于 CNN 采用固定大小的卷积核来聚合局部邻居的信息,图的邻居结点的数量是不固定的,因此 GNN 编码时常采用中心环绕(Center-surround)的卷积核。卷积核大小等于邻居结点的数量,常采用均值操作(也可以为其他的计算方式,此处以均值为例)。

(2) 层间信息传递。层间信息传递的方法其实也是区分不同种类 GNN 的重要依据,不同的 GNN,其信息传递方式不同。在本书中,采用全连接神经网络来进行层间信息的传递。

综上,GNN 的层次化编码如式(11.2)所示。

$$\begin{cases} \boldsymbol{h}_v^0 = \boldsymbol{x}_v \\ \boldsymbol{h}_v^k = \sigma\left(W_k \sum\limits_{u \in N(v)} \dfrac{\boldsymbol{h}_u^{k-1}}{|N(v)|} + B_k \boldsymbol{h}_v^{k-1}\right) \quad k > 0 \\ \boldsymbol{z}_v = \boldsymbol{h}_v^n \end{cases} \tag{11.2}$$

其中,$\boldsymbol{h}_v^0=\boldsymbol{x}_v$ 表示 Layer-0 的结点向量等于结点的初始化特征;$\boldsymbol{h}_v^k$ 表示结点 v 在第 k 层的结点向量;$\sum\limits_{u \in N(v)} \dfrac{\boldsymbol{h}_u^{k-1}}{|N(v)|}$ 表示邻居结点向量的均值,$|\mathrm{N(v)}|=\mathrm{d(v)}$;$\boldsymbol{z}_v=\boldsymbol{h}_v^n$ 表示经过 n 层的编码之后得到的结果作为最终的向量。σ 表示激活函数,W_k 和 B_k 为神经网络的参数,即结点之间共享的网络参数。W_k 用来传递邻居结点的信息,B_k 用来传递自身的信息。图 11-4 展示了 GNN 中的参数共享机制。

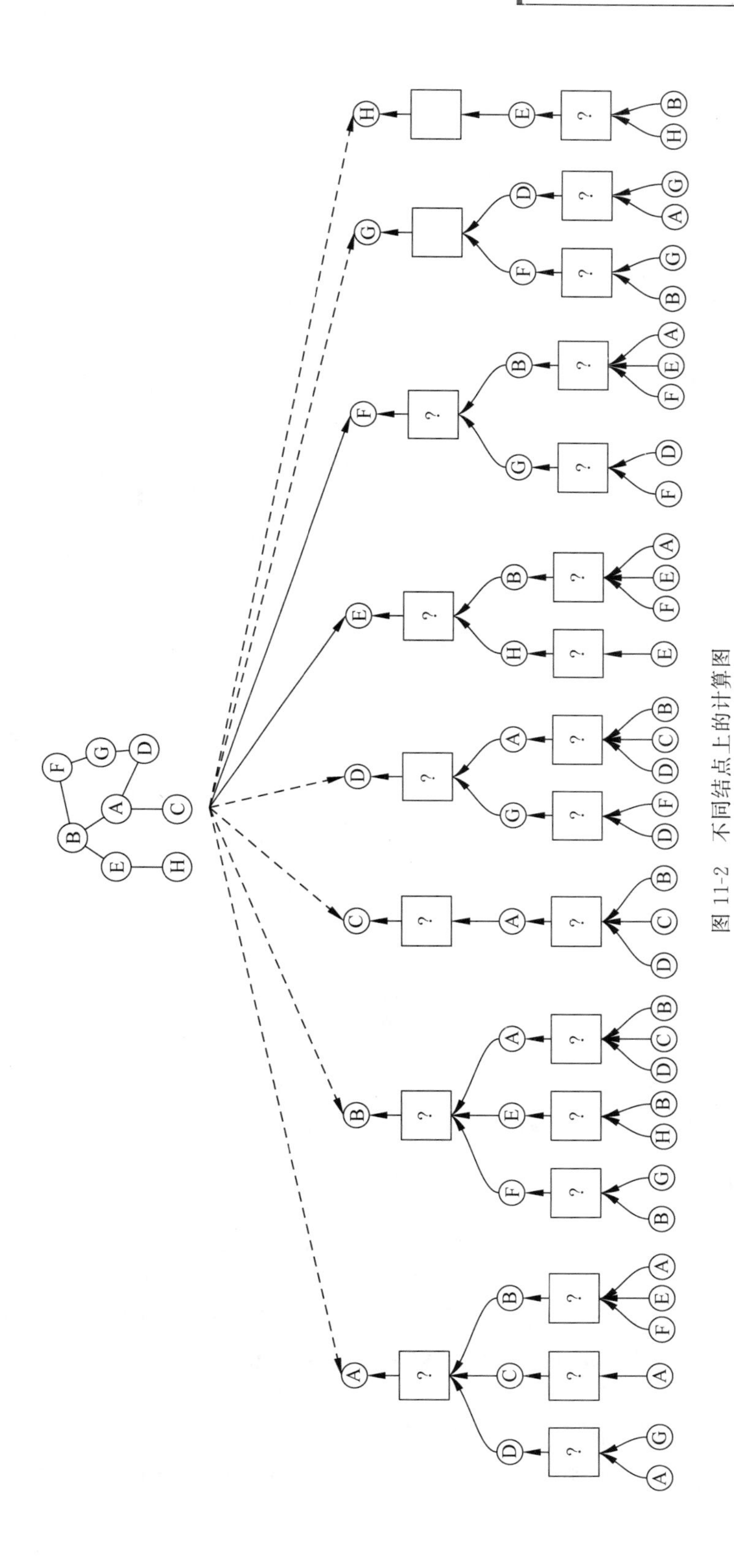

图 11-2 不同结点上的计算图

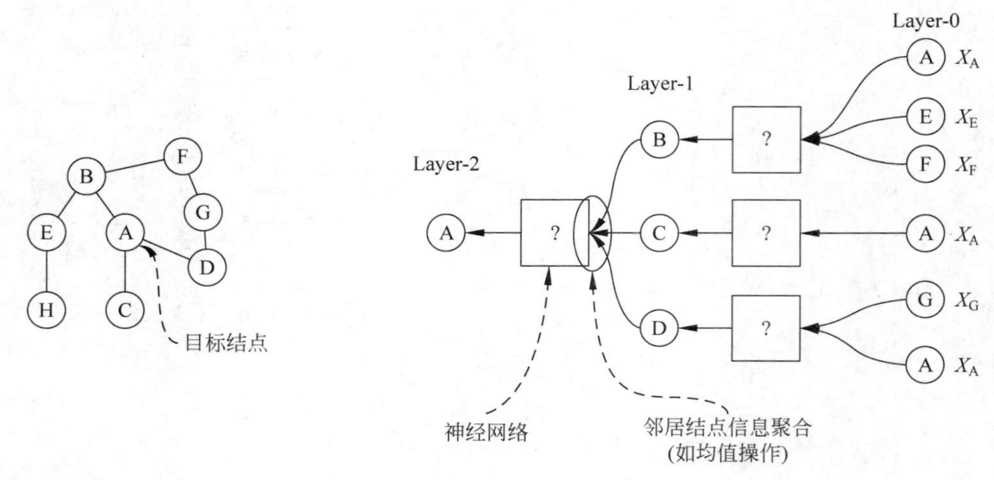

图 11-3 GNN 层次化编码

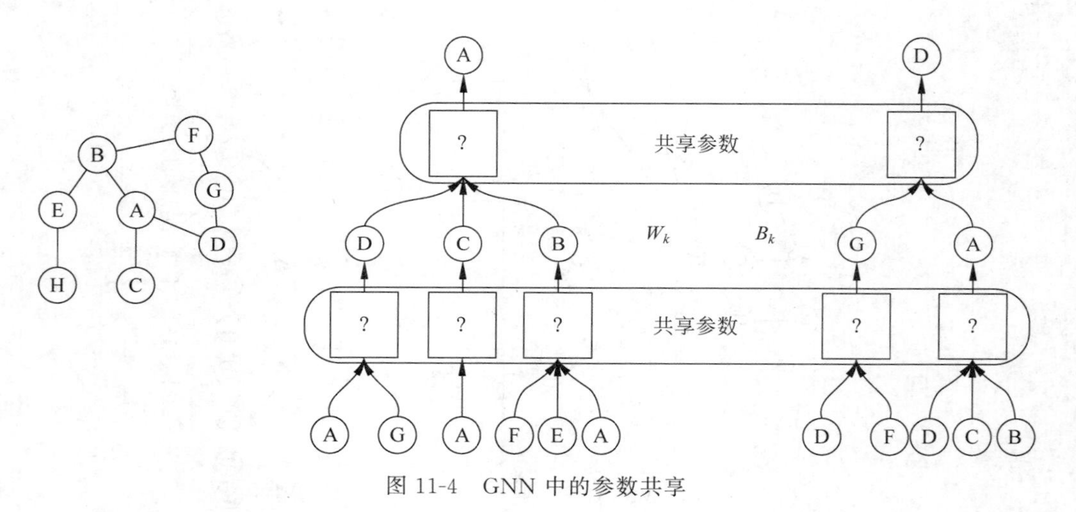

图 11-4 GNN 中的参数共享

本节介绍了 GNN 特征编码的基本思想，并给出了相应的公式化表达。读者如果关心其数学原理，可以参阅本书列出的相关参考文献。

11.1.2 GCN 模型简介

GCN(Graph Convolutional Network，图卷积网络)由于其高性能、高解释性等特点，近年来受到了广泛的关注。GCN 的目的是将卷积的方式推广到图领域，其受到了 CNN 的启发。GCN 通常可分为基于谱方法(Spectral Methods)和基于空间方法(Spatial Methods)两大类。基于谱方法用图的谱表示来定义卷积的操作，如 Spectral Network、ChebNet，GCN 是谱方法的简化版。由于谱方法依赖于图结构，在特定图结构上的训练结果无法直接应用到其他的图结构中。相反地，基于空间方法直接在图上定义卷积(不同于基于谱方法用谱表示来定义卷积)，在空间局部邻居上进行卷积操作，如 DCNN、DGCN、LGCN 和 MoNet 等。

GCN 的结点信息聚合方式如式(11.3)所示。

$$\boldsymbol{h}_v^k=\sigma\left(\boldsymbol{W}_k\sum_{u\in N(v)\cup v}\frac{\boldsymbol{h}_u^{k-1}}{\sqrt{|\widetilde{N}(u)||\widetilde{N}(v)|}}\right),\quad k>0 \tag{11.3}$$

其中,$\widetilde{N}(u)=N(u)\cup u$,$|\widetilde{N}(u)|=d(u)+1$,即考虑自连接。对比式(11.2)中 $\boldsymbol{h}_v^k=\sigma(\boldsymbol{W}_k\sum_{u\in N(v)}\frac{\boldsymbol{h}_u^{k-1}}{|N(v)|}+B_k\boldsymbol{h}_v^{k-1})$,可以发现:

(1) 在 GCN 中邻居结点和当前结点共享相同的参数矩阵 $\boldsymbol{W}_k$,而在 11.1.1 节的 GNN 公式中,W_k 用来传递邻居结点的信息,B_k 用来传递自身的信息。因此,这使得在 GCN 中有更紧密的参数共享。

(2) 代替了 GNN 基本公式中的均值操作,GCN 中每一个邻居结点都进行了度的归一化操作。这意味着度越高的邻居结点在信息传播的过程中权重越低(一般度越高的结点信息关联越复杂,噪声可能也越多)。

11.2 GCN 构建

本节主要讲述 GCN 模型的构建(编码过程/前向传播)。GCN 模型的训练过程(解码过程/反向传播)在 11.3 节中介绍。

11.2.1 代码层次结构

GCN 是任务无关的编码器,给定初始的特征输入,GCN 能够学习到对应该特征的编码输出。图 11-5 所示为一个典型 GCN 的网络结构组成,可以推出一个完整的 GCN 模型由多个图卷积层(Graph Convolution)组成。

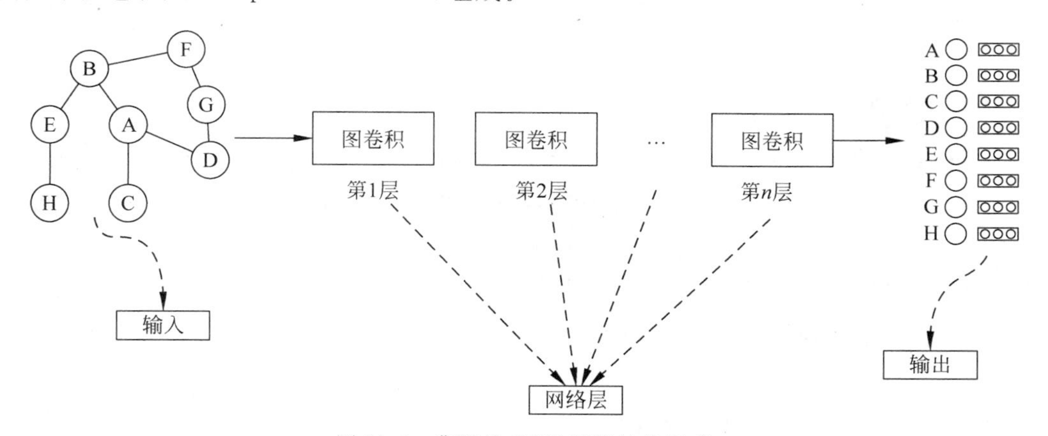

图 11-5 典型的 GCN 网络结构组成

图 11-6 展示了在 PyTorch 中 GCN 类的设计,它主要包括了 GCN 类和 GraphConvolution 类。本节案例中 GCN 类继承自基类(父类) torch.nn.Module。基类 Model 中包含 __init__()构造函数以及 forward()函数,即前向传播函数。GCN 在数据成员中增加了 input_dim 和 output_dim 参数,分别用来表示输入维度和编码后的输出维度。

GraphConvolution 类继承自基类 torch. nn. Module，包含__init__()构造函数、__resetr_parameters()函数以及前向传播 forward()函数等。

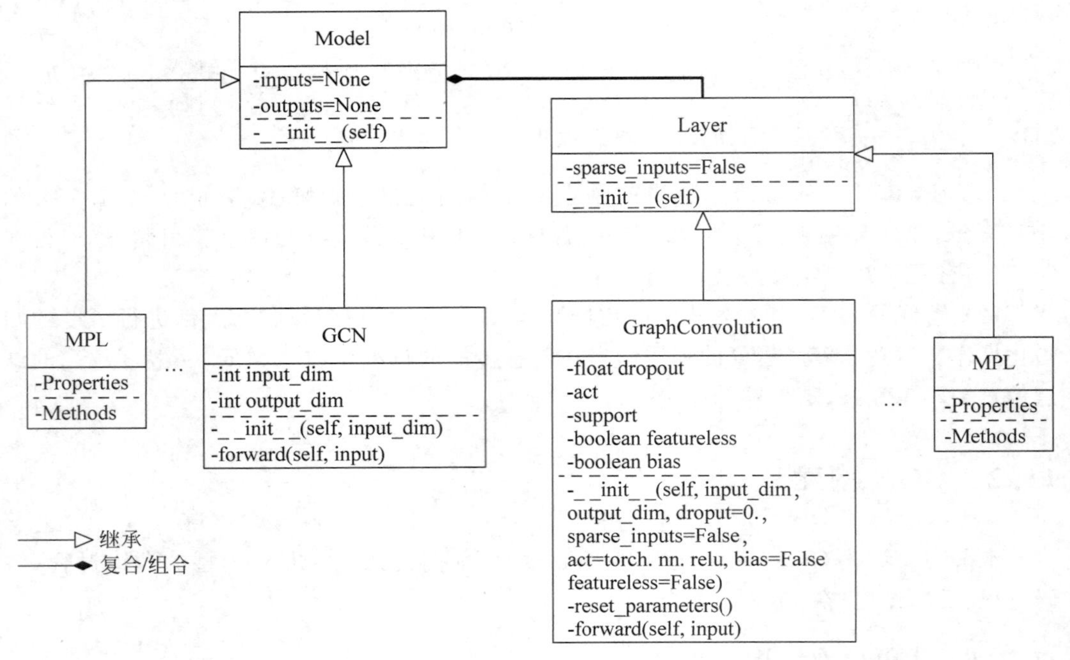

图 11-6 在 PyTorch 中 GCN 类的设计

11.2.2 代码实现

GCN 模型的代码实现主要依赖于 GCN 类和 GraphConvolution 类，其层次化编码的代码实现流程如图 11-7 如示。

1. GCN 类的实现

GCN 初始化包含 5 个参数。其中，nfeat 表示初始特征；nhid 表示隐含层的维度大小；nclass 表示编码的输出维度，与具体的任务相关，比如在这里可能是一个多分类的任务，因此最终输出的维度可能需要与标签种类数保持一致。下述代码中，dropout 表示需要随机丢弃的神经元(参数)比例，默认值为 0.5。只有在训练的过程才需要 Dropout 机制，而在测试时，所有的神经元(参数)应该都参与，如例 11-1 所示。

【例 11-1】 GCN 类的实现。

```
1.  class GCN(nn.Module):
2.    def __init__(self, nfeat, nhid, nclass, dropout = 0.5):
3.      super(GCN, self).__init__()
4.
5.      self.gc1 = GraphConvolution(nfeat, nhid)
```

```
6.         self.gc2 = GraphConvolution(nhid, nclass)
7.         self.dropout = dropout
8.
9.     def forward(self, x, adj):
10.         x = F.relu(self.gc1(x, adj))
11.         x = F.dropout(x, self.dropout, training = self.training)
12.         x = self.gc2(x, adj)
13.        return F.log_softmax(x, dim = 1)
```

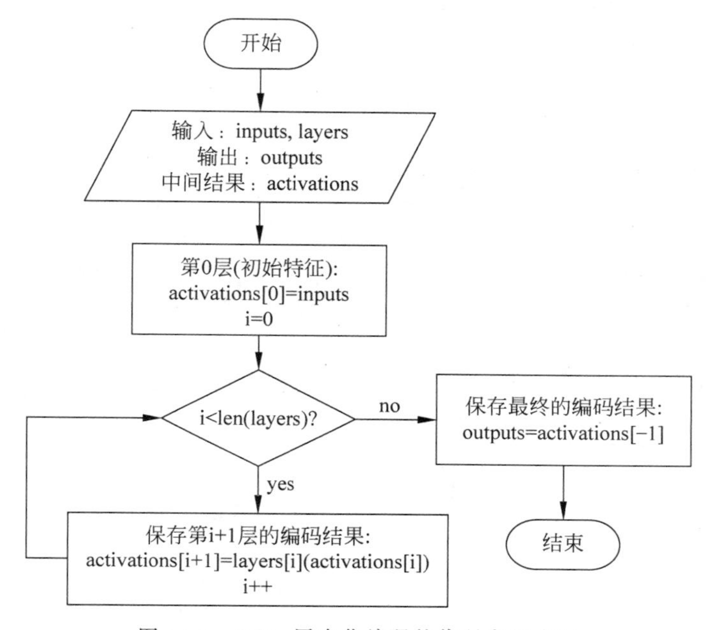

图 11-7　GCN 层次化编码的代码实现流程

2. GraphConvolution 类的实现

GCN 类调用了 GraphConvolutional 类，例 11-2 展示了 GraphConvolutional 类的实现。

【例 11-2】　GraphConvolution 类的实现。

```
1.  class GraphConvolution(Module):
2.      """
3.      Simple GCN layer, similar to https://arxiv.org/abs/1609.02907
4.      """
5.
6.      def __init__(self, in_features, out_features, bias = True):
7.          super(GraphConvolution, self).__init__()
8.          self.in_features = in_features
9.          self.out_features = out_features
```

```
10.        self.weight = Parameter(torch.FloatTensor(in_features, out_features))
11.        if bias:
12.            self.bias = Parameter(torch.FloatTensor(out_features))
13.        else:
14.          self.register_parameter('bias', None)
15.         self.reset_parameters()
16.
17.    def reset_parameters(self):
18.        stdv = 1. / math.sqrt(self.weight.size(1))
19.        self.weight.data.uniform_( - stdv, stdv)
20.        if self.bias is not None:
21.          self.bias.data.uniform_( - stdv, stdv)
22.
23.    def forward(self, input, adj):
24.        support = torch.mm(input, self.weight)
25.        output = torch.spmm(adj, support)
26.        if self.bias is not None:
27.          return output + self.bias
28.        else:
29.          return output
30.
31.    def __repr__(self):
32.        return self.__class__.__name__ + '('\
33.          + str(self.in_features) + ' -> '\
34.          + str(self.out_features) + ')'
```

本示例中使用的激活函数默认为 ReLU()，通常该激活函数在中间层不需要改变。一般需要改变的地方在最后一层，因为最后一层的编码输出需要传到下游的任务中，所以需要根据任务改变最后一层的激活函数。数据成员 bias 为布尔值类型，用来判断是否需要添加偏置项。

11.3 应用案例：基于 GCN 的文本分类

11.3.1 TextGCN 介绍

文本分类是自然语言处理的一个基础任务。常用的分类方法包括 CNN、RNN、LSTM 等。这些模型从文本的顺序信息和局部信息提取特征，虽然能够很好地捕获连续词序列中的语义和语法信息，但是它忽略了全局(这个数据集/语料库)的词间的关系(如词共现)。全局词的共现关系包含了不连续的、长距离的语义关联，有助于提升文本分类的能力。

TextGCN 是一个新颖的基于图神经网络的文本分类模型。此模型使用整个数据集/语料库来构建一个大的异构图，然后使用图卷积网络联合学习单词和文档的表示向量。图中包含两类结点：一类是文档结点(待分类文本)；另一类是单词结点(数据集/语料库中的所有单词)。

TextGCN 模型在几个常用基准数据集上表现出了优秀的性能，并且相比于其他一些深度学习模型(基于 CNN、LSTM 等)，具有较好的健壮性(当标注样本较少时，其性能仍然突出)。

11.3.2　基于 TextGCN 的文本分类

文本分类是给定文档，预测该文档可能的类别标签，可以分为单标签文本分类和多标签文本分类两种。本节案例的任务是基于 TextGCN 模型的单标签文本分类，即每篇文档只有一个固定的标签。图 11-8 描述了 TextGCN 模型中的各个类间设计关系。

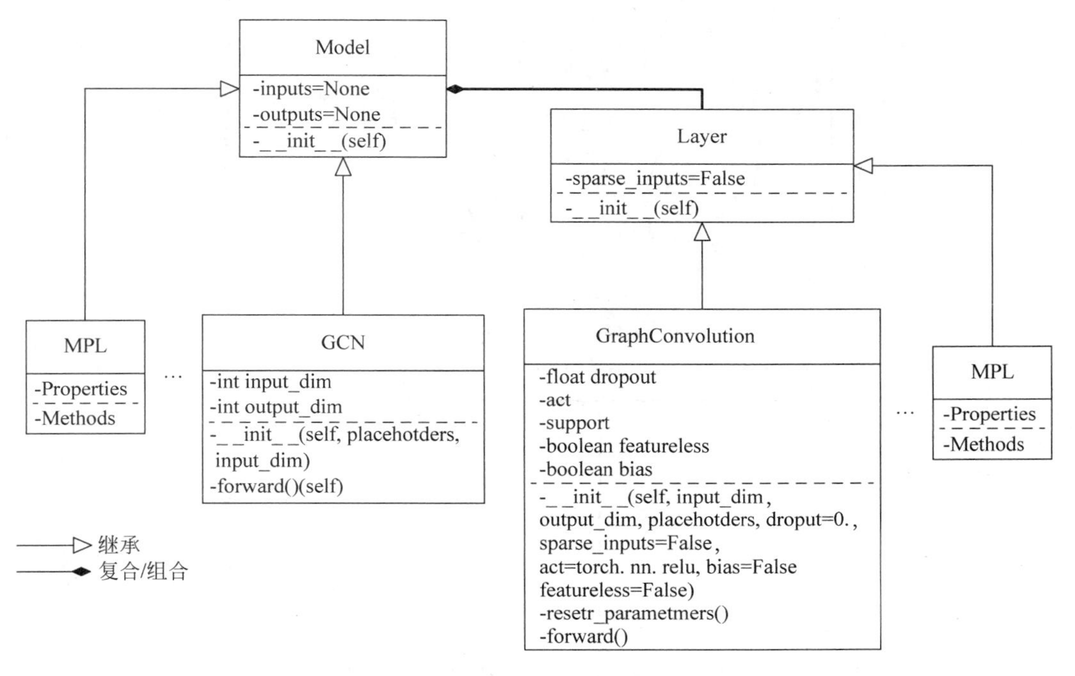

图 11-8　TextGCN 模型中的各个类间设计关系

TextGCN 模型结构如图 11-9 所示。在 TextGCN 中，将文档和词看作图的结点，并通过文档和词之间的关系构造相应的边。具体来讲，TextGCN 图包含两种类型的边："词-词"以及"文档-词"。其中"词-词"边的权重通过 PMI(点互信息)来确定，"文档-词"边的权重由 TF-IDF 来确定，具体如式(11.4)所示。

$$A_{ij}=\begin{cases}\mathrm{PMI}(i,j), & i,j\ \text{表示词},\mathrm{PMI}(i,j)>0\\ \text{TF-IDF}_{ij}, & i\ \text{表示文档},j\ \text{表示词}\\ 1, & i=j\\ 0, & \text{其他}\end{cases} \tag{11.4}$$

其中，**A** 为邻接权重矩阵。在无法对相连的两个结点间的连接强弱进行度量时，模型使用邻接矩阵($A_{ij}=0/1$)表示结点的关系，否则的话一般都使用邻接权重矩阵。

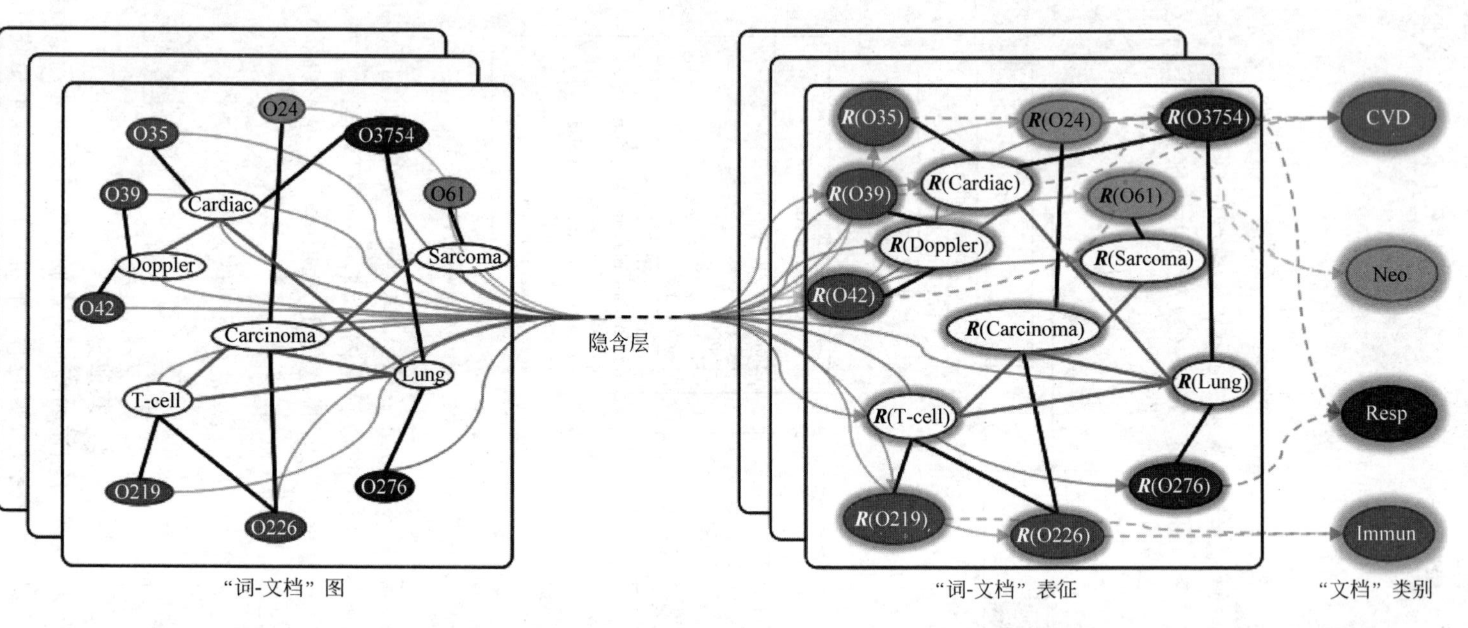

图 11-9 TextGCN 模型结构。左侧以 O 开头带数字编号的结点为文档结点，其余结点为词结点，结点之间存在两种类型的边：词-词以及文档-词。右侧中的 **R** 表示和结点对应的向量表示（Embedding）。中间的隐含层表示 GCN

TextGCN 使用两层的 GCN 对文档结点和词结点进行编码，如式(11.5)所示。

$$Z = \mathrm{Softmax}(\widetilde{\boldsymbol{A}}\ \mathrm{ReLU}\ (\widetilde{\boldsymbol{A}}XW_0)W_1) \tag{11.5}$$

X 为结点的初始特征，$\widetilde{\boldsymbol{A}}$ 为对称归一化的邻接矩阵，W_0 为第一层的特征传输参数，W_1 为第二层的特征传输参数，Z 表示预测的分类结果。第一层使用 ReLU()激活函数。第二层使用 Softmax()激活函数，原因在于此处的 Softmax()激活的本质为 Softmax 分类器，激活后的结果即为分类结果。该结果应与真实的标签值相靠近，因此，TextGCN 中使用交叉熵(Cross-entropy)损失函数，如式(11.6)所示。

$$L = -\sum_{d \in y_D}\sum_{f=1}^{F} Y_{df}\ln(Z_{df}) \tag{11.6}$$

其中，y_D 表示所有带标签的文档集合，F 表示第二层 GCN 输出编码的维度，与标签的类别数相等。$\boldsymbol{Y}$ 表示标签矩阵，每篇文档的标签都是一个 onehot 向量，向量维度等于待分类数。

图 11-10 展示了 TextGCN 工作流程，其中虚线框表示 GCN 网络的编码部分，已经在 11.2 节中进行了介绍。此节主要关注输入与输出模块，以及模型优化。给定文档集合，首先要对该文档集合进行预处理，包括清除停用词、低频词等；然后，对清洗过后的文档进行构图，同时初始化文档结点和词结点的特征；最后将图和初始特征输入 GCN 进行训练。本节重点描述新增方法的实现。

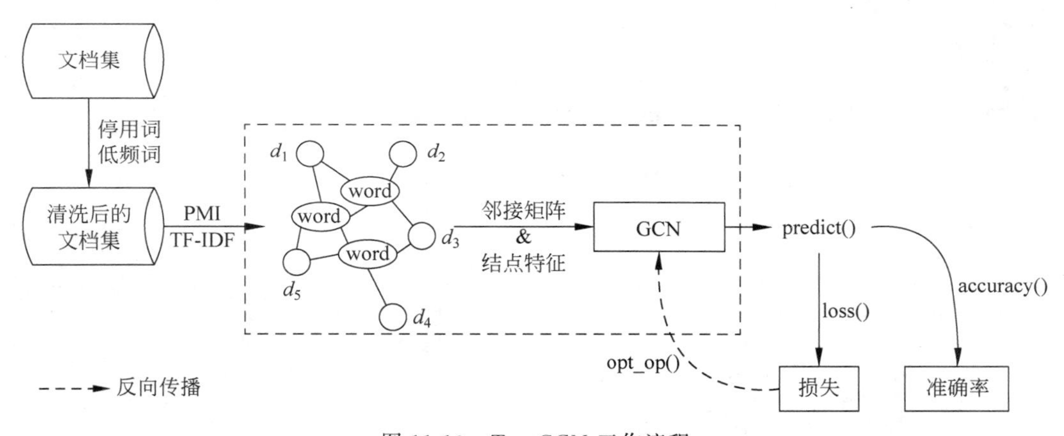

图 11-10　TextGCN 工作流程

TextGCN 模型训练关键代码如例 11-3 所示，训练 epochs 设置为 200。当验证集上的损失不再下降时提前终止训练，即当前 epoch 下的验证集损失大于前 10 轮 epochs 的损失均值。损失采用与分类任务相关的交叉熵损失，在 TextGCN 训练中使用的优化器为 Adam。

【例 11-3】　模型训练示例。

```
1.  # Train model
2.  for epoch in range(cfg.epochs):
3.
```

```
4.    t = time.time()
5.
6.    # Forward pass
7.    logits = model(t_features)
8.    loss = criterion(logits * tm_train_mask, torch.max(t_y_train, 1)[1])
9.    acc = ((torch.max(logits, 1)[1] == torch.max(t_y_train, 1)[1]).float() * t_train_
      mask).sum().item() / t_train_mask.sum().item()
10.
11.   # Backward and optimize
12.   optimizer.zero_grad()
13.   loss.backward()
14.   optimizer.step()
15.
16.   # Validation
17.   val_loss, val_acc, pred, labels, duration = evaluate(t_features, t_y_val, val_mask)
18.   val_losses.append(val_loss)
19.
20.   print_log("Epoch: {:.0f}, train_loss = {:.5f}, train_acc = {:.5f}, val_loss = {:.
      5f}, val_acc = {:.5f}, time = {:.5f}"\
21.             .format(epoch + 1, loss, acc, val_loss, val_acc, time.time() - t))
22.
23.   if epoch > cfg.early_stopping and val_losses[-1] > np.mean(val_losses[-(cfg.early_
      stopping + 1):-1]):
24.     print_log("Early stopping...")
25.     break
26.
27.
28. print_log("Optimization Finished!")
```

例 11-4 展示了模型验证和测试的过程代码。

【例 11-4】 模型验证和测试的过程代码。

```
1.  # Define model evaluation function
2.  def evaluate(features, labels, mask):
3.    t_test = time.time()
4.    model.eval()
5.    with torch.no_grad():
6.      logits = model(features)
7.      t_mask = torch.from_numpy(np.array(mask * 1., dtype = np.float32))
8.      tm_mask = torch.transpose(torch.unsqueeze(t_mask, 0), 1, 0).repeat(1, labels.
        shape[1])
9.      loss = criterion(logits * tm_mask, torch.max(labels, 1)[1])
10.     pred = torch.max(logits, 1)[1]
11.     acc = ((pred == torch.max(labels, 1)[1]).float() * t_mask).sum().item() / t_
        mask.sum().item()
12.
13.   return loss.numpy(), acc, pred.numpy(), labels.numpy(), (time.time() - t_test)
14.
15. # Testing
16. test_loss, test_acc, pred, labels, test_duration = evaluate(t_features, t_y_test,
    test_mask)
```

```
17. print_log("Test set results: \n\t loss = {:.5f}, accuracy = {:.5f}, time = {:.5f}".
    format(test_loss, test_acc, test_duration))
18.
19. test_pred = []
20. test_labels = []
21. for i in range(len(test_mask)):
22.   if test_mask[i]:
23.      test_pred.append(pred[i])
24.      test_labels.append(np.argmax(labels[i]))
25.
26.
27. print_log("Test Precision, Recall and F1 - Score...")
28. print_log(metrics.classification_report(test_labels, test_pred, digits = 4))
29. print_log("Macro average Test Precision, Recall and F1 - Score...")
30. print_log(metrics.precision_recall_fscore_support(test_labels, test_pred, average = 'macro'))
31. print_log("Micro average Test Precision, Recall and F1 - Score...")
32. print_log(metrics.precision_recall_fscore_support(test_labels, test_pred, average =
    'micro'))
```

11.3.3 案例结果及分析

图 11-11 展示了经典的 20NG 数据集(20 类文档标签,训练集为 11 314 个,测试集为 7532 个)的测试集在 TextGCN 模型上编码后的可视化结果(经过降维处理),这里不同的颜色代表不同的类别,大多数文档都学习到了较好的表示向量。

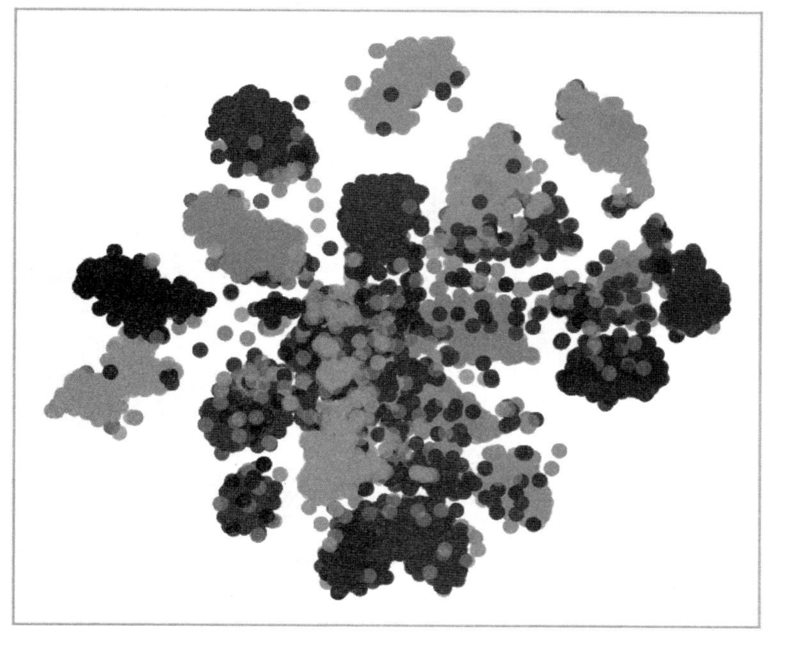

图 11-11 20NG 测试集在 TextGCN 模型上编码后的可视化结果

由上述过程可以发现，本案例在基本GCN模型的基础上主要做了两个工作：数据预处理及如何进行模型的训练。这两个工作本质上是GCN模型输入输出的具体化，输入即根据数据的特点，建立图模型；输出部分主要关注GCN编码后应该怎样处理，即如何实现具体的任务。实际上，大多数GCN的应用任务不涉及GCN原理变化，实践中仅需对这两个部分进行修改和优化。

第12章

基于GAN的图像生成

[思维导图]

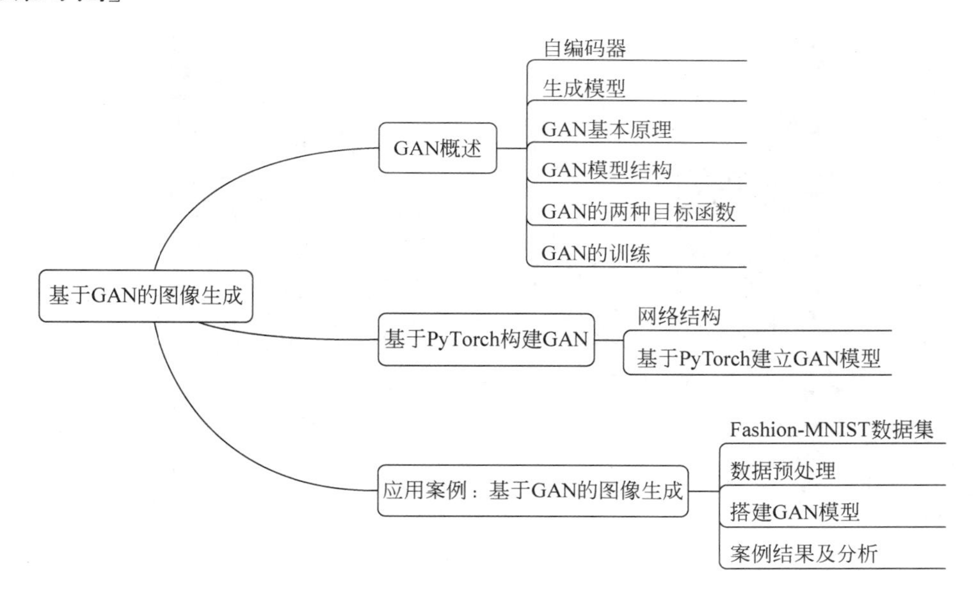

12.1 GAN 概述

随着计算机硬件的发展和互联网的普及，深度学习得到了广泛的应用，在自动驾驶、图像分类、目标检测、语音识别、自然语言处理等方面都取得了明显的成效。但是，目前大多数的深度学习方法高度依赖数据，需要大量的样本数据作为输入，面临着系列困难。一方面需要花费大量的时间、人力、物力来标记数据，另一方面甚至有些数据是完全不可能获得的，例如将眼前所看到的景色用梵高的绘画风格画成一幅油画。

生成对抗网络(GAN)通过深度神经网络生成数据是一种无监督的机器学习方法。近几年产生了很多 GAN 的变种，使得 GAN 能够完成监督学习和半监督学习任务。GAN 除了能够生成新的数据外，还能够实现从图像到图像的转换、重构图像中丢失的部分数据、根据文本描述生成图片、人脸图像生成等任务。

本章将重点介绍 GAN 的基本原理，以及模型结构和训练的流程。

12.1.1 自编码器

在 GAN 出现之前，有一种与 GAN 相似的网络结构是自编码器。自编码器由两部分组成：编码器和解码器。编码器主要将关于样本数据 $\boldsymbol{x}$ 的 d 维特征向量编码成 p 维的向量 $\boldsymbol{z}$。换句话说，编码器的任务是学习一个 $\boldsymbol{x} \to \boldsymbol{z}$ 的映射函数。有时，也把编码后的向量 $\boldsymbol{z}$ 称为隐向量(Latent Vector)。一般来说，隐向量 $\boldsymbol{z}$ 的维度 p 小于输入的特征向量的维度 d，也就是 $p<d$，因此，可以说编码器实际做的工作就是将数据进行压缩。解码器则是将中间的隐向量 $\boldsymbol{z}$ 解码为 $\boldsymbol{x}'$。可以把解码器理解为是一个 $\boldsymbol{z} \to \boldsymbol{x}'$ 的函数。一个简单的自编码器网络结构如图 12-1 所示，该示例网络结构由全连接网络组成。

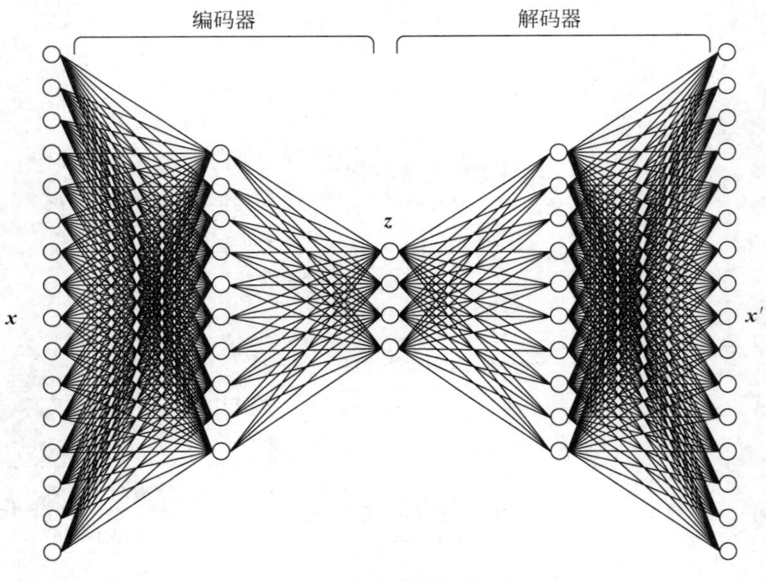

图 12-1 自编码器网络结构

实践中的自编码器结构大多比图 12-1 网络更深、更复杂，以便能够更有效地对数据进行压缩和还原。另外，在处理图像时，可以将全连接层换成卷积层。

12.1.2 生成模型

自编码器是一个确定性的模型，即当自编码器训练完成后，给定一个输入 $\boldsymbol{x}$，自编码器能够重构输入的数据。因此，自编码器除了对输入的数据进行重构外，无法生成新的数据。

而生成模型能够从一个随机的向量 z 中生成一个新的数据 $\tilde{x}$，其工作原理如图 12-2 所示。随机向量 z 一般采用一个分布模型进行初始化，例如 z 可以从一个服从[－1,1]的均匀分布中获取（$z\sim \text{Uniform}(-1,1)$），或者是从标准正态分布中采样（$z\sim N(0,1)$）。

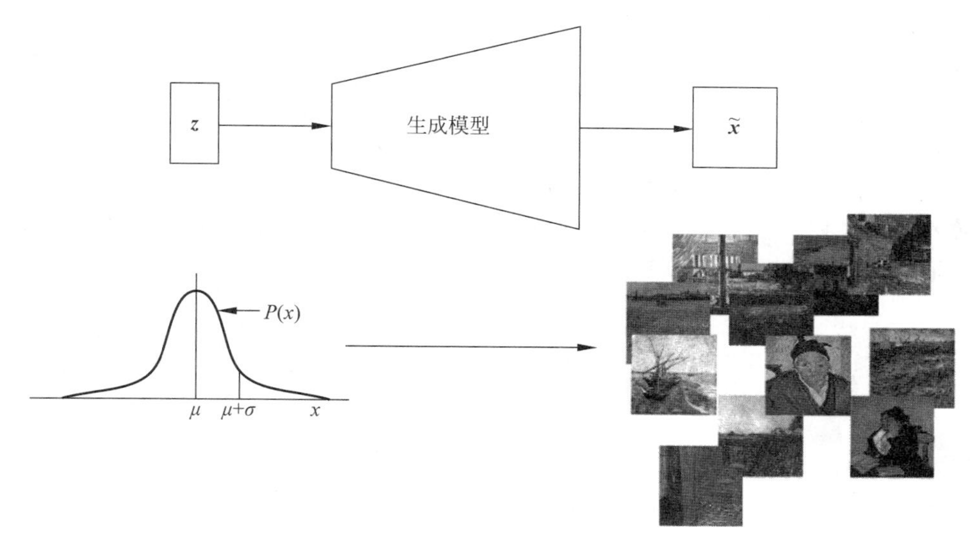

图 12-2　生成模型工作原理

图 12-1 和图 12-2 显示自编码器的解码器部分和生成模型很相似：输入都是一个隐向量 z，输出的数据都满足和输入具有相同数据分布的数据（自编码器的输出是重构后的数据 x'，生成模型的输出是生成的数据 $\tilde{x}$）。两者主要的区别在于：对于自编码器通常不知道隐向量 z 满足一个什么样的分布，而生成模型输入的隐向量 z 是一个已知的分布。由于传统的自编码器无法生成新的数据，通常不认为传统的自编码器是一种生成模型。

目前比较常见的生成模型有自回归模型（Autogressive Models）、生成对抗网络（GAN）等。在后面将重点介绍 GAN。

12.1.3　GAN 基本原理

为了更好地理解 GAN，首先来回顾一下生成模型。假设已经有一个神经网络（读者可以简单地理解为单层或多层的全连接网络），输入是从一个已知分布中采样获得的随机向量 z，输出是一张图片 $\tilde{x}$。这个网络就是一个生成模型，把这个网络称为生成器，用 G 进行表示，数学上表示为：$\tilde{x}=G(z)$。有了这个生成器，就可以利用它生成一些图片，例如人脸图片、动物的图片或者是比较熟悉的手写数字集 MNIST 中的图片。一开始随机初始化这个生成器的网络参数，因此最开始生成的图片会非常糟糕，但是当找到一种合适的方法对生成器生成的图片进行一个评估，并将评估的结果反馈给生成器，对网络的参数进行适当的调整，随着训练次数的加深，生成器的结果会更加贴近真实数据。

例如，要评价一幅油画的好坏，可以通过眼睛所看到的结果，再结合以往生活经验中对好的油画的印象，就可以做出判断所看到的这幅油画的好坏。事实上，也可以这样定义一个神经网络去做这件事，这个网络的数据有两种类型：真实的数据和生成器生成的数据。网络的输出是对输入的数据进行分类，判断其是否是真实的数据。此外，还需要一些真实的数据去训练这个神经网络，告诉网络这些数据是真实的数据，也就是相当于生活中所看到的那些好的油画；同时，还需要用生成器生成的假的图片告诉网络这些数据是假的，也就是生活经验中所看到的那些不好的油画。与生成器 G 类似，通常把这个评估的网络称作判别器，用符号 D 来表示。

到目前为止，用于生成数据的网络定义了，用于评估生成图片的好坏的网络也定义了，读者对 GAN 应该有了一个初步的印象。接下来，将介绍 GAN 的核心思想——对抗。首先要知道什么东西和什么对抗。很明显，由于只定义了生成器和判别器，因此可知是生成器和判别器的对抗。那么，它们具体是怎么对抗的？为了方便理解，对 GAN 进行如下比喻，举例说明生成器和判别器的对抗，如图 12-3 所示。

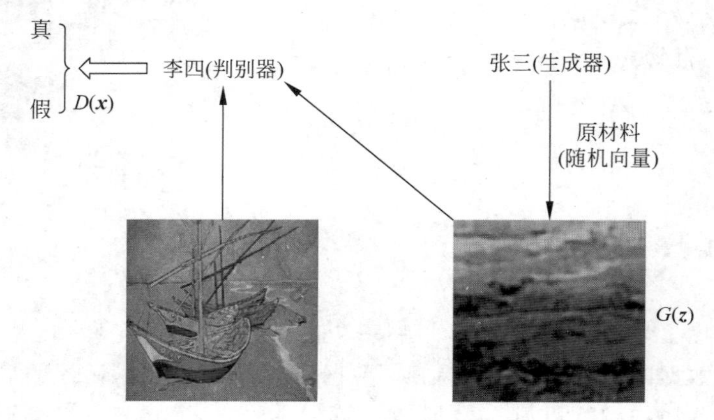

图 12-3　GAN 的比喻

首先介绍两个角色：张三、李四。张三是一位模仿者，专门模仿名画，并以此为生；李四是一名鉴别师，负责鉴定一幅画是否为名画，如果不是名画则给出理由。在一开始，两个人的专业水平都很低，张三一开始画的画非常糟糕，就算李四的鉴别水平再低，还是能一眼就辨认出张三画的画不是名画，张三针对李四给出的理由进行修改。长此以往，张三的绘画水平得到了提升。由于李四是一名鉴别师，公司内部有大量的数据(名画和赝品)进行学习，鉴别的能力也在不断地提升。张三的目标就是欺骗李四，李四的目标就是识别张三的画。两个人就在这个过程中相互博弈，最终，张三的绘画水平达到了和绘画大师一样的水平，而李四也成了鉴别专家。两者之间的关系如图 12-4(a)所示。

将上面例子中的张三和李四换成 GAN 中的生成器和判别器如图 12-4(b)所示。生成器希望自己生成的数据能够骗过判别器，而判别器需要区分出哪些数据是真实的数据，哪些数据是生成器生成的。在训练过程中两个模型相互对抗。最理想的状态下，判别器无法准确区分出哪些数据是生成器生成的，也就是对于输入的数据，判别器给出是真实数据的概率为 50%，这意味着生成器生成的数据和真实数据几乎没有什么区别。因此，可以说 GAN 的目标是能够生成和训练集具有相同分布的数据，例如训练集的数据服从一个均值为 −4、标准差为 1 的正态分布，输入的随机向量 $\boldsymbol{z}$ 服从均匀分布，如图 12-5 所示，

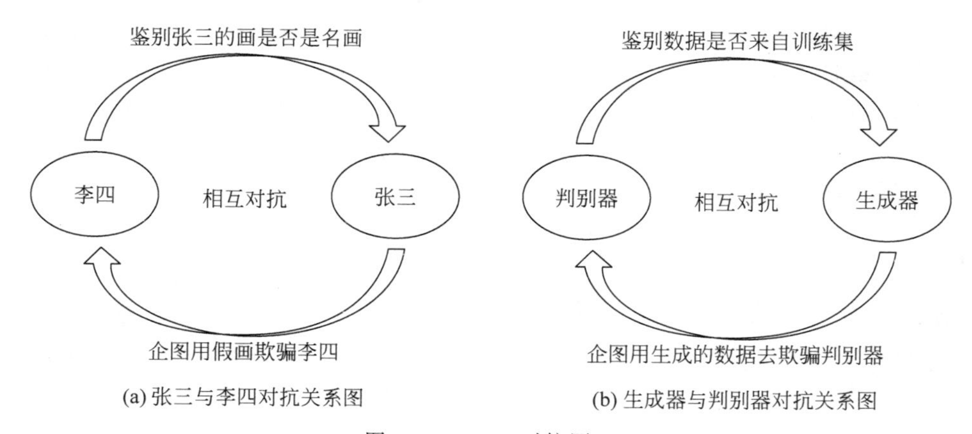

图 12-4　GAN 对抗原理

横轴表示数据点的位置，纵轴表示概率密度，GAN 的目标是将服从均匀分布的输入 z，经过生成器后，生成的数据服从均值为-4、标准差为 1 的正态分布。

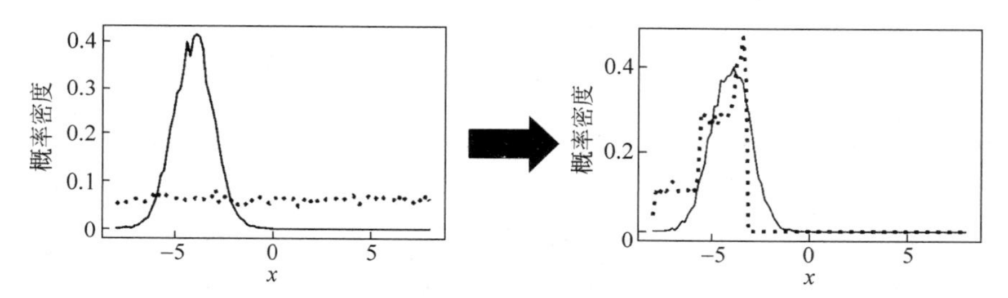

图 12-5　从均匀分布生成正态分布(实线为训练集的分布，虚线为生成器生成的分布)

12.1.4　GAN 模型结构

了解 GAN 的基本原理之后，来看一下 GAN 的模型结构。在前面的介绍中，GAN 主要由两个网络组成——生成器(G)和判别器(D)。图 12-6 展示了 GAN 的模型结构示意图。

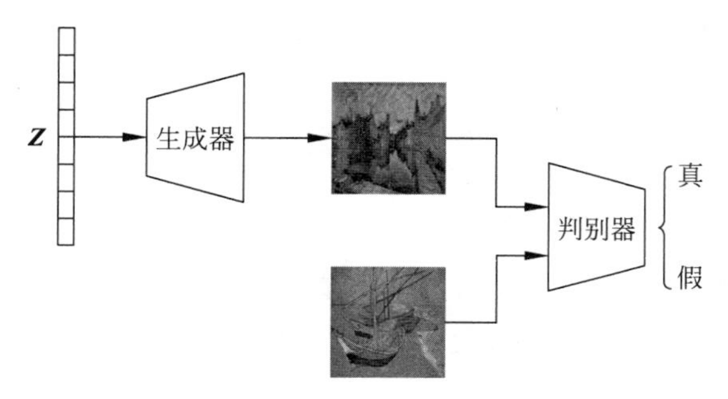

图 12-6　GAN 的模型结构

这里只给出了 GAN 的一个模型框架，具体的生成器和判别器的网络结构和参数读者可以结合具体的任务使用对应的网络结构。在 GAN 中，生成器和判别器是交替训练的。在一开始初始化模型的权重参数后，生成器生成的图片看起来不够真实，判别器此时还不具备能够准确区分出"假"数据的能力。但是，在训练的过程中，两个网络相互博弈，相互促进，最终达到一种较理想的平衡状态。事实上，生成器和判别器是在进行一种对抗游戏，生成器在训练的过程中学习如何欺骗判别器。同时，判别器在不断提升自己的鉴别能力，尽可能地将生成的图片区分开。

12.1.5 GAN的两种目标函数

前面提到了生成器和判别器是在相互博弈，但是具体它们要优化的目标是什么？或者说它们的目标函数分别是什么？在介绍GAN的论文 *Generative Adversarial Networks* 中，作者其实介绍了两种目标函数。下面就具体来进行介绍。

1. 第一种目标函数

GAN常用的第一种目标函数如式(12.1)所示。

$$\min_G \max_D V(\theta^{(D)},\theta^{(G)}) = \mathbb{E}_{\boldsymbol{x}\sim p_{\text{data}}(\boldsymbol{x})}[\log D(\boldsymbol{x})] + \mathbb{E}_{\boldsymbol{z}\sim p_z(\boldsymbol{z})}[\log(1-D(G(\boldsymbol{z})))] \tag{12.1}$$

其中，$V(\theta^{(D)},\theta^{(G)})$被称为损失函数，对于判别器D来说，希望最大化损失函数；对于生成器来说希望最小化损失函数。$D(\boldsymbol{x})$代表输入的$\boldsymbol{x}$是真实数据的概率。公式中的$\mathbb{E}_{\boldsymbol{x}\sim p_{\text{data}}(\boldsymbol{x})}[\log D(\boldsymbol{x})]$意思是对于来自训练集的$x$被判别器判别为真的概率的期望值；$\mathbb{E}_{\boldsymbol{z}\sim p_z(\boldsymbol{z})}[\log(1-D(G(\boldsymbol{z})))]$表示判别器输出生成器($G$)生成的数据为假的概率的期望值，$\boldsymbol{z}$为随机向量。对于判别器来说，公式中的两项都促进判别器的优化：第一项是真实数据样本的分类损失；第二项是对假样本的分类损失。结合公式中的两项，让判别器能够更好地区分出输入的数据是否为训练集中的数据。对于生成器而言，实际上在训练时往往会固定住其中一个网络，然后更新另一个网络的参数，例如在训练生成器时会固定住判别器，然后优化生成器。因此，从式(12.1)中可以看出，第一项是一个与生成器G无关的项，是一个常量，只有第二项才能够使得生成器的参数得到更新，生成器尽可能使得判别器判断生成的数据为"假"的概率越小越好。

但是，在GAN的原论文中提到，使用这个目标函数$\log(1-D(G(\boldsymbol{z})))$在训练的早期会发生梯度消失的情况。

2. 第二种目标函数

为了解决第一个公式会带来梯度消失的问题，论文里作者对原始的公式进行了修改，将原本生成器的公式(见式(12.2))。

$$\min_G \mathbb{E}_{\boldsymbol{z}\sim p_z(\boldsymbol{z})}[\log(1-D(G(\boldsymbol{z})))] \tag{12.2}$$

改写成式(12.3)：

$$\max_G \mathbb{E}_{\boldsymbol{z}\sim p_z(\boldsymbol{z})}[\log(D(G(\boldsymbol{z})))] \tag{12.3}$$

原本该公式对于生成器的含义是使得判别器判别生成的数据为假的概率越小越好，修改后的公式含义是使得判别器判别生成的数据为真的概率越大越好。为了和前面的公式保持一致，在新的公式前面加上一个负号，因此第二种目标函数可以写成式(12.4)。

$$\min_{G}\max_{D}V(\theta^{(D)},\theta^{(G)})=\mathbb{E}_{x\sim p_{\text{data}}(x)}[\log D(\boldsymbol{x})]+\mathbb{E}_{z\sim p_{z}(z)}[-\log(D(G(\boldsymbol{z})))]\tag{12.4}$$

12.1.6 GAN 的训练

在训练 GAN 时通常会选择固定其中一个网络，然后对另一个网络进行优化，再反过来优化另一个网络。在每一次训练迭代的过程中，重复上述的过程。GAN 训练过程如图 12-7 所示。

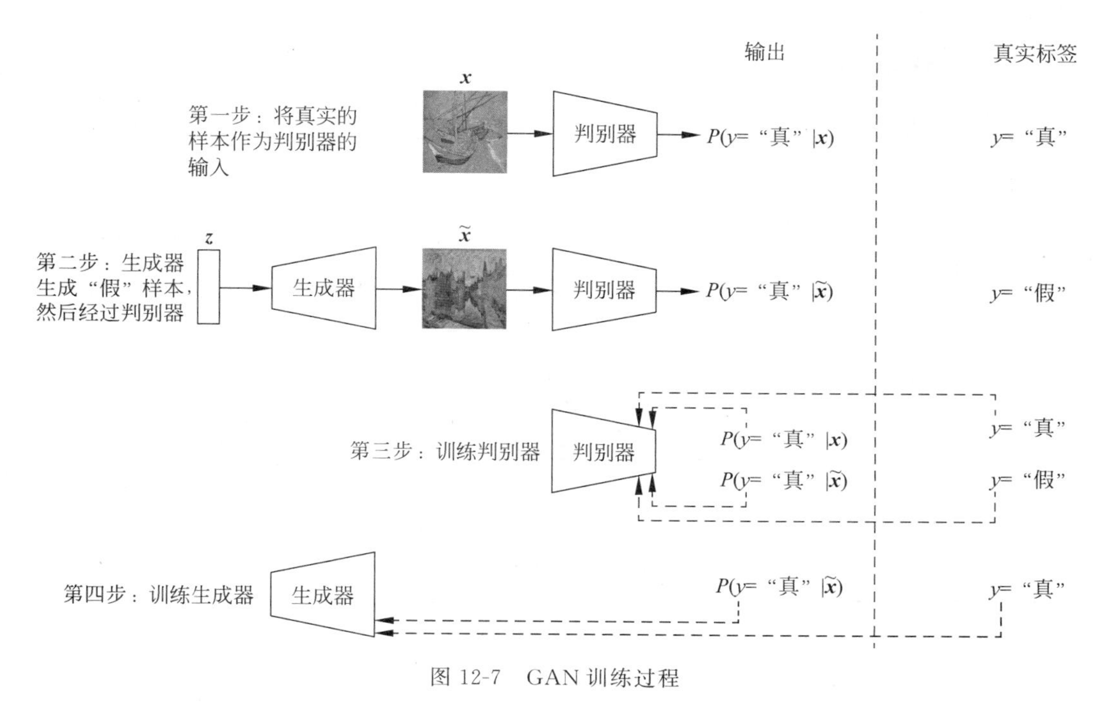

图 12-7 GAN 训练过程

(1) 从训练集中获取真实的数据 $\boldsymbol{x}$，经过判别器，计算来自训练集的概率。此时对应的标签为"真"。

(2) 从一个已知的分布中采样，获取 $\boldsymbol{z}$，然后经过生成器，生成 $\tilde{\boldsymbol{x}}$，接着作为判别器的输入，计算来自训练集的概率，此时对应的标签为"假"(注意，判别器的输出始终代表在给定输入的条件下来自训练集的概率)。

(3) 根据前两步的结果以及对应的标签带入 12.1.5 节中介绍的损失函数，然后对判别器的网络进行优化。注意，这时候生成器的网络参数是固定的，因此在更新判别器网络参数的过程中不会影响到生成器。

(4) 同理，固定住判别器，此时用于计算损失值的标签为"真"，因为对于生成器来说始终希望判别器判断生成的数据为"真"的概率越大越好，然后优化生成器。

最后，讨论关于训练的真实标签。原始的 GAN 中判别器本质上是做一个二分类的任务(真或假)，因此可以使用在二分类任务中经常用 0 表示某一类，1 表示另一类。但是由于判别器和生成器的优化目标不一样，因此要分开讨论。对于判别器，可以使用 0 表示生成器生成的“假”数据，1 表示从训练集中获取的数据；对于生成器，当生成器生成的“假”数据没有被判别器分类到真实数据类别时，需要进行惩罚，因此要假设生成器生成的“假”数据的真实标签为 1。

12.2 基于 PyTorch 构建 GAN

本节将实现一个简单的 GAN。并且，将用这个 GAN 在 12.3 节中生成 Fashion-MNIST 的数据。

12.2.1 网络结构

GAN 由生成器和判别器两个网络组件组成，一个常用的生成器和判别器的网络结构参数如表 12-1 和表 12-2 所示。

表 12-1 生成器的网络结构参数

网络类型	输出尺寸	参数量
Linear	[100,512]	51 712
LeakyReLU	[100,512]	0
Linear	[100,512]	262 656
LeakyReLU	[100,512]	0
Linear	[100,512]	262 656
LeakyReLU	[100,512]	0
Linear	[100,512]	262 656
LeakyReLU	[100,512]	0
Linear	[100,512]	262 656
LeakyReLU	[100,512]	0
Linear	[100,784]	402 192
Tanh	[100,784]	0

表 12-2 判别器的网络结构参数

网络类型	输出尺寸	参数量
Linear	[100,512]	401 920
LeakyReLU	[100,512]	0
Linear	[100,512]	262 656
LeakyReLU	[100,512]	0
Linear	[100,512]	262 656
LeakyReLU	[100,512]	0
Linear	[100,512]	262 656
LeakyReLU	[100,512]	0
Linear	[100,1]	513
Sigmoid	[100,1]	0

本案例中的生成器和判别器主要由全连接层构成，并在每个全连接层后都用了一个LeakyReLU()激活函数(除了输出层)。生成器的输出层使用的是Tanh()激活函数(在很多论文或者书籍中都推荐使用Tanh()激活函数作为生成器输出层的激活函数)。判别器实现了一个分类任务，因此输出层采用Sigmoid()激活函数。

生成器的输入是一个维度为100的随机向量z(从标准正态分布中采样得到)，经过6层全连接层，最后输出784维的向量。

判别器的输入是784维的向量(对应28×28的图片)，经过5层全连接层，最后经过Sigmoid()激活函数输出分类概率。

12.2.2 基于PyTorch建立GAN模型

本节介绍基于PyTorch框架实现的GAN的生成器和判别器，代码如例12-1所示。

【例12-1】 基于PyTorch框架实现的GAN的生成器和判别器代码。

```
1.  class MLP_G(torch.nn.Module):
2.    def __init__(self,dim,output_nc = 28 * 28,ndf = 512,n_layers = 3):
3.      '''''
4.      :param dim:输入的随机向量的维度,默认为 100
5.      :param output_nc:输出的维度,默认为 28 * 28
6.      :param ndf:每一层的特征数
7.      :param n_layers:层数
8.      '''
9.
10.     super(MLP_G,self).__init__()
11.     self.ndf = ndf
12.     cur_ndf = ndf
13.
14.     module_list = [torch.nn.Linear(dim,cur_ndf),
15.                    torch.nn.LeakyReLU(0.2)
16.                   ]
17.     for i in range(n_layers):
18.         module_list + = [torch.nn.Linear(cur_ndf,cur_ndf),
19.                    torch.nn.LeakyReLU(0.2)
20.                    ]
21.     module_list + = [torch.nn.Linear(cur_ndf,output_nc),
22.                  torch.nn.Tanh()
23.                 ]
24.
25.     self.model = torch.nn.Sequential( * module_list)
26.
27.   def forward(self, input):
28.     input = input.view(input.size(0),-1)
29.     output = self.model(input)
30.     return output
31. class MLP_D(torch.nn.Module):
```

```
32.     def __init__(self,input_nc,ndf = 512,n_layers = 3):
33.         '''''
34.         :param input_nc:输入图片的维度,默认为 784 维
35.           :param ndf:判别器每一层的特征数
36.           :param n_layers:网络层数
37.           '''
38.           super(MLP_D, self).__init__()
39.           self.ndf = ndf
40.           cur_ndf = ndf
41.           module_list = [torch.nn.Linear(input_nc,cur_ndf),
42.                   torch.nn.LeakyReLU(0.2)
43.                   ]
44.
45.         for i in range(n_layers):
46.           module_list + = [torch.nn.Linear(cur_ndf,cur_ndf),
47.                   torch.nn.LeakyReLU(0.2)
48.                   ]
49.         module_list + = [torch.nn.Linear(cur_ndf,1),
50.                 torch.nn.Sigmoid()
51.                 ]
52.         self.model = torch.nn.Sequential( * module_list)
53.
54.     def forward(self, input):
55.         input = input.view(input.size(0),-1)
56.         output = self.model(input)
57.         return output
```

这里以生成器为例,如果要用 PyTorch,需要先导入 torch 模块,然后在初始化函数中定义自己的网络结构,最后在 forward()函数中执行前向传播操作。

12.3 应用案例:基于 GAN 的图像生成

12.3.1 Fashion-MNIST 数据集

Fashion-MNIST 数据集由 Zalando 旗下的研究部门提供。不同于 MNIST 只有简单的 0~9 十个数字符号,取而代之的是生活中的必需品——服装。Fahsion-MNIST 数据集一共有 10 种类别,共 70 000 个不同商品的正面灰度图片,每个图片的大小是 28×28。Fashion-MNIST 数据集按照 60 000/10 000 数量将数据划分为训练数据和测试数据。图 12-8 展示了 Fahsion-MNIST 数据集部分图片数据。

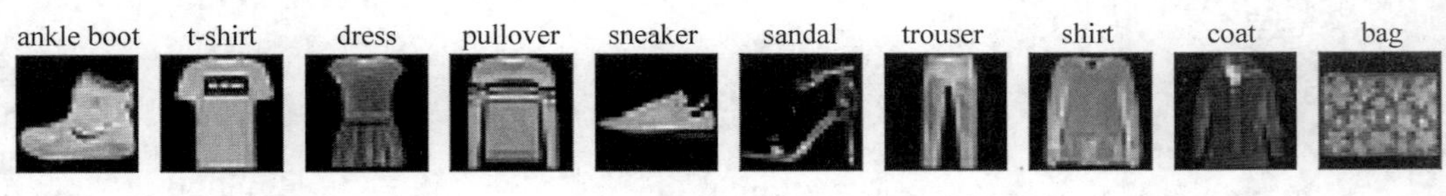

图 12-8 Fahsion-MNIST 数据集部分数据展示

12.3.2 数据预处理

Fashion-MNIST 数据集可从 Github 上下载。

(1) 从官方网站上下载的 Fashion-MNIST 训练集分为两个文件,如图 12-9 所示。

train-images-idx3-ubyte.gz	training set images	60,000	26 MBytes	Download	8d4fb7e6c68d591d4c3dfef9ec88bf0d
train-labels-idx1-ubyte.gz	training set labels	60,000	29 KBytes	Download	25c81989df183df01b3e8a0aad5dffbe

图 12-9 Fashion-MNIST 训练集

(2) 读取数据。将下载的 Fashion-MNIST 数据集通过 Python 进行读取,代码如例 12-2 所示。

【例 12-2】 读取 Fashion-MNIST 代码。

```
1.  def read_mnist(self,image_path,label_path):
2.      with gzip.open(label_path, 'rb') as lbpath:
3.        labels = np.frombuffer(lbpath.read(), dtype = np.uint8,offset = 8)
4.
5.      with gzip.open(image_path, 'rb') as imgpath:
6.        images = np.frombuffer(imgpath.read(), dtype = np.uint8, offset = 16).reshape
(len(labels), 784)
7.
8.      return images,labels
```

其中,image_path 和 label_path 为步骤(1)中所下载的两个文件的路径。

(3) 数据转换。由于直接从文件中读出来的数据类型是 NumPy 的数组类型,需要转换为 PyTorch 中能够处理的数据类型 Tensor。通常使用 torchvison 的 transforms 进行转换。另外 torchvision 中还提供了可以对数据的增强操作,例如反转、裁剪、缩放等操作。需要注意的是,在使用 ToTensor()时会自动地将[0,255]转换为[0,1]区间。由于大多数激活函数的非线性部分在[−1,1]区间上,因此需要使用 transforms.Normalize()函数将输入映射到[−1,1]区间上,代码如例 12-3 所示。

【例 12-3】 数据转换代码。

```
1.  def get_transform(self,params,grayscale= False,convert = True):
2.      transform_list = []
3.      if params.__contains__('Scale'):
4.          transform_list += [transforms.Scale(params['Scale'])]
5.      if params.__contains__('Flip'):
6.          transform_list += [transforms.RandomHorizontalFlip()]
7.      if convert:
8.          transform_list += [transforms.ToTensor()]
```

```
9.          if grayscale:
10.             transform_list += [ transforms.Normalize((0.5,),(0.5,))]
11.          else:
12.            transform_list += [transforms.Normalize((0.5, 0.5, 0.5), (0.5, 0.5, 0.5))]
13.      return transforms.Compose(transform_list)
```

12.3.3 搭建 GAN 模型

本节 GAN 的网络结构使用的是 12.2 节中的网络结构，选用 Adam 优化器，使用交叉熵损失函数(torch.nn.BCELoss()函数)计算，具体 GAN 代码实现如例 12-4 所示。

【例 12-4】 GAN 代码实现。

```
1.     class GAN(BaseModel):
2.     def __init__(self,opt):
3.       BaseModel.__init__(self,opt)
4.       self.loss_names = ['G_GAN','D_real','D_fake','D_total']
5.       self.visual_names = ['real_B','fake_B']
6.       self.model_names = ['G','D']
7.       self.nz = self.opt.nz
8.
9.       self.netG = define_G(self.opt.netG,self.opt.nz,28 * 28,512,4).to(self.device)
10.      self.netD = define_D(self.opt.netD,28 * 28,512,3).to(self.device)
11.
12.      if self.opt.is_train:
13.        self.d_optimizer = torch.optim.Adam(self.netD.parameters(),lr = self.opt.lr,
         betas = (0.5, 0.999))
14.        self.g_optimizer = torch.optim.Adam(self.netG.parameters(),lr = self.opt.lr,
         betas = (0.5, 0.999))
15.
16.        self.criterionGAN = torch.nn.BCELoss().to(self.device)
17.
18.    def set_input(self, input):
19.      self.z = input['z'].to(self.device)
20.      self.real_B = input['real_B'].to(self.device)
21.
22.    def forward(self):
23.      self.fake_B = self.netG(self.z).view(self.opt.batch_size,1,28,28)
24.      self.real_labels = torch.ones(self.opt.batch_size).to(self.device)
25.      self.fake_labels = torch.zeros(self.opt.batch_size).to(self.device)
26.
27.    def test(self):
28.      with torch.no_grad():
29.        self.fake_B = self.netG(self.z).view(1,1,28,28)
30.
31.    def backward_D(self):
32.      # real
```

```
33.       real_pred = self.netD(self.real_B)
34.       self.loss_D_real = self.criterionGAN(real_pred, self.real_labels)
35.
36.       # fake
37.       fake_pred = self.netD(self.fake_B.detach())
38.       self.loss_D_fake = self.criterionGAN(fake_pred, self.fake_labels)
39.
40.       self.loss_D_total = (self.loss_D_real + self.loss_D_fake) * 0.5
41.       self.loss_D_total.backward()
42.
43.     def backward_G(self):
44.       fake_pred = self.netD(self.fake_B)
45.       self.loss_G_GAN = self.criterionGAN(fake_pred, self.real_labels)
46.       self.loss_G_GAN.backward()
47.
48.     def optimize_parameters(self):
49.       self.forward()
50.       # Optimize discriminator
51.       self.set_requires_grad(self.netD, True)
52.       self.d_optimizer.zero_grad()
53.       self.backward_D()
54.       self.d_optimizer.step()
55.       # Optimize
56.       self.set_requires_grad(self.netD, False)
57.       self.g_optimizer.zero_grad()
58.       self.backward_G()
59.       self.g_optimizer.step()
```

set_input()函数将输入传给GAN这个类。然后在optimize_parameters()函数中首先执行forward()函数即前向传播，让生成器生成数据。然后再优化判别器，最后优化生成器。注意，在优化生成器时要将判别器设置为不需要梯度，另外在每次计算梯度前需要将梯度清零，否则梯度会进行累加。

12.3.4　案例结果及分析

案例代码首先加载训练集以及模型，然后设置迭代的次数(这里是90个epoch)。输入的随机向量z维度为100维，采用标准正态分布初始。具体代码如例12-5所示。

【例12-5】 GAN训练及预测代码。

```
1.  def main():
2.    opt = TrainOptions.TrainOptions().gather_options()
3.    # 加载训练集以及模型
4.    fashion_dataset = FashionMNIST_dataset.FashionMNISTDataset(opt)
5.    train_data = DataLoader(fashion_dataset, opt.batch_size, shuffle = True, num_workers = 4)
6.    model = GAN.GAN(opt)
7.    # 开始训练
8.    for epoch in range(opt.niter):
```

```
9.      for i,data in enumerate(train_data):
10.         z = torch.randn(opt.batch_size,opt.nz,1,1)
11.         input = {'real_B':data['image'],'z':z}
12.         model.set_input(input)
13.         model.optimize_parameters()
```

生成器和判别器训练的损失曲线如图 12-10 所示。

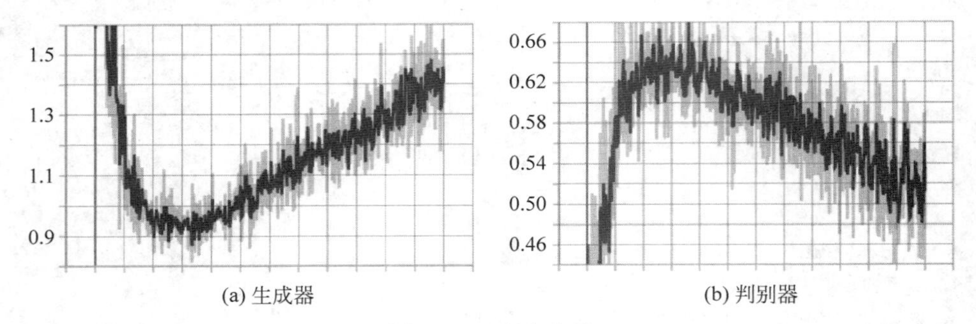

(a) 生成器　　(b) 判别器

图 12-10　损失曲线

最终生成的效果展示如图 12-11 所示。

图 12-11　生成效果展示

Frechet Inception 距离(FID)是目前评估 GAN 中经常被用到的评估指标。该指标基于生成图像的统计量与来自真实图像的统计量进行比较。具体的计算方法是：首先将真实图像和生成的图像经过 Inception v3 进行特征提取，最终网络输出的是一个 n 维特征。这里假设由真实图像计算得到的 n 维特征和由生成图像计算的 n 维特征是服从一个高斯分布(在介绍 GAN 的原理的时候说过 GAN 的目标是使得生成的图片和训练集中的数据的分布尽量相同)。FID 基于 n 维特征来计算两个分布的距离，如果距离越小，说明生成数据的分布和训练集就越相似，反之则越大。FID 的计算公式如式(12.5)所示。

$$\mathrm{FID}(\boldsymbol{x},\boldsymbol{g}) = ||\mu_x - \mu_g||_2^2 + \mathrm{Tr}(\Sigma_x + \Sigma_g - 2(\Sigma_x\Sigma_g)^{\frac{1}{2}}) \tag{12.5}$$

其中，$\boldsymbol{x}$ 表示真实的图片，$\boldsymbol{g}$ 表示生成的图片。μ 为均值，Σ 为协方差，Tr 表示矩阵对角线熵元素的总和，在矩阵论中称为“迹”。FID 越低，意味着生成图片的质量较高，多样性较好。图 12-12 为模型在 0～90 个 epoch 中生成图片的 FID 变化曲线。

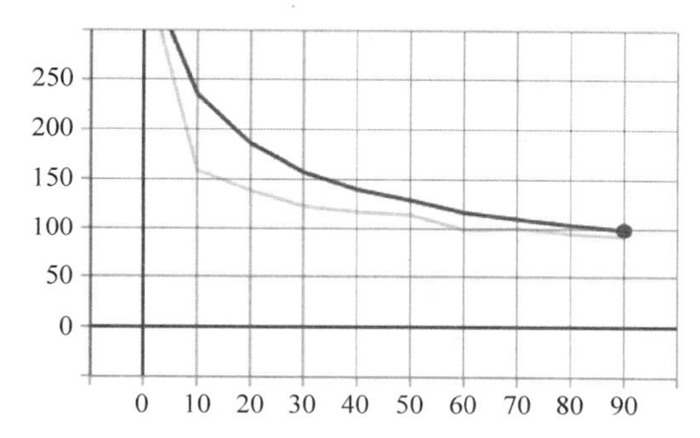

图 12-12　模型在 0～90 个 epoch 中生成图片的 FID 变化曲线

第三部分　拓 展 篇

第13章

基于百度飞桨的车道线检测

[思维导图]

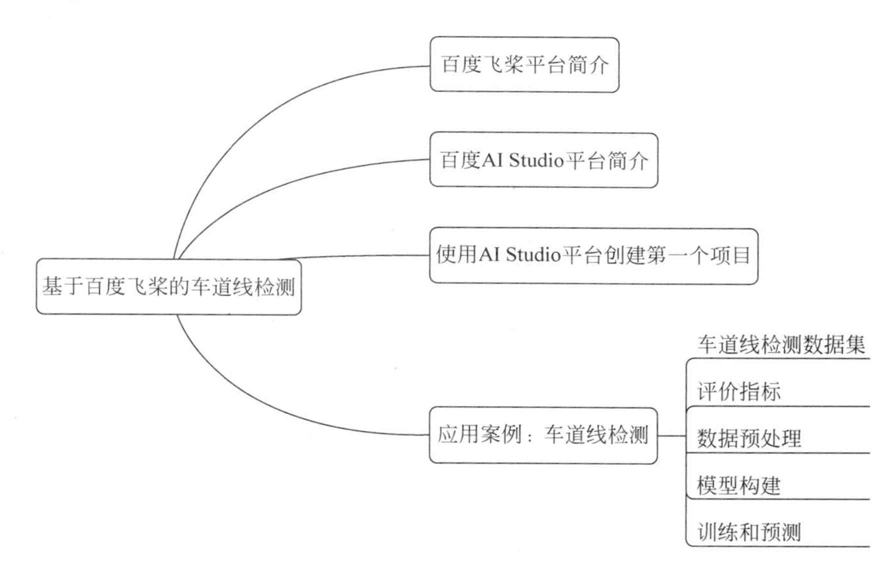

13.1 百度飞桨平台简介

飞桨(PaddlePaddle)是中国首个自主研发、开源开放的产业级深度学习平台，集深度学习核心框架、工具组件和服务平台为一体，已在诸多应用中被广泛采用。图13-1展示了飞桨全景图。

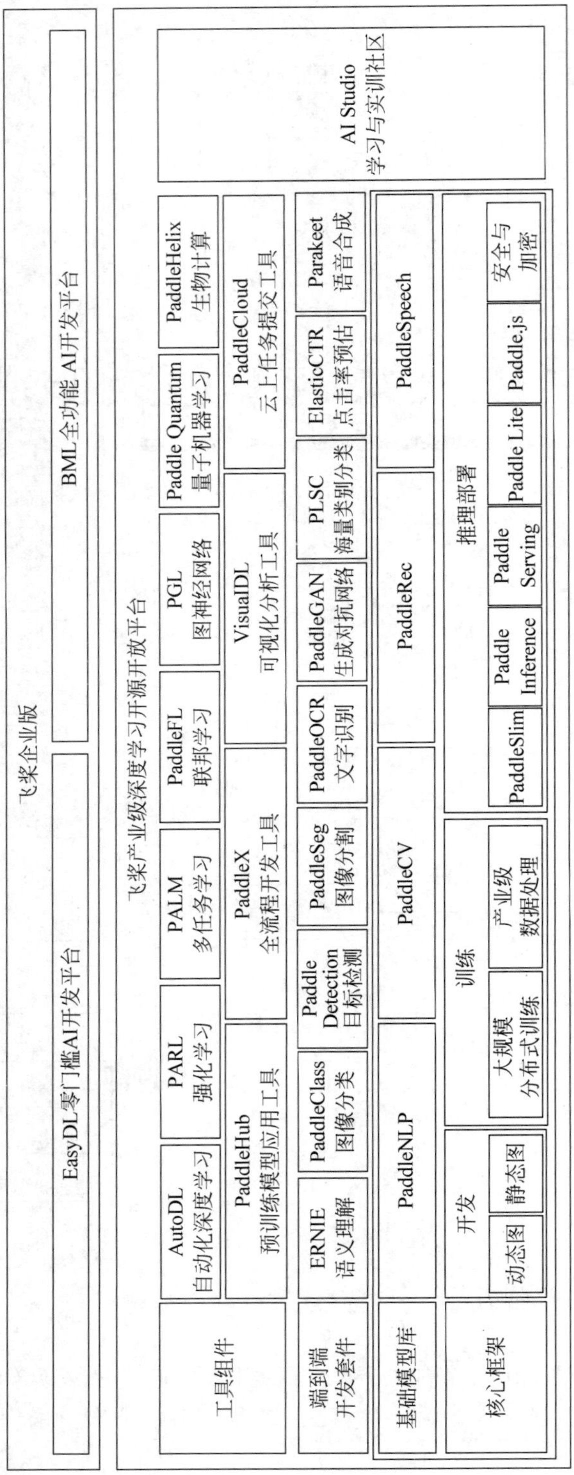

飞桨企业版

EasyDL零门槛AI开发平台

BML全功能 AI开发平台

飞桨产业级深度学习开源开放平台

工具组件

AutoDL 自动化深度学习

PARL 强化学习

PALM 多任务学习

PaddleFL 联邦学习

PGL 图神经网络

Paddle Quantum 量子机器学习

PaddleHelix 生物计算

PaddleHub 预训练模型应用工具

PaddleX 全流程开发工具

VisualDL 可视化分析工具

PaddleCloud 云上任务提交工具

端到端开发套件

ERNIE 语义理解

PaddleClass 图像分类

Paddle Detection 目标检测

PaddleSeg 图像分割

PaddleOCR 文字识别

PaddleGAN 生成对抗网络

PLSC 海量类别分类

ElasticCTR 点击率预估

Parakeet 语音合成

基础模型库

PaddleNLP

PaddleCV

PaddleRec

PaddleSpeech

核心框架

开发：动态图、静态图

训练：大规模分布式训练、产业级数据处理

推理部署：PaddleSlim、Paddle Inference、Paddle Serving、Paddle Lite、Paddle.js、安全与加密

AI Studio 学习与实训社区

图 13-1　飞桨全景图

13.2　百度 AI Studio 平台简介

百度 AI Studio 是针对 AI 学习者的在线一体化学习与实训社区，社区不仅集成了丰富的免费 AI 课程、深度学习样例项目、各领域经典数据集、云端超强 GPU 算力和存储资源，还提供竞赛平台，对初学者在 AI 学习过程中遇到的一系列难题提出了相应的解决方案，例如教程和样例代码不匹配、高质量数据集不易获得、本地难以使用大体量数据集训练模型等。平台主要分为项目、数据集、课程、比赛四大部分，如表 13-1 所示。

表 13-1　AI Studio 平台四大部分

分　　类	说　　明
项目	2000 多个优质公开项目，覆盖 CV、NLP、推荐算法等众多 AI 热门领域，支持 Notebook、脚本及图形化任务
数据集	1000 多个开放数据集，支持数据集预览、下载、上传、单次上传容量 100GB 数据
课程	视频、项目、文档三位一体，方便初学者快速入门人工智能
比赛	提供新手练习赛、常规赛、高级算法大赛等竞赛事项，提供不同级别的奖金

13.3　使用 AI Studio 平台创建第一个项目

AI Studio 支持 Chrome、Firefox 等浏览器，使用 AI Studio 创建的项目环境自动包含飞桨。下面将介绍如何使用 AI Studio 平台创建一个 Notebook 的项目。

(1) 进入“项目”页面，单击“创建项目”按钮，如图 13-2 所示。

图 13-2　创建项目

(2) 进入“选择类型”页面，如图 13-3 所示，选中 Notebook 类型，然后单击“下一步”按钮。

(3) 进入“配置环境”页面，选择新项目使用的飞桨版本和 Python 版本。图 13-4 中选择了飞桨 2.1.2 和 Python 3.7，然后单击“下一步”按钮。

(4) 进入“项目描述”页面，显示与项目相关的信息，以便在平台上分享自己的项目，如图 13-5 所示，填写好上述信息后，单击“创建”按钮，完成项目创建。

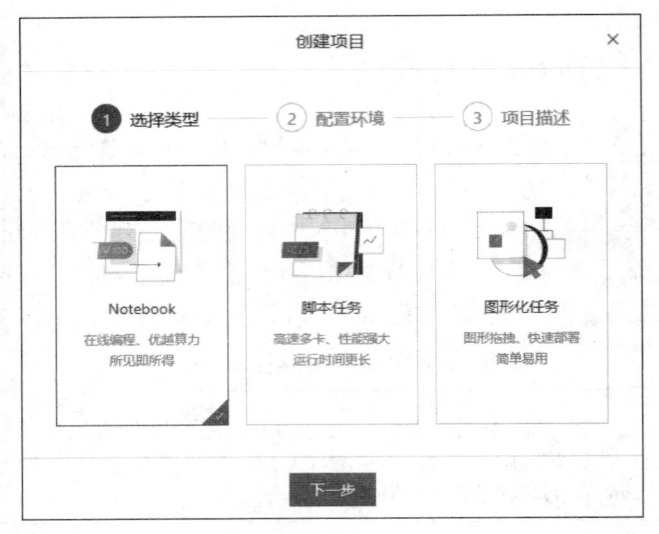

图 13-3　选择项目类型

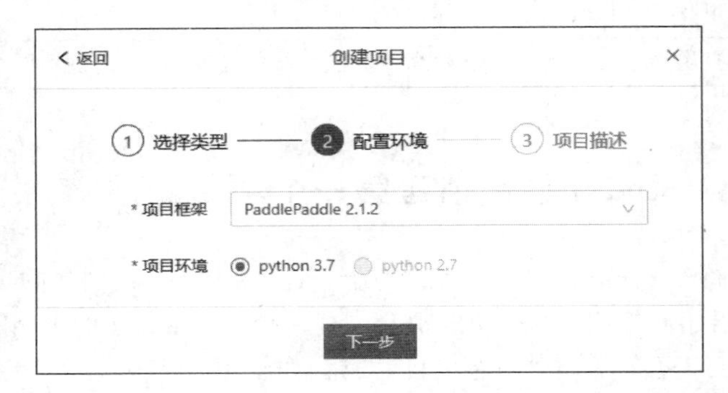

图 13-4　配置环境

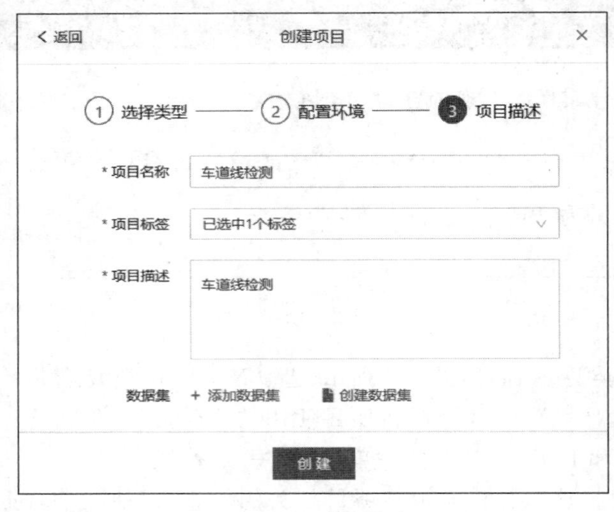

图 13-5　项目描述

（5）项目创建成功后，浏览器会自动跳转到项目详情页面，如图 13-6 所示。

图 13-6　项目详情页面

（6）单击项目详情页中的“启动环境”按钮，进入 Notebook 页面，代码编写、运行均在此页面完成。图 13-7 展示了 Notebook 页面的基本布局。

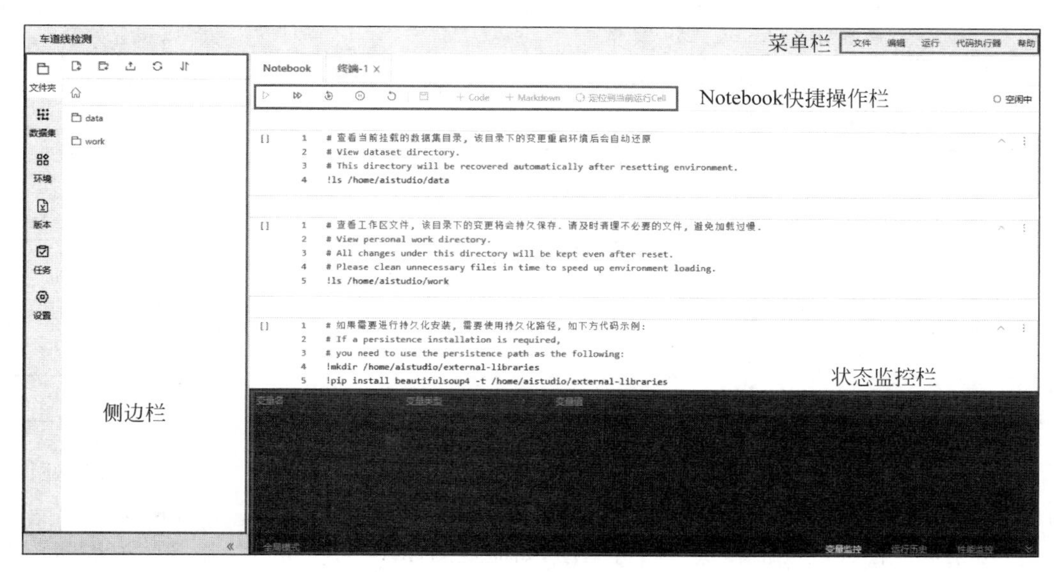

图 13-7　Notebook 页面的基本布局

上述步骤成功创建了一个项目。13.4 节将以车道线检测为例，更加具体地讲述 AI Studio 和飞桨平台的使用方法。

13.4 应用案例：车道线检测

精确检测车道线及类型对辅助驾驶、保障用户出行安全具有至关重要的作用，是计算机视觉目标检测任务的重要应用之一。本例中的车道线检测任务以基于高准确率俯视图数据为输入，设计一个车道线检测和分类模型。本案例使用 AI Studio 和飞桨平台完成。

13.4.1 车道线检测数据集

车道线检测数据集由百度地图数据引擎部提供，共有 5000 张高准确率俯视图，其中包括 4000 张有标签的图像和 1000 张无标签的图像。由于该数据集中标签种类较多，为降低难度，本例仅挑选 15 种标签，如表 13-2 所示。

表 13-2 本例使用的 15 种标签

车道线	标签
背景	0
单实线——黄	1
单实线——白	2
双实线——黄(包括一黄一白)	3
双实线——白	4
单虚线——黄	5
单虚线——白	6
双虚线——黄(包括一黄一白)	7
双虚线——白	8
一实一虚——黄(包括一黄一白)	9
一实一虚——白	10
多条车道线(不区分虚实与颜色)	11
实线减速车道线	12
虚线减速车道线	13
锯齿线	14

标注图像是与原图尺寸相同的单通道灰度图，其灰度值描述了目标的类别标签值。图 13-8 展示了一个高准确率俯视图和它的标注图像，也即训练图像与标注图像。

由于标注图像灰度值较低影响可见性，如需观测标注图像，可以使用飞桨提供的转换工具将灰度标注转换为伪彩色标注。

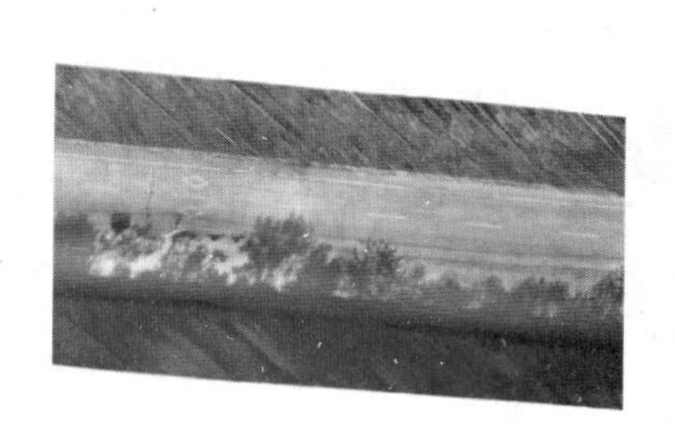

(a) 训练图像

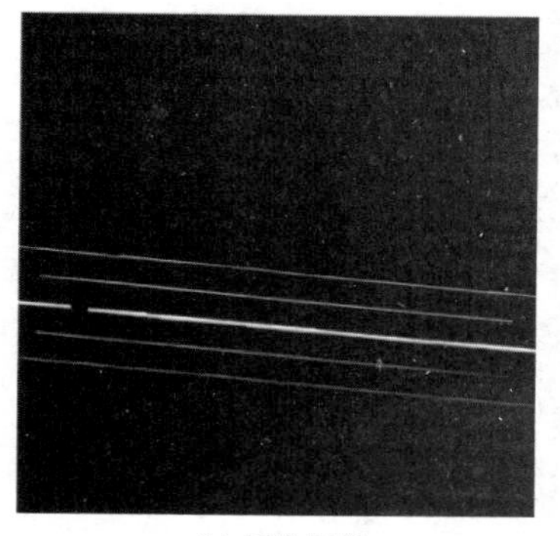

(b) 标准图像

图 13-8　训练图像与标注图像

13.4.2　评价指标

本例采用 mIoU 指标来评估结果。mIoU 的计算方法如式(13.1)和式(13.2)所示。

$$\mathrm{mIoU}=\frac{1}{C}\sum_{c=1}^{C}\mathrm{IoU}_c \tag{13.1}$$

$$\mathrm{IoU}_c=\frac{\mathrm{TP}}{\mathrm{TP}+\mathrm{FP}+\mathrm{FN}} \tag{13.2}$$

其中，C 是分类数，在本任务中就是车道线的类别数。TP(True Positive)表示真正类个数，即标签是正类，预测结果是正类，预测正确。FP(False Positive)表示假正类，即标签是负类，预测结果是正类，预测错误。FN(False Negative)表示假负类，即标签是正类，预测结果是负类，预测错误。

13.4.3　数据预处理

(1) 下载数据。

车道线检测数据集可从 AI Studio 官方网站下载。表 13-3 展示了数据集中各文件夹的内容。

表 13-3　车道线检测数据集

文件夹	内容
image_4000	训练图像
mask_4000	训练图像的标注
infer	待预测图像

(2) 划分数据集。

使用 image_4000 文件夹中的后 500 张图像作为交叉验证集，同时生成训练、测试所需的 txt 文件，代码如例 13-1 所示。

【例 13-1】　划分数据集并生成训练、测试所需的 txt 文件。

```
1.  from imghdr import what
2.  import numpy as np
3.  import random
4.  import os
5.
6.  def get_all_date(dir_images, dir_masks):
7.      """生成训练、测试所需的 txt 文件"""
8.      res = []
9.      for file in os.listdir(dir_images):
10.         image_path = os.path.join(dir_images, file)
11.         mask_path = os.path.join(dir_masks, file)
12.         if os.path.exists(image_path) and os.path.exists(mask_path):
13.           res.append(image_path,mask_path)
14.         else:
15.           print(image_path, mask_path)
16.     return res
17.
18. if __name__ == "__main__":
19.     res = get_all_date('image_4000', 'mask_4000')
20.     print(res[:3])
21.     print(len(res))
22.     random.shuffle(res)
23.     #划分训练集、验证集
24.     with open('./train_list.txt', 'w') as f:
25.       for line in res[:3500]:
26.           f.writelines(line[0] + '' + line[1] + '\n')
27.
28.     with open('./val_list.txt', 'w') as f:
29.       for line in res[3500:]:
30.           f.writelines(line[0] + '' + line[1] + '\n')
```

根据 13.3 节的介绍，使用 AI Studio 平台创建一个项目，在创建项目弹窗中通过添加数据集引用他人已公开的车道线检测数据集或通过创建数据集将处理过的数据集上传至平台并添加到项目中。数据集的存储路径是/home/aistudio/data/。

13.4.4 模型构建

本例选择 DeepLabv3＋模型完成上述任务。DeepLabv3＋是 Google 公司提出的 DeepLab 语义分割系列网络的最新作品，通过 encoder-decoder 进行多尺度信息的融合，同时保留了原来的空洞卷积和 ASPP 层，其骨干网络使用 Resnet50 模型，提高了语义分割的健壮性和运行速率。

PaddleSeg 是基于飞桨开发的端到端图像分割开发套件，涵盖了大量高准确率和轻量级等不同方向的高质量分割模型，其中包括 DeepLabv3＋模型。在项目中使用终端下载 PaddleSeg 代码并安装相关依赖，代码如例 13-2 所示。

【例 13-2】 下载 PaddleSeg 代码并安装相关依赖。

```
1.  git clone https://gitee.com/paddlepaddle/PaddleSeg.git --branch release/v2.0.0-rc
2.  cd PaddleSeg
3.  pip install -r requirements.txt
```

接下来通过配置文件/home/aistudio/work/PaddleSeg/legacy/configs/myconfig.yaml来设置数据集路径、预训练模型、迭代次数、学习率等参数。myconfig.yaml配置示例如例13-3所示。

【例13-3】 myconfig.yaml配置示例。

```
1.  #数据集配置
2.  DATASET:
3.    #数据集存放目录
4.    DATA_DIR: "/home/aistudio/data/"
5.    NUM_CLASSES: 15
6.    TEST_FILE_LIST: "/home/aistudio/data/val_list.txt"
7.    TRAIN_FILE_LIST: "/home/aistudio/data/train_list.txt"
8.    VAL_FILE_LIST: "/home/aistudio/data/val_list.txt"
9.    VIS_FILE_LIST: "/home/aistudio/data/val_list.txt"
10. #预训练模型配置
11. MODEL:
12.   #预训练模型名称
13.   MODEL_NAME: "deeplabv3p"
14.   #预训练模型的Normalization类型
15.   DEFAULT_NORM_TYPE: "bn"
16.   #预训练模型的Backbone网络
17.   DEEPLAB:
18.      BACKBONE: "resnet50_vd"
19.
20. #其他配置
21. #训练裁剪大小
22. TRAIN_CROP_SIZE: (768, 768)
23. #验证裁剪大小
24. EVAL_CROP_SIZE: (768, 768)
25. #数据增强方法
26. AUG:
27.   AUG_METHOD: "unpadding"
28.   FIX_RESIZE_SIZE: (768, 768)
29. BATCH_SIZE: 6
30. TRAIN:
31.   #预训练模型路径
32.   PRETRAINED_MODEL_DIR: "./pretrained_model/deeplabv3p_resnet50_vd_cityscapes/"
33.   #模型保存路径
34.   MODEL_SAVE_DIR: "./saved_model/new/"
35.   #模型保存间隔数
36.   SNAPSHOT_EPOCH: 10
37. TEST:
38.   #测试模型路径
```

```
39.    TEST_MODEL: "./saved_model/new/best_model"
40. SOLVER:
41.    #迭代次数
42.    NUM_EPOCHS: 100
43.    #学习率
44.    LR: 0.0001
45.    #学习率衰减策略
46.    LR_POLICY: "poly"
47.    #优化器类型
48.    OPTIMIZER: "adam"
```

13.4.5 训练和预测

在 AI Studio 平台上使用 DeepLabv3＋模型对车道线数据进行训练与测试的步骤如下。

(1) 模型训练。运行 pdseg/train.py 训练模型，代码如例 13-4 所示。其中，--cfg 指定配置文件，--use_gpu 启用 GPU。

【例 13-4】 执行训练。

```
1.  cd /home/aistudio/work/PaddleSeg/legacy
2.  python pdseg/train.py --use_gpu --cfg ./configs/myconfig.yaml
```

(2) 预测结果。运行 pdseg/eval.py 使用训练好的模型进行预测，代码如例 13-5 所示。

【例 13-5】 预测结果。

```
1.  cd /home/aistudio/work/PaddleSeg/legacy
2.  python pdseg/eval.py --use_gpu --cfg ./configs/myconfig.yaml
```

图 13-9 展示了待预测图像和预测结果。

(a) 待预测图像

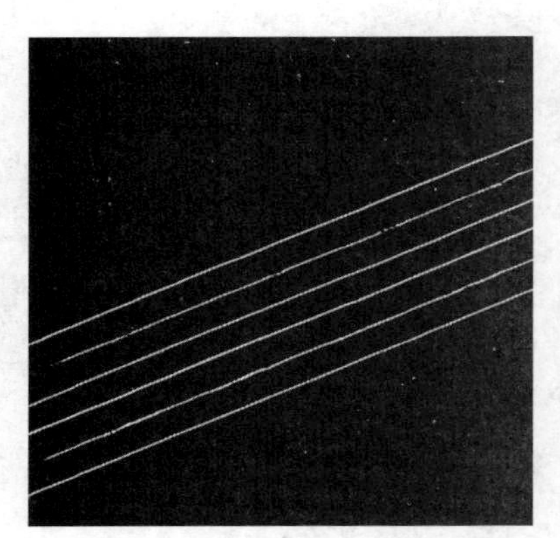

(b) 预测结果

图 13-9 待预测图像和预测结果

第 14 章

基于旷视天元MegEngine的目标检测

[思维导图]

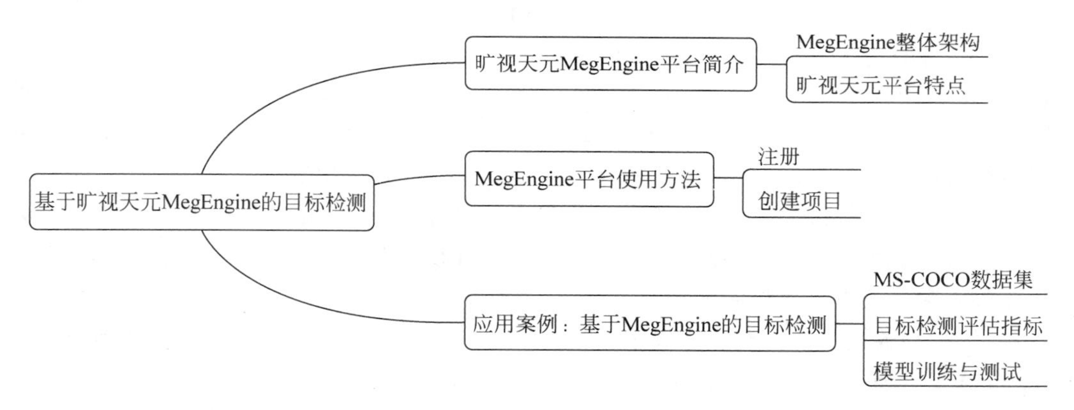

14.1 旷视天元 MegEngine 平台简介

如图 14-1 所示，旷视天元 MegEngine 是旷视新一代 AI 生产力平台 Brain＋＋的最核心组件，已于 2020 年 3 月正式向全球开发者开源。旷视天元由旷视自主研发，是一个快速、可扩展、易于使用且支持自动求导的开源深度学习框架。

14.1.1 MegEngine 整体架构

如图 14-2 所示，MegEngine 整体架构分为四层，包括接口层、核心组件层、硬件抽象层和硬件层。整体架构形成了计算图运行时和动态运行时两套不同的接口，分别针对高

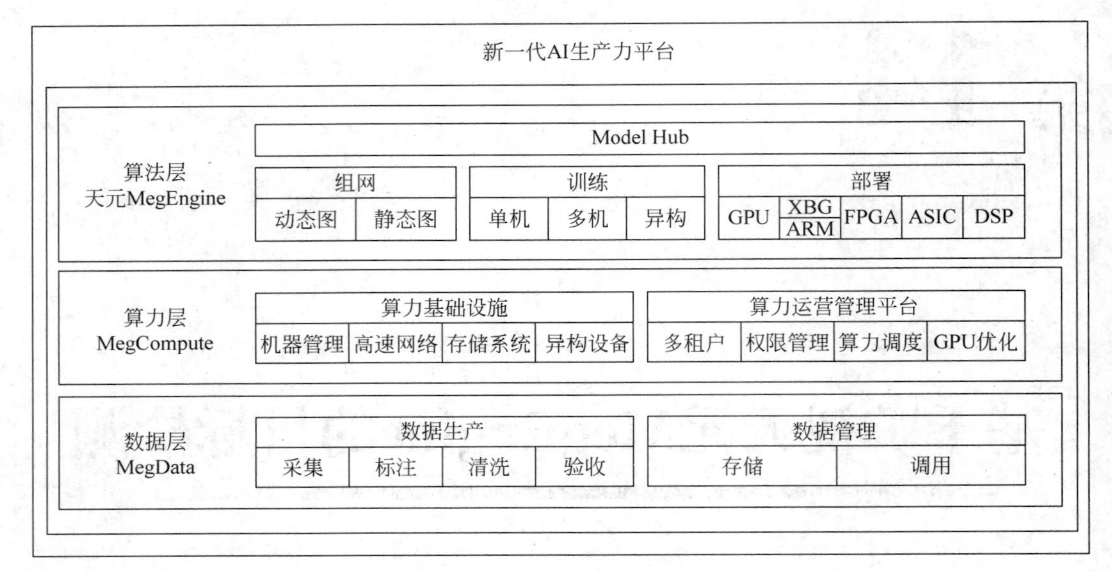

图 14-1 旷视 Brain++新一代 AI 生产力平台

效运行和灵活使用进行了兼顾。

在接口层，两套运行时都提供了基于高级语言(如 Python)的功能，并在对性能有更高需求的计算图运行时额外提供了 C/C++接口。

在核心组件层，包括了通用的一系列基础组件以及针对两套运行时独有的一些核心组件。其中计算图和 Tensor Interpreter 分别是两套运行时最为核心的组件，接收来自接口层的用户指令，作为张量计算的主体，驱动其他组件提供运算能力。其余各类组件分别提供了深度学习框架中非常重要的自动求导、形状推导、优化器等功能。

硬件抽象层将多种不同硬件的能力向上层进行抽象，将更底层的硬件设备抽象为内存管理、调度能力、计算能力和通信能力并分别交由设备内存管理、设备调度管理、算子库 MegDNN 和异构设备通信库 MegRay 四个管理器控制。其中 MegDNN 包含了在各类设备上经过细致调优的全套计算算子实现，最大程度地发挥硬件的计算性能，从而保证了 MegEngine 在各类设备上都能拥有高效的计算能力。

14.1.2 旷视天元平台特点

旷视天元可帮助用户借助友好的编程接口，进行大规模深度学习模型训练和部署，具备训练推理一体、全平台高效支持和动静结合的训练能力三大核心优势。

1. 训练推理一体

在传统深度学习模型开发流程中，从训练到推理，开发者需要经过一系列格式转换，随之而来的也会有种种复杂难题。为了解决传统模型开发的一系列痛点，旷视天元在训练和推理侧均为一套底层框架提供支持，让训练与推理不再是完全孤立的两个步骤，开发者不再需要为了模型转换而头疼。经过各方用户的实际验证，使用旷视天元可以将整个模型从训练到推理的交付时长缩短至传统方案的 1/10 以下，真正做到天级甚至小时级交付。

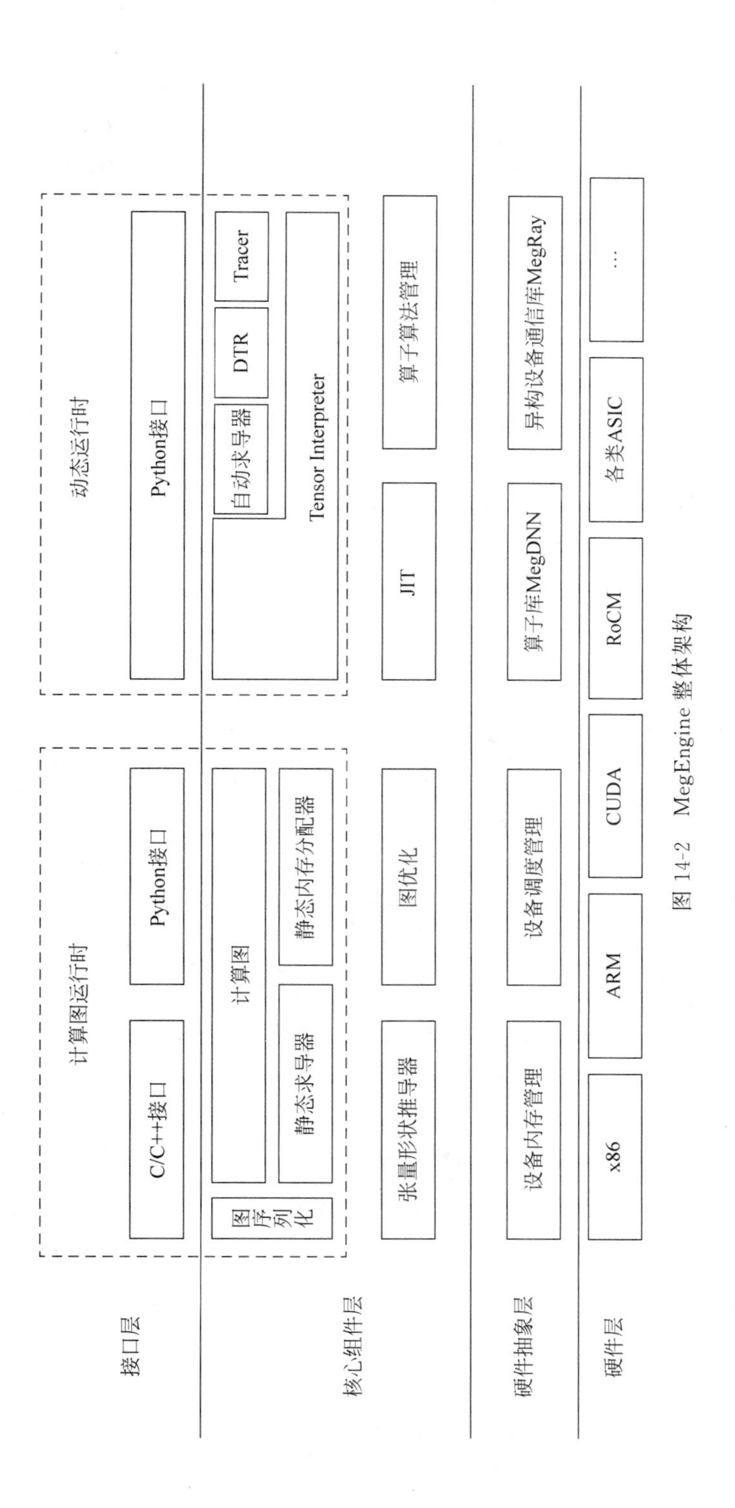

图 14-2　MegEngine 整体架构

2. 全平台高效支持

广泛而高效的平台支持是实现训推一体的前提。只有在各个平台上都提供足够高效、便捷的推理能力，才能真正地免除模型转换工作。旷视天元对于常用的各类 CPU、GPU 和 NPU 均提供了全面而高效的支持，让用户无须为每个平台重新学习、重新开发。

3. 动静结合的训练能力

旷视天元 MegEngine 一方面可通过动态模式支持快速设计模型，另一方面通过动静结合方案，让动态训练代码无缝转换为静态图，从而利用算子融合、亚线性内存优化等技术，使得内存消耗和训练速度达到最优。

14.2 MegEngine 平台使用方法

14.2.1 注册

新用户需在 MegEngine 平台官方网站进行注册。图 14-3 展示了 MegEngine 平台主页面。

图 14-3 MegEngine 平台主页面

登录平台后，填写邀请码即可获得积分，积分可兑换平台免费 GPU、CPU 算力。图 14-4 展示了填写邀请码界面。

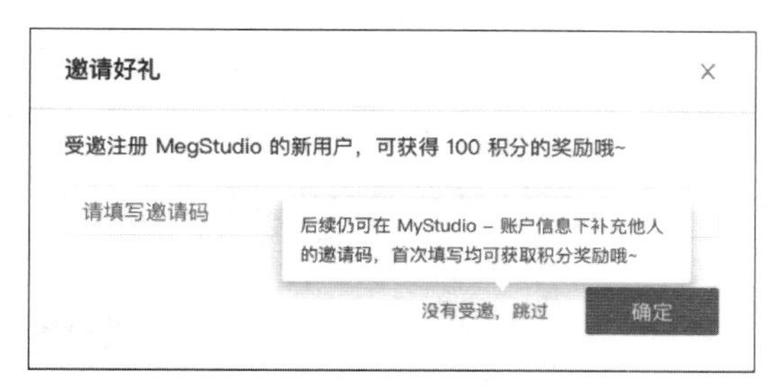

图 14-4　填写邀请码界面

14.2.2　创建项目

（1）创建新项目，如图 14-5～图 14-7 所示。

图 14-5　创建新项目

图 14-6　项目信息

图 14-7　项目创建成功

(2) 在“启动环境”对话框中可选择不同配置的云算力环境。图 14-8 展示了云算力环境版本选择。

图 14-8　云算力环境版本选择

（3）开始模型训练，如图 14-9 所示。

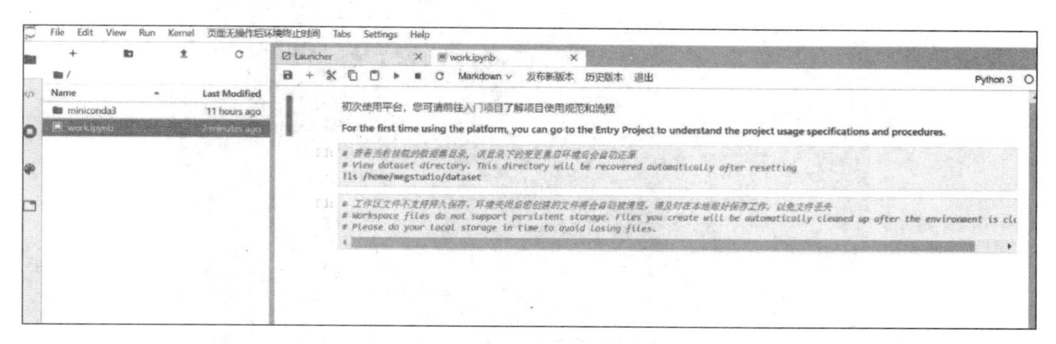

图 14-9　开始模型训练页面

14.3　应用案例：基于 MegEngine 的目标检测

目标检测（Object Detection）是计算机视觉和模式识别领域的基础问题之一，对计算机视觉和模式识别领域具有重要的应用价值。本案例基于 MS-COCO 目标检测数据集，实现具有 80 个对象类别的目标检测。

14.3.1　MS-COCO 数据集

MS-COCO（Microsoft Common Objects in Context）是微软公司开源的数据集，分为目标检测、分割、关键点检测三大任务，数据集主要由图片和 JSON 标签文件组成。数据集样例如图 14-10 所示。

图 14-10　MS-COCO 数据集样例

MSC-OCO 数据集标注文件的结构如图 14-11 所示。

标注文件中，images 关键字对应图片信息，annotations 关键字对应标注信息，categories 对应类别信息。

```
{
    "images":
        [
            {"file_name":"cat.jpg", "id":1, "height":1000, "width":1000},
            {"file_name":"dog.jpg", "id":2, "height":1000, "width":1000},
            ...
        ]
    "annotations":
        [
            {"image_id":1, "bbox":[100.00, 200.00, 10.00, 10.00], "category_id": 1}
            {"image_id":2, "bbox":[150.00, 250.00, 20.00, 20.00], "category_id": 2}
            ...
        ]
    "categories":
        [
            {"id":0, "name":"bg"}
            {"id":1, "name":"cat"}
            {"id":1, "name":"dog"}
            ...
        ]
}
```

图 14-11 MS-COCO 数据集标注文件的结构

images：该关键字对应的数据中，每项对应一张图片。file_name 对应图片名称；id 对应图片序号；height 和 width 分别对应图像的高和宽。

annotations：该关键字对应的数据中，每项对应一条标注。image_id 对应图片序号；bbox 对应标注矩形框，顺序为[x，y，w，h]，分别为该矩形框的起始点 x 坐标，起始点 y 坐标，宽、高；category_id 对应类别序号。

categories：该关键字对应的数据中，每项对应一个类别。id 对应类别序号；name 对应类别名称。

关键字关联说明：

(1) annotations 中的元素通过 image_id 关联图像，比如"image_id":2，该条标注信息对应 images 中 id 为 2 的图像。

(2) annotations 中的元素通过 category_id 关联类别，比如"category_id":2，该条标注信息对应 categories 中 id 为 2 的类别。

例如，在以上列出的数据结构中，{"image_id":1，"bbox":[100.00，200.00，10.00，10.00]，"category_id"：1}这条标注信息通过 image_id 可以找到对应的图像为 cat.jpg，通过 category_id 可以找到对应的类别为 cat。

背景图片说明：

annotations 中的元素，"category_id":0 对应的是背景。当且仅当一张图片对应的所有 annotations 中，category_id 都为 0，该图片为背景图片。

14.3.2 目标检测评估指标

本案例采用 mAP 来评估结果。mAP 的计算方法如式(14.1)～式(14.3)所示。

$$\mathrm{mAP}=\frac{\sum_{i=1}^{K}\mathrm{AP}_i}{K} \tag{14.1}$$

$$\mathrm{AP}=\int_0^1 P(r)_{\mathrm{smooth}}\,\mathrm{d}r \tag{14.2}$$

$$P(r)_{\text{smooth}} = \max_{r' \geq r} P(r') \tag{14.3}$$

其中，K 为类别数；mAP 值是 AP 值在各个类别上的平均值；AP 为平均精准度，即 P-R (Precision-Recall)曲线上 Precision 的平均值(可以通过积分求得)；$P(r)$指在 Recall 值为 r 的情况下 Precision 的值。在实践中，并不直接对 P-R 曲线进行计算，而是需要先对 P-R 曲线进行平滑处理，即对 P-R 曲线上的每个横坐标，其 Precision 值取该点右侧最大的 Precision 值。通过式(14.3)进行平滑处理后再对 AP 值进行求解。

14.3.3　模型训练与测试

本案例采用 MegEngine 实现 RetinaNet 网络模型，采用 COCO2017 数据集进行训练和测试。此部分主要介绍系统安装、环境配置、使用 RetinaNet 训练与测试等，包括如下步骤。

1. 安装和环境配置

本案例基于 MegEngine 代码进行。该代码基于 MegEngine v1.2，在开始运行代码之前，需进行环境配置，即在项目中使用终端下载 MegEngine Models 代码并安装相关依赖，对应脚本代码如例 14-1 所示。

【例 14-1】 下载 MegEngine Models 并安装相关依赖的脚本代码。

```
1.  git clone https://github.com/MegEngine/Models.git
2.  pip3 install --user -r requirements.txt
3.  #这里的路径改为 git 下载的文件的路径
4.  export PYTHONPATH=/path/to/models:$PYTHONPATH
```

2. 使用预训练模型进行测试

本次目标检测的任务是在 COCO2017 数据集上进行的，所以可以使用与之相对应的配置文件，如 configs/retinanet_res50_coco_3x_800size.py。执行该配置文件会下载相应的预训练模型，代码如例 14-2 所示。

【例 14-2】 COCO2017 数据集的 MegEngine 配置文件。

```
1.  from megengine import hub
2.  from official.vision.detection import models
3.
4.  @hub.pretrained(
5.    "https://data.megengine.org.cn/models/weights/"
6.    "retinanet_res50_coco_3x_800size_39dot3_8eaec532.pkl"
7.  )
8.  #retinanet_res50_coco_3x_800size_39dot3_8eaec532.pkl 为针对 Coc 数据集的预训练
    #模型
9.  def retinanet_res50_coco_3x_800size(**kwargs):
10.   cfg = models.RetinaNetConfig()
11.   cfg.backbone_pretrained = False
```

```
12.     return models.RetinaNet(cfg, ** kwargs)
13.
14. Net = models.RetinaNet
15. Cfg = models.RetinaNetConfig
```

加载了预训练训练的模型后，可以通过命令测试单张图片，以 RetinaNet 为例的代码如例 14-3 所示。

【例 14-3】 使用训练完毕的模型进行测试。

```
1.  python3 tools/inference.py -f configs/retinanet_res50_coco_3x_800size.py \
2.                  -w /path/to/model_weights.pkl \
3.                  -i ../../assets/cat.jpg
```

其中，tools/inference.py 的解析命令行的函数代码如例 14-4 所示。

【例 14-4】 tools/inference.py 文件的解析命令行的函数代码。

```
1.  def make_parser():
2.    parser = argparse.ArgumentParser()
3.    # -f, 测试的网络结构描述文件
4.    parser.add_argument(
5.       "-f", "--file",
6.       default = "net.py", type = str, help = "net description file"
7.    )
8.    # -w, 需要测试的模型权重
9.    parser.add_argument(
10.      "-w", "--weight_file",
11.      default = None, type = str, help = "weights file",
12.   )
13.   # -i, 需要测试的样例图片
14.   parser.add_argument("-i", "--image", type = str)
15.   return parser
```

使用默认图片和默认模型测试的输出结果如图 14-12 所示。

图 14-12　模型测试结果

3. 模型训练

此部分以 RetinaNet 在 COCO2017 数据集上训练为例进行介绍。

(1) 在开始训练前,需下载并解压 COCO2017 数据集到合适的数据目录下。案例中数据集的目录结构如例 14-5 所示(目前默认使用 COCO2017 数据集)。

【例 14-5】 COCO2017 数据集目录结构。

```
1.  /path/to/
2.      |->coco
3.      |    |annotations
4.      |    |train2017
5.      |    |val2017
```

(2) 获取 backbone 网络预训练参数：可使用 megengine. hub 下载 megengine 官方提供的在 ImageNet 上训练的模型，并存放在 /path/to/pretrain. pkl 中。

(3) 开始训练,在项目路径下的终端中输入相应命令,脚本代码如例 14-6 所示。

【例 14-6】 对模型进行训练。

```
1.  python3 tools/train.py -f configs/retinanet_res50_coco_3x_800size.py \
2.                  -n 8 -d /path/to/COCO2017
```

其中,tools/train. py 的解析命令行的函数代码如例 14-7 所示。

【例 14-7】 tools/train. py 的解析命令行的函数代码。

```
1.  def make_parser():
2.      parser = argparse.ArgumentParser()
3.      # -f, 所需要训练的网络结构描述文件
4.      parser.add_argument(
5.          "-f", "--file",
6.          default="net.py", type=str, help="net description file"
7.      )
8.      # -n, 用于训练的 devices(gpu)数量
9.      parser.add_argument(
10.         "-w", "--weight_file",
11.         default=None, type=str, help="weights file",
12.     )
13.     # -w, 预训练的 Backbone 网络权重
14.     parser.add_argument(
15.         "-n", "--devices",
16.         default=1, type=int, help="total number of gpus for training",
17.     )
18.     # -b,训练时采用的 batch_size, 默认为 2,表示每张卡训 2 张图
19.     parser.add_argument(
20.         "-b", "--batch_size",
21.         default=2, type=int, help="batch size for training",
```

```
22.     )
23.     # - d, 数据集的上级目录,默认为/data/datasets
24.     parser.add_argument(
25.         " - d", " -- dataset_dir",
26.         default = "/data/datasets", type = str,
27.     )
28.
29.     return parser
```

默认情况下,训练好的模型会保存在 以"log-of-模型"命名的目录下。

4. 模型测试

在得到训练完保存的模型之后,可以通过执行 tools 下的 test.py 文件,测试模型在验证集上的性能。

(1) 可验证某个 epoch 的性能,以 RetinaNet 在 COCO2017 数据集上测试为例,代码如例 14-8 所示。

【例 14-8】 验证单个 epoch 性能。

```
1.  python3 tools/test.py - f configs/retinanet_res50_coco_3x_800size.py \
2.                        - n 8 \
3.                        - se 51 \
4.                        - d /path/to/COCO2017
```

(2) 可验证连续若干个 epoch 性能,代码如例 14-9 所示。

【例 14-9】 验证连续的多个 epoch 的性能。

```
1.  python3 tools/test.py - f configs/retinanet_res50_coco_3x_800size.py \
2.                     - n 8 \
3.                     - se 51  - ee 53 \
4.                     - d /path/to/COCO2017
```

(3) 可验证某个指定 weights 的性能,代码如例 14-10 所示。

【例 14-10】 验证指定的 weights 的性能。

```
1.  python3 tools/test.py - f configs/retinanet_res50_coco_3x_800size.py \
2.                     - n 8 \
3.                     - w /path/to/model_weights.pkl \
4.                     - d /path/to/COCO2017
```

其中,tools/test.py 用来解析命令行,具体代码如例 14-11 所示。

【例 14-11】 test.py 解析命令行的代码。

```
1.  def make_parser():
2.      parser = argparse.ArgumentParser()
3.      # - f, 所需要测试的网络结构描述文件
```

```
4.     parser.add_argument(
5.         "-f", "--file", default="net.py", type=str, help="net description file"
6.     )
7.     # -w, 需要测试的模型权重
8.     parser.add_argument(
9.         "-w", "--weight_file", default=None, type=str, help="weights file",
10.    )
11.    # -n, 用于测试的 devices(gpu)数量
12.    parser.add_argument(
13.        "-n", "--devices", default=1, type=int, help="total number of gpus for testing",
14.    )
15.    # -d,数据集的上级目录,默认为/data/datasets
16.    parser.add_argument(
17.        "-d", "--dataset_dir", default="/data/datasets", type=str,
18.    )
19.    # -se,连续测试的起始 epoch 数,默认为最后一个 epoch,该参数的值必须大于或等于 0
       #且小于模型的最大 epoch 数
20.    parser.add_argument("-se", "--start_epoch", default=-1, type=int)
21.    # -ee,连续测试的结束 epoch 数,默认等于-se(即只测试 1 个 epoch),该参数的值必须大
       #于或等于-se 且小于模型的最大 epoch 数
22.    parser.add_argument("-ee", "--end_epoch", default=-1, type=int)
23.    return parser
```

第15章

机器学习竞赛平台实践

[思维导图]

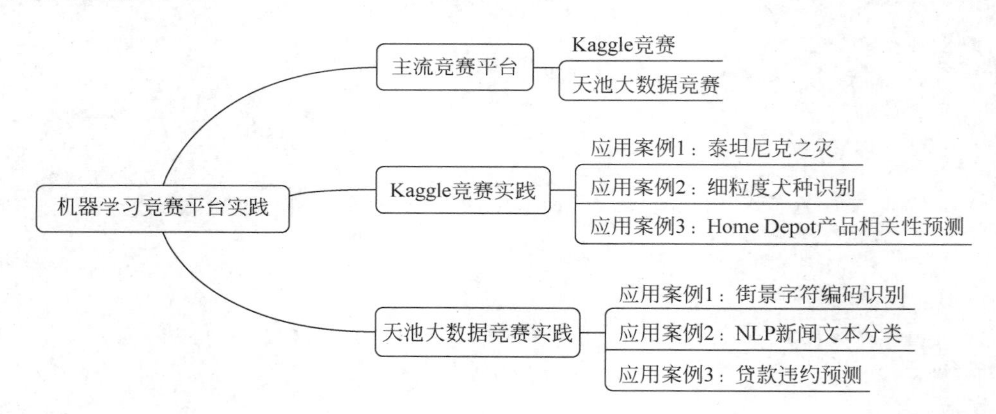

15.1 主流竞赛平台

机器学习竞赛为机器学习的实践提供了很好的平台。目前国内外机器学习相关的竞赛主要有 Kaggle 竞赛、天池大数据竞赛、科赛（和鲸科技）、京东 JDD、DataFountain、DataCastle 等。其中，以 Kaggle 竞赛和天池大数据竞赛最为著名。

15.1.1 Kaggle 竞赛

Kaggle 竞赛是检测机器学习技能的最佳平台之一。Kaggle 由联合创始人、首席执行官安东尼·高德布卢姆（Anthony Goldbloom）于 2010 年在墨尔本创立，主要为开发商和数据科学家提供举办机器学习竞赛、托管数据库、编写和分享代码的平台。企业或者研究者可以将数据、问题描述、期望的指标发布到Kaggle上，以竞赛的形式向广大数据科学家征集解决方案。Kaggle平台主要分为Competitions（竞赛）、Datasets（数据集）以及Kernel（内核）三个子平台，配套的Forum（论坛）模块以及供各类公司或组织招聘人才的Jobs模块。图15-1展示了Kaggle主页。

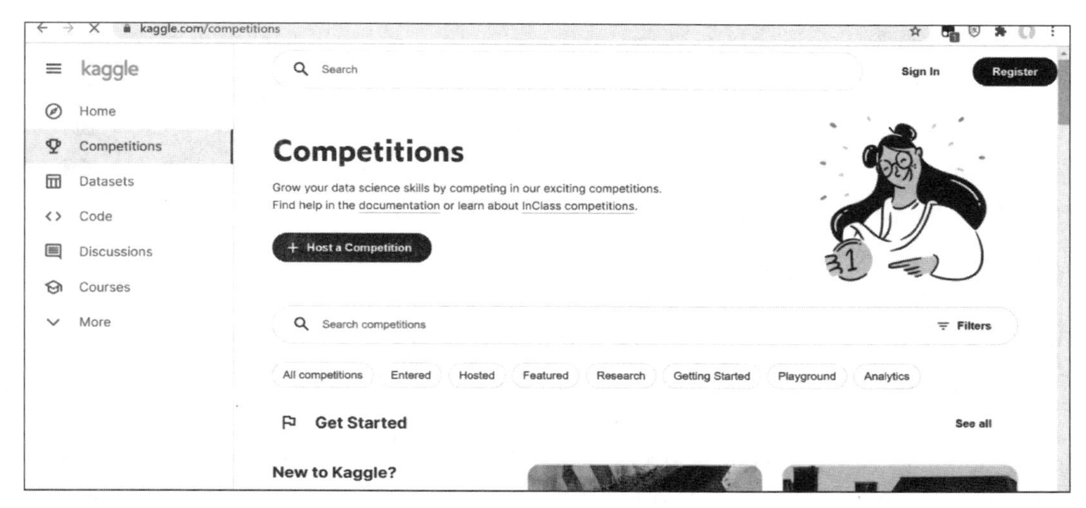

图15-1　Kaggle主页

15.1.2　天池大数据竞赛

天池是阿里巴巴旗下的机器学习平台，是目前国内较好的机器学习类竞赛网站。天池大数据竞赛是由阿里巴巴集团主办、面向全球科研工作者的高端算法竞赛。通过开放海量数据和分布式计算资源，大赛让参与者有机会运用其设计的算法解决各类社会问题或业务问题。特别优秀的解决方案将有机会直接上线阿里巴巴旗下各电商网站（含淘宝、天猫等）或第三方合作伙伴平台，服务中国乃至世界数以亿计的用户。图15-2展示了天池大数据竞赛主页。

图15-2　天池大数据竞赛主页

15.2 Kaggle竞赛实践

15.2.1 应用案例1：泰坦尼克之灾

1. 赛题任务

“泰坦尼克之灾”是Kaggle竞赛经典赛题之一。赛题描述如下：泰坦尼克号的沉没是历史上具有广泛影响的沉船事件之一。1912年4月15日，在首次航行期间，泰坦尼克号撞上冰山后沉没，2224名乘客和机组人员中有1502人遇难。这场轰动的悲剧震惊了国际社会，虽然幸存下来的人存在一些运气方面的因素，但有些人比其他人更有可能生存，比如妇女、儿童和上层阶级。

赛题目标：建立一个预测模型来回答“什么样的人更有可能生存”，即根据每位乘客的性别、年龄、舱位等相关特征，来预测该乘客是否在该次乘船事故中存活下来。

2. 数据集

数据集总共有900名乘客数据，每位乘客包括乘客ID（PassengerId）、是否获救（Survived）、乘客类型（Pclass）、乘客性别（Sex）等特征，如图15-3所示。将其中600名乘客数据作为训练集，剩下的300名乘客数据作为测试机来检验所构建模型的性能好坏。图15-3展示了部分泰坦尼克乘客数据样例。

	PassengerId	Survived	Pclass	Name	Sex	Age	SibSp	Parch	Ticket	Fare	Cabin	Embarked
0	1	0	3	Braund, Mr. Owen Harris	male	22.0	1	0	A/5 21171	7.2500	NaN	S
1	2	1	1	Cumings, Mrs. John Bradley (Florence Briggs Th...	female	38.0	1	0	PC 17599	71.2833	C85	C
2	3	1	3	Heikkinen, Miss. Laina	female	26.0	0	0	STON/O2. 3101282	7.9250	NaN	S
3	4	1	1	Futrelle, Mrs. Jacques Heath (Lily May Peel)	female	35.0	1	0	113803	53.1000	C123	S

图15-3 泰坦尼克乘客数据样例

3. 解题建议

一般解题思路主要包括以下步骤：①数据分析与处理；②建立简单模型；③训练并评估；④修改模型；⑤做出预测。

可考虑分别采用KNN模型、逻辑回归模型、SVM模型以及神经网络模型，比较机器学习中不同的分类模型在该问题上的优缺点。

15.2.2 应用案例2：细粒度犬种识别

1. 赛题任务

基于ImageNet的犬类子集，实现细粒度的犬种图像分类。细粒度犬种识别赛题描述如图15-4所示。

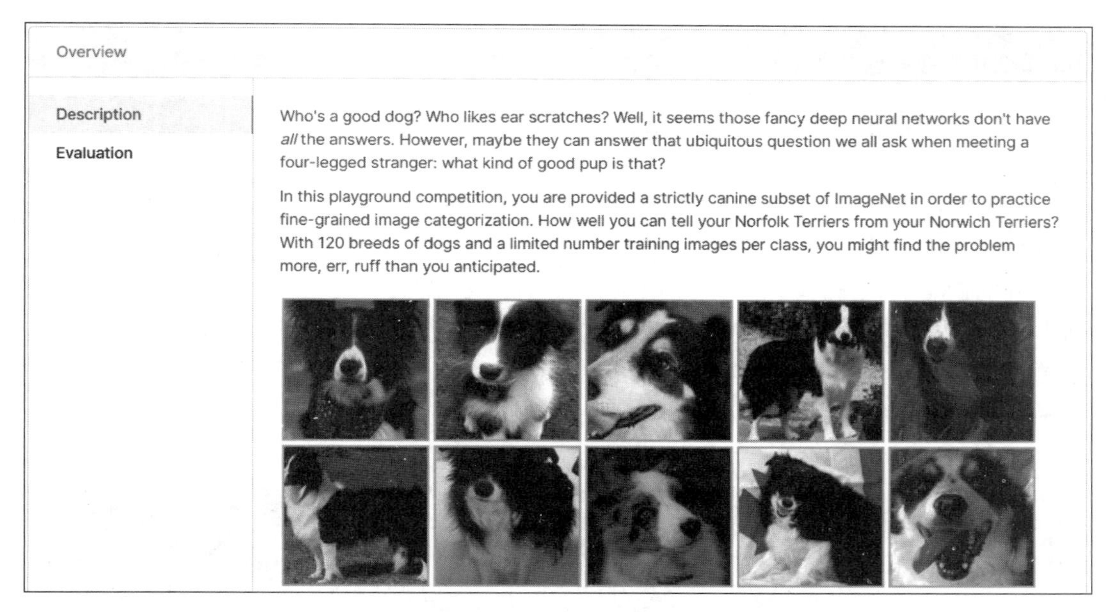

图 15-4　细粒度犬种识别赛题描述

2. 数据集

该赛题数据集共包含 120 个类别，其中训练集有 10 222 张图片，测试集有 10 357 张图片。数据集组织形式如图 15-5 所示，主要包括 train 和 test 目录以及 labels. csv 和 sample_submission. csv 文件。其中，train 和 test 目录下为训练集和测试集图片，labels. csv 为每个图片对应 label，sample_submission. csv 为测试集。图 15-6 为 label. csv 文件格式范例。

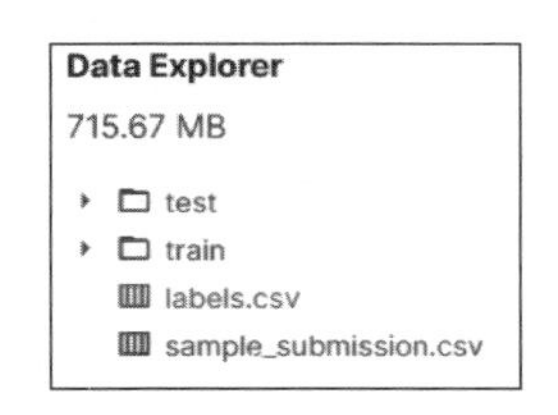

图 15-5　数据集组织形式

	id	breed
0	000bec180eb18c7604dcecc8fe0dba07	boston_bull
1	001513dfcb2ffafc82cccf4d8bbaba97	dingo
2	001cdf01b096e06d78e9e5112d419397	pekinese
3	00214f311d5d2247d5dfe4fe24b2303d	bluetick
4	0021f9ceb3235effd7fcde7f7538ed62	golden_retriever
...	...	...
10217	ffd25009d635cfd16e793503ac5edef0	borzoi
10218	ffd3f636f7f379c51ba3648a9ff8254f	dandie_dinmont
10219	ffe2ca6c940cddfee68fa3cc6c63213f	airedale
10220	ffe5f6d8e2bff356e9482a80a6e29aac	miniature_pinscher
10221	fff43b07992508bc822f33d8ffd902ae	chesapeake_bay_retriever

10222 rows × 2 columns

图 15-6　label. csv 文件格式范例

3. 解题建议

本赛题是一个图像分类的问题，可以考虑采用如下思路：①预训练模型提取特征值；

②构建网络模型；③训练模型。用于提取特征的模型包括 VGG16、ResNet50 和 Inception ResNet v2 等。

15.2.3 应用案例 3：Home Depot 产品相关性预测

1. 赛题任务

Home Depot 是美国一家家具建材商品网站，用户通过在搜索框中输入关键词，得到相关商品和服务，如输入 floor，得到不同材料的地板商品、地板清洗商品、地板安装服务等。Kaggle 竞赛目的是通过设计一种模型，能够更好地匹配用户搜索关键词，得到相关性更高的产品和服务。赛题描述如图 15-7 所示。

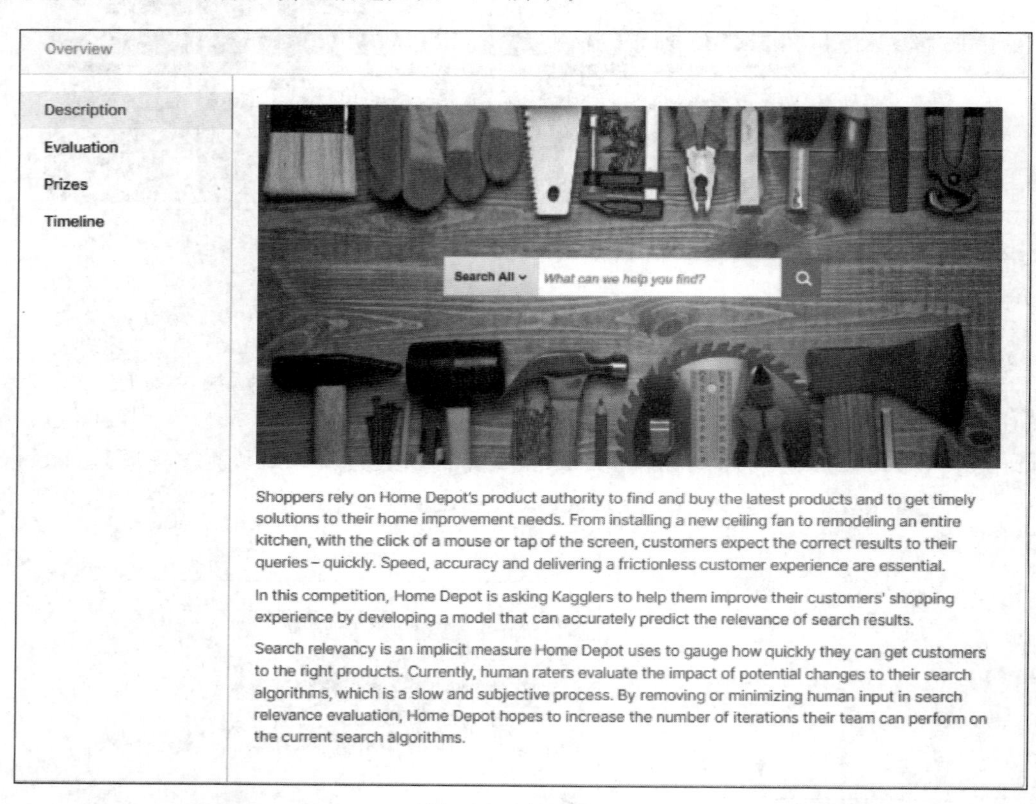

图 15-7 赛题描述

2. 数据集

该赛题数据集可在官方网站下载。图 15-8～图 15-10 分别展示了数据集下载页面、训练数据样例，以及产品描述数据样例。

3. 解题建议

该题是关于搜索匹配的问题，可考虑采用如下思路：①文本数据预处理，对搜索词、

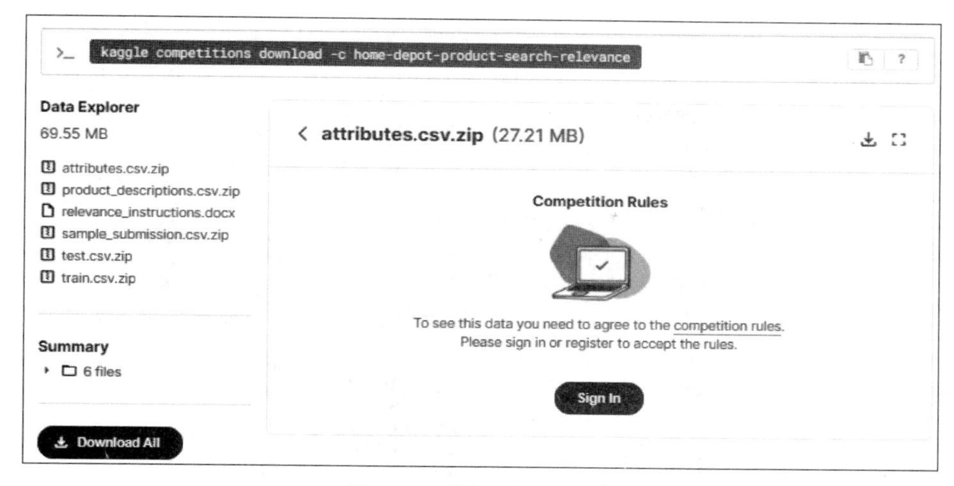

图 15-8 数据集下载页面

	id	product_uid	product_title	search_term	relevance
0	2	100001	Simpson Strong-Tie 12-Gauge Angle	angle bracket	3.00
1	3	100001	Simpson Strong-Tie 12-Gauge Angle	l bracket	2.50
2	9	100002	BEHR Premium Textured DeckOver 1-gal. #SC-141 ...	deck over	3.00
3	16	100005	Delta Vero 1-Handle Shower Only Faucet Trim Ki...	rain shower head	2.33
4	17	100005	Delta Vero 1-Handle Shower Only Faucet Trim Ki...	shower only faucet	2.67

图 15-9 训练数据样例

	product_uid	product_description
0	100001	Not only do angles make joints stronger, they ...
1	100002	BEHR Premium Textured DECKOVER is an innovativ...
2	100003	Classic architecture meets contemporary design...
3	100004	The Grape Solar 265-Watt Polycrystalline PV So...
4	100005	Update your bathroom with the Delta Vero Singl...

图 15-10 产品描述数据样例

产品名称、产品描述进行处理；②导入 Word2Vec 来评判距离，将①中合并的文本转为句子，并计算相似度；③建立模型，使用模型(随机森林，逻辑回归)对重塑后的训练集进行训练；④模型预测。

15.3 天池大数据竞赛实践

15.3.1 应用案例 1：街景字符编码识别

1. 赛题背景

赛题以计算机视觉识别中字符识别为背景，要求选手预测街景字符编码。

2. 赛题数据

训练集数据包括 30 000 张照片，验证集数据包括 10 000 张照片，每张照片包括颜色图像和对应的编码类别和具体位置；为了保证比赛的公平性，测试集 A 包括 40 000 张照片，测试集 B 包括 40 000 张照片。数据样例如图 15-11 所示。

图 15-11 数据样例

数据标签：训练数据的每张图片将给出对应的编码标签和具体的字符框的位置（训练集、测试集和验证集都给出字符位置）。

3. 评测指标

Score：编码识别正确的数量/测试集图片总数量。

4. 解题建议

该赛题不同于一般的图像数字识别，其难点在于不定长的字符识别，因而如何处理不定长字符是本题的关键。

15.3.2 应用案例 2：NLP 新闻文本分类

1. 赛题背景

赛题以自然语言处理（NLP）为背景，要求选手根据新闻文本字符对新闻的类别进行分类，这是一个经典文本分类问题。通过这道赛题可以引导读者走入自然语言处理的世界，带领读者接触 NLP 的预处理、模型构建和模型训练等知识。

2. 赛题数据

赛题以匿名处理后的新闻数据为赛题数据，数据集报名后可见并可下载。赛题数据为新闻文本，并按照字符级别进行匿名处理。整合划分出 14 个候选分类类别：财经、彩票、房产、股票、家居、教育、科技、社会、时尚、时政、体育、星座、游戏和娱乐文本数据。

赛题数据由以下几个部分构成：训练集（200 000 条样本）、测试集 A（包括 50 000 条样本）和测试集 B（包括 50 000 条样本）。为了预防选手人工标注测试集的情况，比赛数据的文本按照字符级别进行了匿名处理。处理后的赛题训练数据样例如图 15-12 所示。

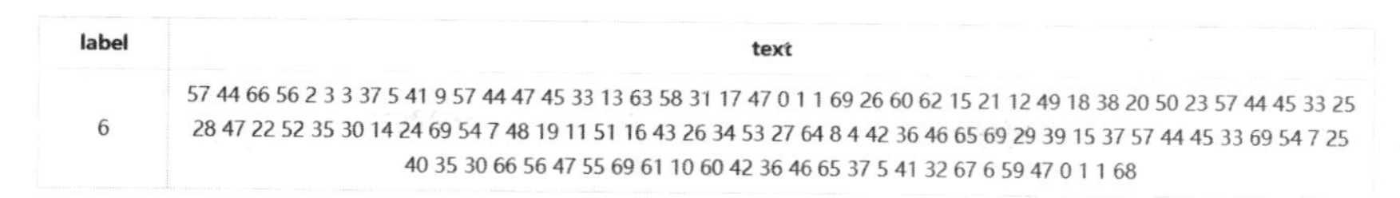

label	text
6	57 44 66 56 2 3 3 37 5 41 9 57 44 47 45 33 13 63 58 31 17 47 0 1 1 69 26 60 62 15 21 12 49 18 38 20 50 23 57 44 45 33 25 28 47 22 52 35 30 14 24 69 54 7 48 19 11 51 16 43 26 34 53 27 64 8 4 42 36 46 65 69 29 39 15 37 57 44 45 33 69 54 7 25 40 35 30 66 56 47 55 69 61 10 60 42 36 46 65 37 5 41 32 67 6 59 47 0 1 1 68

图 15-12　处理后的训练数据样例

在数据集中标签的对应关系如图 15-13 所示。

```
{'科技': 0, '股票': 1, '体育': 2, '娱乐': 3, '时政': 4, '社会': 5, '教育': 6, '财经': 7,
 '家居': 8, '游戏': 9, '房产': 10, '时尚': 11, '彩票': 12, '星座': 13}
```

图 15-13　数据集中标签的对应关系

3. 评测指标

评价指标为类别 f1_score 的均值,选手提交结果与实际测试集的类别进行对比,结果越大越好。

4. 解题建议

赛题本质是一个文本分类问题,需要根据每句的字符进行分类。但赛题给出的数据是匿名化的,不能直接使用中文分词等操作,这个是赛题的难点。

15.3.3　应用案例 3:贷款违约预测

1. 赛题背景

赛题以金融风控中的个人信贷为背景,要求选手根据贷款申请人的数据信息预测其是否有违约的可能,以此判断是否通过此项贷款,这是一个典型的分类问题。通过这道赛题来引导读者了解金融风控中的一些业务背景,解决实际问题,帮助竞赛新人进行自我练习、自我提高。

2. 赛题数据

比赛要求参赛选手根据给定的数据集,建立模型,预测金融风险。

赛题以预测金融风险为任务,数据集报名后可见并可下载,该数据来自某信贷平台的贷款记录,总数据量超过 1 200 000 万条,包含 47 列变量信息,其中 15 列为匿名变量。为了保证比赛的公平性,其中 800 000 条作为训练集,200 000 条作为测试集 A,200 000 条作为测试集 B,同时会对 employmentTitle、purpose、postCode 和 title 等信息进行脱敏。

3. 评价指标

竞赛采用 AUC(Area Under Curve)作为评价指标。AUC 被定义为 ROC 曲线下与坐标轴围成的面积。

4. 解题建议

可参考如下流程：①数据分析，包括对数据的总体分析、缺失值处理、异常处理等；②特征工程，包括基础特征构造、特征变换与特征衍生、特征过滤、特征选择等；③建模调参，包括模型选择（如逻辑回归、决策树等）、性能评估、模型调参等；④模型融合，包括基于结果层面的融合、基于模型层面的融合、基于特征层面的融合。

参考文献

[1] 周志华.机器学习[M].北京：清华大学出版社，2016.

[2] 李航.统计学习方法[M].北京：清华大学出版社，2012.

[3] 柏邱建.基于深度学习的人脸图像衰老合成算法[D].成都：电子科技大学，2019.

[4] 黄菲，高飞，朱静洁，等.基于生成对抗网络的异质人脸图像合成:进展与挑战[J].南京信息工程大学学报(自然科学版)，2019，11(6)：660-681.

[5] 李凯旋，曹林，杜康宁.基于双层生成对抗网络的素描人脸合成方法[J].计算机应用与软件，2019，36(12)：176-183.

[6] 万里鹏.基于生成对抗网络的多属性人脸生成及辅助识别研究[D].北京：北京交通大学，2018.

[7] 邱锡鹏.神经网络与深度学习[M].北京：机械工业出版社，2020.

[8] WALFISH S. A Review of Statistical Outlier Methods.(cover story)[J]. Pharmaceutical Technology，2006，30(11)：82-86.

[9] DUAN L，XU L，LIU Y，et al. Cluster-based outlier detection[J]. Annals of Operations Research，2009，168(0)：151-168.

[10] ATWOOD J，TOWSLEY D. Diffusion-Convolutional Neural Networks[J]. Computer Science，2015，29：1993-2001.

[11] ZHANG S，CHI C，YAO Y，et al. Bridging the Gap Between Anchor-Based and Anchor-Free Detection via Adaptive Training Sample Selection[C]//2020 IEEE/CVF Conference on Computer Vision and Pattern Recognition (CVPR).

[12] KNORR E M，NG R T，TUCAKOV V. Distance-based outliers：algorithms and applications[J]. The VLDB Journal，2000，8(3)：237-253. DOI：10.1007/s007780050006.

[13] BRUNA J，ZAREMBA W，SZLAM A，et al. Spectral Networks and Locally Connected Networks on Graphs，Banff，Canda，April 14-16，2014 [C]. International Conference on Learning Representations，2014.

[14] BREIMAN L，FRIEDMAN J，OLSHEN R，et al. Classification and Regression Trees Wadsworth [J]. International Conference on Machine Learning，1984，81(393)：253.

[15] DEFFERRARD M，BRESSON X，VANDERGHEYNST P. Convolutional Neural Networks on Graphs with Fast Localized Spectral Filtering[J]. Advances in Neural Information Processing Systems 29 (NIPS 2016)，2016：3844-3852.

[16] MIKOLOV T，SUTSKEVER I，CHEN K，et al. Distributed Representations of Words and Phrases and their Compositionality[J]. Neural Information Processing Systems，2013：3111-3119.

[17] REN S，HE K，GIRSHICK B R，et al. Faster R-CNN：Towards Real-Time Object Detection with Region Proposal Networks[J]. IEEE Transactions on Pattern Analysis and Machine. Intelligence，2017：1137-1149.

[18] LIN T Y，DOLLÁR P，GIRSHICK B R，et al. Feature Pyramid Networks for Object Detection[J]. 2017 IEEE/CVF Conference on Computer Vision and Pattern Recognition (CVPR)，2017：936-944.

[19] ZHANG X，WAN F，LIU C，et al. FreeAnchor：Learning to Match Anchors for Visual Object Detection[J]. Advances in Neural Information Processing Systems 32 (NIPS 2019)，2019：

147-155.

[20] TIAN Z,SHEN C,CHEN H,et al. FCOS: Fully Convolutional One-Stage Object Detection[C]//2019 IEEE/CVF International Conference on Computer Vision (ICCV). DOI: 10. 1109/ICCV. 2019. 00972.

[21] GOODFELLOW I J, POUGET-ABADIE J, MIRZA M, et al. Generative Adversarial Networks [J]. Advances in Neural Information Processing Systems,2014,3: 2672-2680.

[22] GORI M, MONFARDINI G, F S. A New Model for Learning in Graph Domains[C]//IEEE International Joint Conference on Neural Networks.

[23] HAMILTON L W, YING R, LESKOVEC J. Inductive Representation Learning on Large Graphs [J]. Advances in Neural Information Processing Systems 30 (NIPS 2017),2018: 1024-1034.

[24] HAMMOND D K, VANDERGHEYNST P, GRIBONVAL R. Wavelets on graphs via spectral graph theory[J]. Applied and Computational Harmonic Analysis,2011,30(2): 129-150. DOI:10. 1016/j. acha. 2010. 04. 005.

[25] ZHANG H,XU T,LI H,et al. StackGAN++: Realistic Image Synthesis with Stacked Generative Adversarial Networks[J]. IEEE Transactions on Pattern Analysis and Machine Intelligence,2019, 41(8): 1947-1962. DOI:10. 1109/TPAMI. 2018. 2856256.

[26] HART P. The Condensed Nearest Neighbor Rule (Corresp.) [J]. IEEE Transactions on Information Theory,1968,14(3): 515-516. DOI:10. 1109/TIT. 1968. 1054155.

[27] HE K,ZHANG X,REN S,et al. Deep Residual Learning for Image Recognition[C]//2016 IEEE Conference on Computer Vision and Pattern Recognition (CVPR). IEEE,2016: 770-778[2020-07-17]. DOI:10. 1109/CVPR. 2016. 90.

[28] HE K,ZHANG X,REN S,et al. Identity Mappings in Deep Residual Networks[J]. arXiv:1603. 05027 [cs],2016[2020-09-05].

[29] HUANG G,LIU Z,VAN DER MAATEN L,et al. Densely Connected Convolutional Networks [C]//2017 IEEE Conference on Computer Vision and Pattern Recognition (CVPR). IEEE,2017: 2261-2269[2020-07-17]. DOI:10. 1109/CVPR. 2017. 243.

[30] LECUN Y, BOTTOU L, BENGIO Y, et al. Gradient-based Learning Applied to Document Recognition[J]. Proceedings of the IEEE,1998,86(11): 2278-2324. DOI:10. 1109/5. 726791.

[31] SZEGEDY C,LIU W,JIA Y,et al. Going deeper with convolutions[C]//2015 IEEE Conference on Computer Vision and Pattern Recognition (CVPR). DOI:10. 1109/CVPR. 2015. 7298594.

[32] KRIZHEVSKY A, SUTSKEVER I, HINTON G E. ImageNet Classification with Deep Convolutional Neural Networks [C]//Advances in Neural Information Processing Systems 25,2012.

[33] SIMONYAN K, ZISSERMAN A. Very Deep Convolutional Networks for Large-Scale Image Recognition[J]. arXiv:1409. 1556 [cs],2015[2020-09-05].

[34] JIE H,LI S,GANG S,et al. Squeeze-and-Excitation Networks[J]. IEEE Transactions on Pattern Analysis and Machine Intelligence,2017,PP(99).

[35] ISOLA P,ZHU J-Y,ZHOU T,et al. Image-to-Image Translation with Conditional Adversarial Networks[C]//2017 IEEE Conference on Computer Vision and Pattern Recognition (CVPR). DOI:10. 1109/CVPR. 2017. 632.

[36] TANG J, ALELYANI S, LIU H. Feature Selection for Classification: A Review [J]. Documentación Administrativa,2014: 37-64.

[37] KIPF N T,WELLING M. Semi-Supervised Classification with Graph Convolutional Networks[J]. International Conference on Learning Representations,2017.

[38] KANTARDZIC M. Data Mining: Concepts, Models, Methods and Algorithms[J]. Journal of Computing and Information Science in Engineering, 2011: 394-395.

[39] LI G, MÜLLER M, THABET A, et al. DeepGCNs: Can GCNs Go As Deep As CNNs? [C]// 2019 IEEE/CVF International Conference on Computer Vision (ICCV). DOI: 10. 1109/ICCV. 2019. 00936.

[40] LI Y, TARLOW D, BROCKSCHMIDT M, et al. Gated Graph Sequence Neural Networks, San Juan, Puerto Rico, May 2-4, 2016[C]. International Conference on Learning Representations, 2016.

[41] MARTINEZ A M, KAK A C. PCA versus LDA[J]. IEEE Transactions on Pattern Analysis and Machine Intelligence, 2001, 23(2): 228-233. DOI: 10. 1109/34. 908974.

[42] MONTI F, BOSCAINI D, MASCI J, et al. Geometric Deep Learning on Graphs and Manifolds Using Mixture Model CNNs[J]. 2017 IEEE Conference on Computer Vision and Pattern Recognition (CVPR), 2017: 5425-5434.

[43] LIN T-Y, MAIRE M, BELONGIE S, et al. Microsoft COCO: Common Objects in Context[C]// Computer Vision - ECCV 2014. Cham: Springer International Publishing, 2014: 740-755.

[44] ARTURO OLVERA-LÓPEZ J, ARIEL CARRASCO-OCHOA J, FRANCISCO MARTÍNEZ-TRINIDAD J. Object Selection Based on Clustering and Border Objects[C]//Computer Recognition Systems 2. Berlin, Heidelberg: Springer Berlin Heidelberg, 2007: 27-34.

[45] PATHAK D, KRÄHENBÜHL P, DONAHUE J, et al. Context Encoders: Feature Learning by Inpainting[C]//2016 IEEE Conference on Computer Vision and Pattern Recognition (CVPR). DOI: 10. 1109/CVPR. 2016. 278.

[46] PENG N, POON H, QUIRK C, et al. Cross-Sentence N-ary Relation Extraction with Graph LSTMs[J]. Transactions of the Association for Computational Linguistics, 2017, 5: 101-115. DOI: 10. 1162/tacl_a_00049.

[47] QUINLAN J R. Induction of Decision Trees[J]. Machine Learning, 1986, 1(1): 81-106. DOI: 10. 1023/A: 1022643204877.

[48] QUINLAN R J. C4. 5: programs for machine learning[J]. Machine Learning, 1994, 16: 235-240.

[49] GARCÍA S, LUENGO J, HERRERA F. Data Preprocessing in Data Mining[M]. New York: Springer, 2014.

[50] SCARSELLI F, GORI M, TSOI A C, et al. The Graph Neural Network Model[J]. IEEE Transactions on Neural Networks, 2009, 20(1): 61-80. DOI: 10. 1109/TNN. 2008. 2005605.

[51] SCARSELLI F, TSOI A C, GORI M, et al. Graphical-Based Learning Environments for Pattern Recognition[J]. Lecture Notes in Computer Science, 2004: 42-56.

[52] VELICKOVIC P, CUCURULL G, CASANOVA A, et al. Graph Attention Networks Vancouver, BC, Canda, April 24-May3, 2018[C]. International Conference on Learning Representations, 2018.

[53] XU K, LI C, TIAN Y, et al. Representation Learning on Graphs with Jumping Knowledge Networks [J]. ICML, 2018: 5449-5458.

[54] WU Z, PAN S, CHEN F, et al. A Comprehensive Survey on Graph Neural Networks[J]. IEEE Transactions on Neural Networks and Learning Systems, 2021, 32(1): 4-24. DOI: 10. 1109/TNNLS. 2020. 2978386.

[55] YAO L, MAO C, LUO Y. Graph Convolutional Networks for Text Classification[J]. 2019 National Conferene on Artifical Intellgence, 2019: 7370-7377.

[56] YIN W, KANN K, YU M, et al. Comparative Study of CNN and RNN for Natural Language Processing[J]. arXiv: Computation and Language, 2017.

[57] YU F, KOLTUN V. Multi-Scale Context Aggregation by Dilated Convolutions, San Juan, Puer to

Rico, May 2-4, 2016[C]. International Conference on Learning Representations, 2016.

[58] ZHANG H, XU T, LI H, et al. StackGAN: Text to Photo-Realistic Image Synthesis with Stacked Generative Adversarial Networks[C]//2017 IEEE International Conference on Computer Vision (ICCV). DOI: 10.1109/ICCV.2017.629.

[59] ZHOU J, CUI G, HU S, et al. Graph neural networks: A review of methods and applications[J]. AI Open, 2020, 1: 57-81. DOI: 10.1016/j.aiopen.2021.01.001.

[60] ZHOU S, LI D, ZHANG Z, et al. A New Membership Scaling Fuzzy C-Means Clustering Algorithm[J]. IEEE Transactions on Fuzzy Systems, 2021, 29(9): 2810-2818. DOI: 10.1109/TFUZZ.2020.3003441.

[61] ZHU J Y, PARK T, ISOLA P, et al. Unpaired Image-to-Image Translation Using Cycle-Consistent Adversarial Networks[C]//2017 IEEE International Conference on Computer Vision (ICCV). DOI: 10.1109/ICCV.2017.244.

[62] ZILLY G J, SRIVASTAVA K R, KOUTN? K J, et al. Recurrent Highway Networks[J]. ICML, 2017, 70: 4189-4198.

[63] LIN T Y, GOYAL P, GIRSHICK R, et al. Focal Loss for Dense Object Detection[J]. IEEE Transactions on Pattern Analysis and Machine Intelligence, 2020, 42(2): 318-327. DOI: 10.1109/TPAMI.2018.2858826.